電気回路教本

第2版

橋本洋志 [著]

Ohmsha

本書を発行するにあたって，内容に誤りのないようできる限りの注意を払いましたが，本書の内容を適用した結果生じたこと，また，適用できなかった結果について，著者，出版社とも一切の責任を負いませんのでご了承ください．

本書は，「著作権法」によって，著作権等の権利が保護されている著作物です．本書の複製権・翻訳権・上映権・譲渡権・公衆送信権（送信可能化権を含む）は著作権者が保有しています．本書の全部または一部につき，無断で転載，複写複製，電子的装置への入力等をされると，著作権等の権利侵害となる場合があります．また，代行業者等の第三者によるスキャンやデジタル化は，たとえ個人や家庭内での利用であっても著作権法上認められておりませんので，ご注意ください．

本書の無断複写は，著作権法上の制限事項を除き，禁じられています．本書の複写複製を希望される場合は，そのつど事前に下記へ連絡して許諾を得てください．

出版者著作権管理機構
（電話 03-5244-5088，FAX 03-5244-5089，e-mail：info@jcopy.or.jp）

JCOPY ＜出版者著作権管理機構　委託出版物＞

はしがき

　電気工学は，20世紀において驚異的な進歩を遂げ，私たちの生活に深く関わっています．21世紀はITが主役とはいえ，情報通信機器，コンピュータ，ロボット，自動車などを制御している源は電気です．したがって，現代文明を支えている重要なものの一つとして，次世代の人達に電気工学を正しく継承することは，とても重要なことと考えます．

　一方，わが国の教育システムでは一般教養（特に理科系科目の教養）が多様化しています．また，エレクトロニクス技術の発展に伴う，電気関連機器のブラックボックス化により，電気現象を直接目で見ることがなかなかできないという問題があります．このため，若い人たちが電気現象に興味をいだくような体験実習が少なくなりつつあり，学習するのに必須の関連知識や経験を得る機会がなく，電気回路論を充分習得できない人たちが増えつつあります．

　本書は，このような問題を少しでも解決すべく，初心者でもわかりやすく読みこなせるよう，次のことに留意して執筆されています．1番目は，イメージを重視したことです．回路，記号，式を見たとき，これに対応して頭の中で想起するイメージが正しくなければ，本当に理解しているとは言えません．また，多くの学生は，とかく計算ばかりに目が奪われがちです．計算は代数学的思考を用いるものです．これに対し，電気回路の本当のセンスは幾何学的思考（図を中心とした考え）にあると考えます．そこで，イメージの想起を手助けできるような図を随所に配置しました．2番目は，"言語は概念形成において大切である"ということです．言語も記号の一種で情報伝達の効率化を図るものです．その内在する意味には，さまざまな歴史，先人達の考え，物理現象などが集約されています．これらを知ることは，専門用語を正しく理解できることにつながると考え，本書では，電気回路の専門用語について詳しく説明を書き入れたつもりです．しかし，不備な点を読者の方で気づかれたならば，お知らせいただければ幸いです．3番目は，解法プロセスを重視したことです．このため，式のみならず，図や文章による証明の作法を多く記述しました．

　本書は，以上の主旨に立ったため，かなり斬新に書かれており，基礎的な部分にページを多く割いています．このため，電気回路論全般を網羅できていないことをお断りしておきます．しかしながら，電気回路基礎論の体系からはずれることのないよう配慮しています．

　本書は，電気回路に対する正しい知識を修得し，これに基づく豊かな基礎概念を涵養することを目的としています．本書を読み終えた後に，多くの良書を独力で読みこなすことのできる素養が身についている，このことが本書に込めた願いです．

2019年10月

橋本　洋志

目 次

0章 学ぶための教養 —— 1
- **0** 本書の読み方 …… 2
- **1** 電気回路，学びの序幕 …… 4
- **2** 物理量と単位 …… 10
- **3** 電気数学（その1） …… 18
- **4** 電気数学（その2：複素数） …… 28
- 演習問題 …… 38

1章 直流回路基礎 —— 39
- **1** 抵抗とオームの法則 …… 40
- **2** 抵抗の直列・並列回路 …… 46
- **3** 分圧と分流 …… 50
- **4** 直流計器と電源 …… 54
- **5** 電流の発熱作用と電力 …… 62
- 演習問題 …… 66

2章 直流回路網解析 —— 69
- **1** キルヒホッフの法則 …… 70
- **2** 重ね合せの定理とテブナンの定理 …… 78
- **3** Δ-Y 変換とブリッジ回路 …… 84
- **4** 他の回路網解析手法 …… 90
- 演習問題 …… 94

3章 正弦波交流 —— 97
- **1** 正弦波交流の発生 …… 98
- **2** 交流波形の表現 …… 100
- **3** 複素ベクトル表現 …… 108
- 演習問題 …… 113

4章 交流回路素子 —— 115
- **1** RLC 素子とその性質 …… 116
- **2** インピーダンスとアドミタンス …… 122
- **3** $V = ZI$, $I = YV$ の複素数計算 …… 128
- 演習問題 …… 135

5章　交流回路の基礎技術 ── 137
1　電力と力率 …… 138
2　共振回路と Q …… 150
3　交流ブリッジ回路 …… 160
演習問題 …… 162

6章　相互インダクタンス回路 ── 165
1　相互インダクタンス回路の仕組み …… 166
2　回路表現 …… 170
演習問題 …… 177

7章　交流回路の発展例 ── 179
1　回路網解析 …… 180
2　種々の発展した計算例 …… 184
演習問題 …… 192

8章　三相交流回路 ── 195
1　三相交流の発生と表現 …… 196
2　三相回路の結線と相互関係 …… 200
3　三相電力 …… 206
4　不平衡三相回路 …… 214
演習問題 …… 216

9章　二端子対回路 ── 219
1　二端子対パラメータ …… 220
2　相互変換と相互接続 …… 224
演習問題 …… 231

10章　非正弦波交流 ── 233
1　非正弦波交流とその表現 …… 234
2　過渡現象の基礎 …… 240
演習問題 …… 244

参考文献 ── 245
索引 ── 247

0章
学ぶための教養

0 本書の読み方
1 電気回路, 学びの序幕
2 物理量と単位
3 電気数学（その1）
4 電気数学（その2：複素数）
　演 習 問 題

0 本書の読み方

> **▼要点**
>
> **1** 各章の位置付け
> **2** Web 資料

1 各章の位置付け

本書における，各章の内容は次のとおりである．

0 章　本書で必要とする物理と数学の基礎内容

本書は，1 章以降から読み始める構成をとっており，0 章においては電気回路以外の概念や知識に関する物理・数学の内容を簡潔にまとめてある．これらは，電気回路に習熟するのに必要なものである．ページ数の制約もあり，一部，天下り的な記述もある．ただし，電気的な仕事（電力量）と仕事率（電力）および複素数については重要な内容であるから，この記述についてはページ数を割いた．

1, 2 章　直流回路の基礎内容

直流回路に対する考え方は，そのまま，交流回路に発展し，適用できるものが多数ある．このため，直流回路に精通することが，学習の第一歩と考え，1 章では，2 節 抵抗の直列・並列回路，3 節 分圧と分流を詳しく説明している．2 章では，回路網解析の基礎概念を正しく身に付けられるよう，1 節 キルヒホッフの法則，2 節 重ね合せの定理とテブナンの定理についてページ数を割いた．

3, 4, 5 章　交流回路の基礎内容

3 章では，位相の説明に力点を置いた．これは，4 章の交流回路素子にかかわる電圧・電流・インピーダンスなどの複素数表現の理解につながるものである．さらに，複素ベクトルにより親しみやすくなるため，複素ベクトルを用いた作図による解法を詳しく述べた．5 章では，身近な交流回路の技術への応用と実現例として，電力，共振回路，ブリッジ回路について述べている．

6 章〜　専門または発展例

6 章以降は，電力分野，電子回路分野など，分野により学習の重点配分が異なる内容を個別に説明している．ただし，各内容は学習の先べんとなるよう位置付けているため，さらに発展した内容は，他の成書を参照されたい．6 章では，相互インダクタンス回路の基本回路，7 章は交流回路網の少し難易度の高い内容，8 章は三相交流回路，9 章は二端子対回路でも基本的な Z, Y, F パラメータ，10 章は非正弦波交流として基本的な内容（ひずみ波の実効値，ひずみ率，過渡現象など）を述べている．

このような章立てにしたのは，読者の様々な学習出発レベルに対応できるように配慮したためである．したがって，次のフローチャート図を参考にして，どの章から学習を始めるかを参考にされたい．

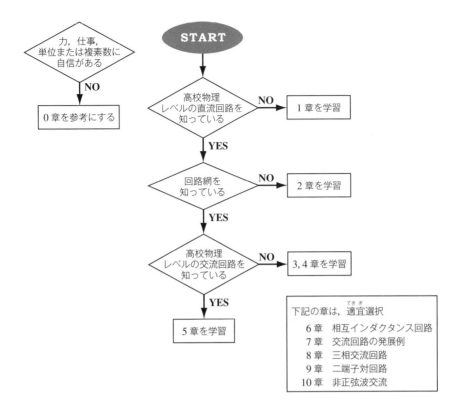

2 Web 資料

Web 資料とは，次の内容を記したものである．

（ⅰ） 本書の理解を深めるための次を説明する Web サイト
- 正弦波と単位円の関係（3 章）
- ファラデーの法則（4 章）
- 共振回路（5 章）
- 三相交流における回転磁界（8 章）

（ⅱ） 章末の演習問題の解答

（ⅰ）は，手持ちの電子機器をインターネット接続して，ブラウザで見ることができるものである．Web 資料（ⅰ），（ⅱ）の在りかは，オーム社 Web サイト（https://www.ohmsha.co.jp/）で，「書籍」検索を指定し，ここで『電気回路教本』を検索して現れるページに記されている．

1 電気回路，学びの序幕

▼要点

1 電気の正体
▶ 電子の振舞いが電気の正体

2 電流・電圧・起電力・抵抗とは
▶ 電子の流れが電流
▶ 位置により変わる電位，電位の差が電圧
▶ 電位差を起こす能力が起電力
▶ 電流の流れを妨げる抵抗

3 電気回路の記号と諸量
▶ 電気回路は電源と負荷から構成される
▶ 電気物理量の記号と単位の見方

1 電気の正体

電気回路の学びの序幕として，電気回路とは？ 使われる用語の単位の決め方は？ 用語の意味とは？ について概説する．このため，初めて電気回路を学ぶ読者は，特に本節の主旨を理解してほしい．

我々の生活は，電気なしでは考えられない．家電製品（**TV**，冷蔵庫，電子レンジ，照明，パソコン，ゲーム機，スマートフォン，時計など），車のバッテリー，コンビニエンスストアの冷蔵庫，レジスタ，照明，また移動手段となる電車，エスカレータ，さらに通信機器関連やエレクトロニクス機器などは電気なしでは動かない．これらを経済的にかつ安全に動作させる技術を修得する第一歩として電気の正体から話を進めよう．

全ての物質は，細かく分けると，原子に分解できる．原子は原子核が中心にあり，その周りを電子が一定の軌道に沿って回っている．原子核の中には正の電気（＋の電気）を持つ陽子があり，電子は負の電気（－の電気）を帯びている．普段は，この陽子の数と電子の数は等しく，この等しい状態を"電気的に中和している"という．中和がくずれて，電気を帯びた原子を**イオン**（**ion**）といい，M. ファラデー（Michael Faraday, 英，1791〜1867）により名付けられ，その意味はギリシャ語で「行くこと」である．

電気をよく伝えることで代表的な銅の原子モデルを図1(a)に示す．

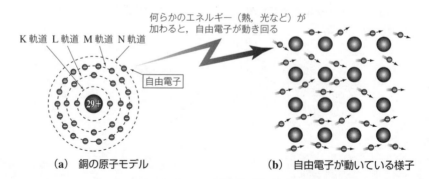

(a) 銅の原子モデル　　(b) 自由電子が動いている様子

図1 銅の原子モデルと自由電子の説明

銅の場合，陽子の数は中心に 29 個あり，その周りを電子が 29 個回っている．この状態では電気的に中性である．

電子が回る軌道は内側から K, L, M, N, O, … 殻（電子殻）と名付けられ，それぞれの殻が収容できる電子の数は，2, 8, 18, 32, 50, … と定まっている．最も外側の軌道を回っている電子を最外殻電子（または価電子）という．銅の場合のように，N 殻の最外殻電子数は 32 個まで収容できるのに実際には 1 個しかないから，原子核の引力が弱い．このため，外部から電気，熱または光などのエネルギーが加わったり，条件の異なる物質と接触すると，この電子は軌道から離れ，原子間を自由に飛び回る（図 1 (b)）．このような価電子を**自由電子**（**free electrons**）といい，マイナスの**電荷**（**electric charge**）を帯びている．金属などが電気をよく伝えるのは，この自由電子が存在するためである．一方，電気を伝えない物質を絶縁体（または不導体）と称し，ガラス，ゴム，陶器などがこの例である．絶縁体が電気を伝えないのは自由電子を持たないためである．

> 電荷とは，ある物体が荷なっている電気のことをいう．

2　電流・電圧・起電力・抵抗とは

▶ **電子の流れが電流**　図 2 に示すように，乾電池と豆電球を電線で結ぶと，電池の陰極（マイナス側）から電子が次々と送り出される．電線である銅は，その最外殻電子が自由電子になりやすく，かつマイナスの電荷を帯びているので，電池の陽極（プラス側）に引き寄せられて動く．このように，電子が連なって動いている，この**電子の流れ**を**電流**（**current**）という．

電流に関して，次の慣習上の表現が 2 点ある．
○電流の流れる方向は電子の流れと**反対**とする（歴史的な経緯による）．
○電流は電気の流れを意味する単語であるから，「電流が流れる」は重複表現（例えば，頭痛が痛い，地震が揺れるなど）であるが，慣習的にこのような表現を用いる．

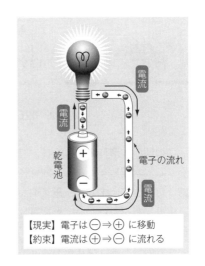

【現実】電子は ⊖ ⇒ ⊕ に移動
【約束】電流は ⊕ ⇒ ⊖ に流れ

図 2　電子と電流と電池

電荷の単位は〔C〕（**クーロン；coulomb**），電流の単位は〔A〕（**アンペア；ampere**）である（アンペアの定義については本章 2 節 2 項参照）．これらの関係をイメージ的に説明すると，図 3 に示すように，チューブ（導線のたとえ）内にある球（電荷のたとえ）の総数の単位が〔C〕であり，チューブのある地点（図中破線部分）を 1 秒間当たりに通過する球の数の単位が〔A〕である．

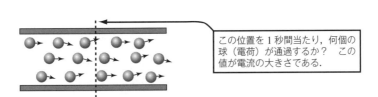

図 3　クーロンとアンペアの関係のイメージ図

1　電気回路，学びの序幕

いま，t 秒間に Q〔C〕の電荷が移動したとする．このとき，1 秒間に移動した電荷の量が電流 I の大きさと定められている．すなわち

$$I = \frac{Q}{t} \text{〔A〕}(=\text{〔C/s〕}) \tag{1}$$

クーロンの定義は，"1 A の電流が 1 秒間に運ぶ電荷の量"（SI 単位）であり，電子 1 個が有する電荷は約 1.6×10^{-19} C であるから，1 C の電荷は約 6.25×10^{18} 個という量を表す電子の電気量である．

> 本文では，クーロンに基づきアンペアが定まるような書き方をしている．実際の定義は，SI 単位（本章 2 節参照）に従う．これによればアンペアの定義が第一にあって，これに基づきクーロンが定められる．

▶ **位置により変わる電位，電位の差が電圧**　図 4 は，**電圧**（**voltage**）を比ゆ的に説明したものである．

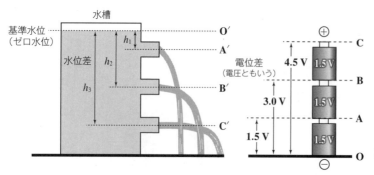

図 4　電圧の比ゆ的説明

> 電圧や電位を測るとき基準電位をどれにするかを注意しなければならない．例えば，図 4 の位置 A を基準電位とするならば，位置 B の電位（点 A と点 B の電位差）は 1.5 V，位置 O の電位は -1.5 V となることに注意されたい．

この図の水槽に示すように，基準水位と水位の差（水位差）が大きいほど水圧は高くなり，放水量も多くなる．同様に，電池の個数（水位差に相当）が多くなるほど，比ゆ的な言い回しをすると，**電気的**な**圧力**，すなわち電圧が大きくなる．

実は，電圧の正しい定義は電位の差であり，電位について簡単に説明する．水槽に位置に関係する水位があるように，電気には位置に関係する**電位**（**electric potential**）というものがある．図 4 を例にとると，位置 O, A, B, C に相当し，各位置の電位の差（電位差）が電圧である．したがって，電圧は電位の取り方により変わる（図 4 参照）．電位の本来の定義は，物理学で定められているように，"単位電荷のもつ**電気的位置エネルギー**"，すなわち"電界中のある点（位置）の電位とは，無限遠点から単位正電荷を運ぶのに要する仕事"である．仕事，エネルギーについては本章 2 節を参照されたい．

> 電圧を電気的な圧力と述べているのは，電圧という用語を親しみやすくするための方便である．もちろん，実際には電圧は圧力とは異なる．

電位差があると，電荷 Q〔C〕を移動させる際に静電気力（斥力）が働く．この力に逆らって，電位差（すなわち電圧）V〔V〕だけ電荷を運ぶのが電気の「仕事」W〔J〕（J はジュールと発音，仕事の単位，本章 2 節参照）に相当する（図 5）．

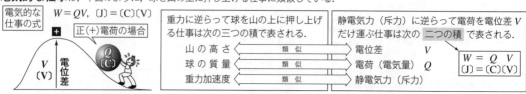

図 5　電気的な仕事とは

これより，電気的な仕事は次で定義される．
$$W = QV \tag{2}$$
電圧 V の単位は上式より
$$[V] = \frac{[W]}{[Q]} = \frac{[J]}{[C]} \tag{3}$$
ここに，括弧内に斜体文字がある場合，例えば $[V]$ は物理量 V の単位という意味である．

式(3)の単位〔J/C〕を〔V〕とおく．これは，「ボルタの電池」を発明したボルタ（A. Volta, 伊, 1745～1827）に敬意を表して，電圧（または電位，起電力）の単位を〔V〕（volt，ボルト）とした．

一方，式(1)より〔C〕=〔A·s〕であったから，式(3)を次のように見ることができる．
$$[V] = \frac{[J]}{[A \cdot s]} = \frac{[J/s]}{[A]} = \frac{[W]}{[A]} \tag{4}$$
ここに，〔W〕（ワット）は仕事率（または電力）の単位であり，上式に示す単位〔W/A〕が〔V〕のSI単位における定義である（仕事率とSI単位は本章2節参照）．すなわち，SI単位における電圧の定義は"1Aの不変な電流が流れている導体の2点間で消費される電力が1Wのとき，その2点間の電圧を1Vとする"と定められている．このように式(2)と式(4)とでは，その歴史的経緯から定義の出発点が異なるが，式(1)を掛け橋として，実質的には同じことを意味する．

> 斜体文字で表記された $[V]$ は電圧という量の単位という意味．立体文字（ローマン体）で表記された〔V〕は単位 volt の意味．

> 下記の言葉が定義されるところ
> 仕事率→本章2節
> 電力→1章5節
> SI単位→本章2節

▶ **電位差を起こす能力が起電力** 電位差を起こすある種の能力により持続して発生している電圧のことを**起電力**（**electromotive force, e.m.f.**）といい，この単位は電圧と同じ〔V〕である．起電力の代表的なものとして次の二つをあげる．

◇ **電池**（**battery, galvanic cell**） 化学反応（金属のイオン化傾向）を用いて電位差を生じさせる．すなわち，起電力が生じる．1個の電池は**セル**（**cell**）と呼ばれ，1個のセルの起電力は1～2Vの範囲である．起電力を高めるには，セルを積み重ねた設計がされる．この二つ以上の組を**バッテリー**（**battery**）といい，野球のバッテリー（投手と捕手）のように，組で構成されるという意味である．

◇ **発電機**（**generator, dynamo**） コイルを貫く磁束が時間変化すると電磁誘導により起電力が生じる．これは，誘導された起電力であることから**誘導起電力**（**induced electromotive force**）と称される．現存の発電機は，その回転軸を水力・蒸気力・風力などで回し，この軸に磁石をつけ，コイルを近接すれば起電力が生じる．すなわち電圧が発生する．身近な例として，直流モータの軸を回せば発電機になるので，確かめるとよい．

▶ **電流の流れを妨げる抵抗** 電流の正体は自由電子が動き回ることであると説明した．電流が流れやすいかどうかは，物質の中にある自由電子の数により定まり，その度合により次の三つに大別される．

導体（conductor）	電流をよく通す物質．金，銀，銅，鉄，アルミなど
半導体（semiconductor）	何らかの要因によって，導体あるいは絶縁体になれる物質．ゲルマニウム，シリコンなど
絶縁体（insulator）	不導体ともいい，ほとんど電流を通さない物質．ガラス，プラスチック，陶器など

導体であっても，自由電子は自由気ままに運動できるわけではなく，金属格子（図1(b)参照）に衝突して，その運動は妨げられる．この妨げを受ける度合を**抵抗**（**resistance**）という言葉で表現し，単位は〔Ω〕（**オーム**；**ohm**）を用いる．1Ωの定義は，1948年以降，1Vの電圧で1Aの電流が流れている導体の抵抗として定められている．抵抗の性質，また，電気回路理論の骨子となるオームの法則については1章で説明する．

3 電気回路の記号と諸量

▶電気回路の記号　　**電気回路**（**electric circuit**）という言葉は，単に**回路**（**サーキット；circuit**）と称することがある．回路に電流が流れるには，次の2種類の要素で回路が構成されなければならない．

◇ **電源**（**power source, power supply**）　電圧（起電力，または電流）を発生するもの．電池や発電機，または稼動している変圧器の出力など

◇ **負荷**（**load**）　電気を消費するもの．電球，モータ，電子素子など

電気回路の例を図6(a)に示す．電気回路を描くとき，いつもこの図のように描写すると大

(a) 実際の回路

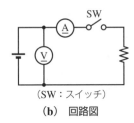

(SW：スイッチ)

(b) 回路図

図6

表1　電気物理量の記号表

電気物理量	意　味	記　号	単位記号	読み方	関係式 (直流式)	関係式 (瞬時式)
電　荷 (charge)	ある物体が**荷**なっている**電気**（電気量ともいう）	Q, q	〔C〕	クーロン (coulomb)	$Q = It$	$q = \int i\, dt$
電　流 (current)	**電荷の流れ**	I, i	〔A〕=〔C〕/〔s〕	アンペア (ampere)	$I = Q/t$	$i = dq/dt$
電　圧 (voltage)	電位差．電流を流そうとする作用の大小を表す	V, v	〔V〕	ボルト (volt)	$V = RI$	$v = Ri$
起電力(e. m. f.; electromotive force)	電位差を**起**こす能**力**	E, e	〔V〕	ボルト (volt)		
電　位 (electric potential)	単位電荷による**電**気的**位**置エネルギー	V, v	〔V〕	ボルト (volt)	$V = W/Q$	
仕　事 (work)	電荷を異なる電位間で移動させる	W, w	〔J〕=〔V〕〔C〕	ジュール (joule)	$W = VQ$ $= VIt = Pt$	$w = \int v\,dq$ $= \int vi\,dt = \int p\,dt$
電　力 (electric power)	単位時間当たりの電気的仕事（仕事率）	P, p	〔W〕=〔J〕/〔s〕 =〔V〕〔A〕	ワット (watt)	$P = W/t$ $= VI = RI^2$	$p = dw/dt$ $= vi = Ri^2$
電力量 (electric energy)	電気的仕事量（上の仕事と同じ）	W, w	〔W·s〕=〔J〕, 〔W·min〕,〔W·h〕	ワット秒，ワット分，ワット時		

表2 回路素子と電磁気量

回路素子と電磁気量	記号	単位記号	読み方	関係式
電気抵抗	R	〔Ω〕	オーム（ohm）	$R=V/I$
自己（相互）インダクタンス	$L(M)$	〔H〕	ヘンリー（henry）	$L=\phi/I$
静電容量	C	〔F〕	ファラド（farad）	$C=Q/V$
電界の強さ	E	〔V/m〕	ボルト毎メートル	$E=V/l$, l は長さ
磁界の強さ	H	〔A/m〕	アンペア毎メートル	$\oint H dl = I$
磁束	ϕ	〔Wb〕	ウェーバ（weber）	$V=d\phi/dt$

表3 電気回路で用いられるときのギリシャ文字の意味

読み方（日本語読みと英語スペル）	大文字 Capital Letter	小文字 Lower Letter	電気回路での使用
アルファ（alpha）	A	α	α は角度など
ベータ（beta）	B	β	β は角度など
ガンマ（gamma）	Γ	γ	
デルタ（delta）	Δ	δ	微小変化分
イプシロン（epsilon）	E	ε	
ツェータ（zeta）	Z	ζ	
イータ（eta）	H	η	
シータ（theta）	Θ	θ	θ は位相角
イオタ（iota）	I	ι	
カッパ（kappa）	K	κ	
ラムダ（lambda）	Λ	λ	λ は波長
ミュー（mu）	M	μ	
ニュー（nu）	N	ν	
グザイ（xi）	Ξ	ξ	
オミクロン（omicron）	O	o	
パイ（pi）	Π	π	π は円周率：3.1415…
ロー（rho）	P	ρ	ρ は抵抗率
シグマ（sigma）	Σ	σ	Σ は総和（summation） σ は導電率（conductivity）
タウ（tau）	T	τ	τ は時定数（time constant）
ウプシロン（upsilon）	Y	υ	
ファイ（phi）	Φ	ϕ	ϕ は磁束または角度（magnetic flux or angle）
カイ（chi）	X	χ	
プサイ（psi）	Ψ	ψ	
オメガ（omega）	Ω	ω	Ω はオーム（ohm） ω は角周波数（angular frequency）

変であるから，これを記号化したものが図6(b)である．

▶ **電気系の諸量** 電気系の諸量として，表1に電気の量を表現するもの，表2に回路素子・電磁気量を表現するもの，表3に電気回路で用いられるときのギリシャ文字の意味を示す．これらの表を読む際に，次の点に留意されたい．

○電圧ならば V（または v）という記号を割り当てる．記号を指定する利点は，例えば，地図帳において ♨ は温泉（湯つぼと湯煙を記号化），☼ は発電所・変電所（歯車と発電所の鍵を記号化）というように，記号を用いる約束にしておけば，長々と説明することなく多くの人に話がすみやかに通じる．

○記号の大文字は直流のように時間 t の変化に関係のない一定の量，小文字は時刻 t とともに変化する量を表すことを意味する．

2 物理量と単位

▼要点

1 SI単位
▶ 単位の必要性とSI単位の概要

2 基本単位と組立単位
▶ SI基本単位　MKSA系（〔m〕,〔kg〕,〔s〕,〔A〕）の四つと〔K〕,〔mol〕,〔cd〕 の計七つ
▶ SI組立単位　基本単位を組み合わせた単位

3 力，仕事，エネルギーと仕事率
▶ 力，仕事とは

1 SI単位

　物理で取り扱われる量の単位を取りまとめたものを**単位系**（system of units）と称する．統一した単位の必要性を思いつくまま次にあげる．

- 時間の統一単位がなければ，人・国により年月が異なり，農業・漁業の作業方法の伝承ができない．また，陸上100 m競走の国際記録という単語も存在しないであろう．
- 国により量や重さの単位が異なれば，金属・石油などの貿易問題は戦争につながる．
- 距離の統一単位がなければ，技術者の異分野交流ができず，巨大なビルやダムは造れない．また，月まで宇宙船で行く，という話も国際的にできない．
- 電流の統一単位がなければ，電気分野の発展はなく広域への電力供給はありえない．このため，人類は明かりを嫌う野獣から身を守るため，相変わらず暗い洞くつ暮らしかもしれない．
- 数値の1が長さ〔m〕なのか重さ〔kg〕なのか，それとも時間〔s〕なのかを明示しなければ，技術の発展はなく低い文明のまま社会はうつろい，高度教育や国際交流も望めない．

　単位系の成り立ちの歴史を振り返ると，西暦1800年代，主に電磁気学の分野でCGS系という単位が用いられていた．このCGSとは〔cm〕(centimeter)，〔g〕(gram)，〔s〕(second) の三つを指す．この単位系では，あまりにスケールが小さすぎて先端テクノロジーやサイエンスに不向きであり，かつ電磁気学や電気回路学に不便であることから，1901年にMKSA系が誕生した．MKSA系は，その詳細を後に述べるが，長さ〔m〕，質量〔kg〕，時間〔s〕，電流〔A〕を物理量の基本とするもので，SIの直系の祖先となる．

　SIはフランス語のLe Système International d' Unités の頭文字二つをとった略称で，英語ではThe International System of Units となる．フランス式発音はエスイー，英語式発音はエスアイである．その直訳的意味は「単位たち（units）の国際的な（international）系（system）」で，系とは系統，系列の意味である．日本語では**国際単位系**といい，略称はSIまたはSI単位である．

　SI単位は，国際度量衡総会（単位と標準の国際的統一を目指すメートル条約の最高意

志決定機関）により1960年に国際的にその内容・名称・略称などが承認され，日本の法律「計量法」やJIS（Japanese Industrial Standards，日本産業規格）の基礎となっている．特に，1999年10月1日より，日本の計量法はSIをほぼ全面的に取り入れ，幾つかの改訂（重量系のkgf→質量系のN，体積のcc→mL，熱量のcal→J）が施行され，商取引や証明行為の書類での単位表記はこの改訂に従うことが法律で定められている（計量法第8条）．

計量法のSI化については産業技術総合研究所 計量標準総合センター（NMIJ）のWebサイト，国際度量衡局（BIPM）の活動は http://www.bipm.org/ を参照されたい．

2 基本単位と組立単位

単位には，少数に限定して選定した**基本単位**（**base units**）と，基本単位を組み合わせて作成された**組立単位**（**derived units**）がある．SIの基本単位は，MKSA系の四つに温度〔K〕，物質の量〔mol〕，光度〔cd〕を加えた総計七つを基本単位とする（図1）．本書では，SIのうち，主にMKSA系を用いる．

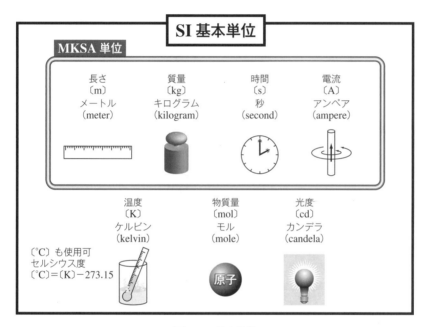

図1　SI基本単位

MKSA単位は国際度量衡委員会により，2019年より次のように定義された．

長さの単位：メートル〔m〕は長さの単位である．その大きさは，単位 m s^{-1} による表現で，真空中の光速度 c の数値を正確に 299 792 458 と定めることによって設定される．（要は，1秒の 1/299 792 458 の時間に光が真空中を進む長さと実質的に同じ）

質量の単位：キログラム〔kg〕は質量の単位である．その大きさは，単位 s^{-1} m^2 kg（Js に等しい）による表現で，プランク定数 h の数値を 6.62607015×10^{-34} kg m^2 s^{-1} と定めることによって設定される．なお，キログラム原器は廃止となる．

時間の単位：秒〔s〕は時間の単位である．その大きさは，単位 s^{-1}（Hzに等しい）による表現で，非摂動・基底状態にあるセシウム133原子の超微細構造の周波数 $\Delta\nu_{Cs}$ の数値を正確に 9 192 631 770 Hz と定めることによって設定される．

電流の単位：アンペア〔A〕は電流の単位である．その大きさは，電気素量 e の数値を

1.602176634×10^{-19} A s と定めることによって設定される．単位は C であり，これはまた A s に等しい．

　組立単位は，基本単位の組合せ（乗除算）により作り出される単位をいう．例えば，面積ならば〔m〕×〔m〕＝〔m^2〕，また力の単位が〔kg·m/s^2〕（＝〔N〕）で表される（図 2 参照）．

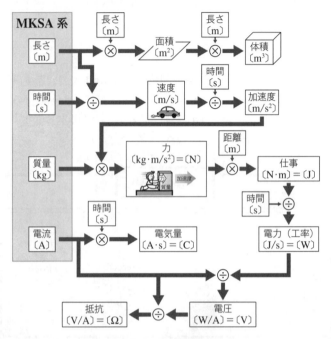

図 2　組立単位の例（MKSA 系の例）

また，単位の組立てで注意されたいことは

☞ **単位の乗除算（×，÷）は新たな物理量の単位を生み出す**（図 2 参照）．
　　例：距離〔m〕÷時間〔s〕＝速度〔m/s〕

☞ **単位の乗除算は異なる単位でも可能．しかし，加減算（＋，－）は同じ単位でなければならない．**
　　例：100 円の貨幣と 0.2 kg の牛肉を足すことはできない．しかし，100 円/0.2 kg という除算は 1 kg 当たりの価格（いわゆる比率）を表す．

単位の記述に関する決まりの幾つかを次に示す．

○単位は立体文字（ローマン）で記し，英語複数形の s や終止記号（.）などはつけない．

○数値と単位記号との間は 1/2〜1 字分の空白を置く．

○複数の単位の積で表される組立単位は，各単位の積の記号（·）で結び付けて表す（誤解の恐れがなければ積記号は省略してもよい）．　例　N·m, Nm

○複数の単位の商で表される組立単位は，各単位を商の記号（/）あるいは負の指数をつけて表す．商記号は 1 つの組立単位中では 1 個だけ使用してよい．負の指数がつく単位が複数ある場合に商記号を用いて表す際はそれらを括弧の内に入れる．　例　J/K, J·K^{-1}, W/(m·K), W·m^{-1}

○長さの単位（meter）と 10^{-3} を表す接頭語（milli）とは同じ記号で示されるので，両

者を混同しないように注意する必要がある．　例　mNとm·N（Nmと書けば混同されることはない）

表1は，組立単位の中でも固有の名称を持つ量を示す．名称のほとんどは功績のあった研究者の名前が採用されている．表2は，角度に関する組立単位を示す．

表1　固有の名称をもつ組立単位の例

量	記号	単位記号	単位の名称	組立単位による表現
周波数	f	〔Hz〕	ヘルツ	$Hz = s^{-1}$
力	F	〔N〕	ニュートン	$N = kg·m/s^2$
エネルギー，仕事，電力量，熱量	W, H, Q	〔J〕	ジュール	$J = N·m$
電力，仕事率，工率，動力	P	〔W〕	ワット	$W = J/s$
電荷，電気量	Q	〔C〕	クーロン	$C = A·s$
電位，電圧（電位差），起電力	V	〔V〕	ボルト	$V = W/A$
静電容量，キャパシタンス	C	〔F〕	ファラド	$F = C/V$
（電気）抵抗	R	〔Ω〕	オーム	$Ω = V/A$
（電気）コンダクタンス	G	〔S〕	ジーメンス	$S = Ω^{-1}$
磁束	ϕ	〔Wb〕	ウェーバ	$Wb = V·s$
磁束密度，磁気誘導	B	〔T〕	テスラ	$T = Wb/m^2$
インダクタンス	L	〔H〕	ヘンリー	$H = Wb/A$
セルシウス温度	T	〔℃〕	度またはセルシウス度	℃ = K − 273.15（K；ケルビン）

表2　角度に関する組立単位

量	記号	単位記号	単位の名称	備考
平面角	θ	〔rad〕	ラジアン	組立単位（以前はSI補助単位と呼ばれていた）°（度），′（分），″（秒）はSIと併用する単位
立体角	ω	〔sr〕	ステラジアン	組立単位（以前はSI補助単位と呼ばれていた）
角速度	ω	〔rad/s〕	ラジアン毎秒	電気系では角周波数と称することが多い．
角加速度	α	〔rad/s^2〕	ラジアン毎秒毎秒	

このSIへの移行に伴う，幾つかの話題を提供する．

◇**重さと質量が混同されていることが多い**　kg，gを重さの単位として習うときに現れる「重量」という用語は「質量」という意味と「力」という意味を有する．このため，「質量」と「力」の区別があいまいになる．さらに，力の大きさの基準を重力を基準にして学ぶと，さらに混乱が生じる．例えば，「体重50 kg」という表現は地球上の話であって，宇宙空間では「体重0 kg」，しかも地球上でも場所により重力加速度が異なるので，厳密に表現するには，「私の体重は東経xxx度，北緯yy度において体重50 kg」といわなければならない．このように場所に依存するということは単位の国際的統一性に逆行し，さらには科学の発展を妨げるも

のである．この例を科学や工学の分野では，次のように表現する．
- 質量系（**正統な表現**）：私の質量は 50 kg である．地球のあらゆる所のみならず宇宙空間においても私の質量は 50 kg である．
- 重量系（**混乱する表現**）：私の重量（＝質量×重力加速度）は地球上で 50 kg × 9.80665 m/s^2 ＝約 490 N（昔は単位としてキログラム重〔kgf〕を一部使用したが，現在は〔N〕に統一）である．宇宙空間に行けば重力加速度は 0 であるから重量は 0 N である．

◇ **ミリリットルの混乱**　重さ 1 kg の昔の定義が「最大密度の水 1 dm^3（立方デシメートル＝10^{-3} m^3＝1000 cm^3）の質量」と定められ，重さが体積で定義されていたことから混乱が生じた．実際に水 1 kg を計測してみると，1 気圧，最大密度で 1.000028 dm^3 である．この定義に従うと，体積は重さで決まるのだから，1 mL は 1 g の体積に等しく，したがってそれは 1.000028 cm^3 となる．この困った事態を改善するため，1964 年に「1 L の定義は 1 dm^3 に等しい」に変更された．これにより，1 mL ＝ 1 cm^3 である．また，リットル（litre, liter）の単位記号は現在，大文字・立体の L または小文字・立体の l であり，ℓ は用いない．

◇ **2 リットルのスポーツカー**　体積の SI 単位は立方メートル〔m^3〕，リットル〔L〕であり，旧来の cc（cubic centimeter）は用いられなくなった．これに伴い，車・オートバイの排気量はリットルで表記されるべきであるが，自動車メーカの主張である「例えば，2000 cc は車の排気量そのものを直接表しているのではなくカテゴリーを表しているのだから，従来のまま〔cc〕表現を用いたい」が受け入れられている．このため，2 リットルのスポーツカーと表現したり，50 cc のオートバイ，というようにメーカにより表記がばらばらである．確かに，50 ミリリットルのオートバイは可愛い感じがする．

◇ **熱量の表現**　〔cal〕（calorie）は，もともと 1 g の水を 1 ℃ 高めるのに要する熱量，という定義であったが，何度から上昇させるかで熱量の不均一性があり，このため種々のカロリー（計量法のカロリー（1 cal ＝ 4.18605 J），15 度カロリー（1 cal ＝約 4.1855 J），熱化学カロリー（1 cal ＝約 4.184 J），国際蒸気表カロリー（1 cal ＝約 4.1868 J））がある．一方，熱量はエネルギーの一種であり，種々のエネルギーを統一的に扱いやすいよう〔cal〕でなく〔J〕を用いることになった．これにより，工学の分野では全て〔J〕表現とする．これに基づき，〔J/s〕＝〔W〕であるから，給湯器の性能を〔cal/s〕から〔W〕で表現するようになった．しかし，1 cal ＝約 4.18 J であるから，食品のカロリー表示を〔J〕で表現すると混乱が生じると予想される（例えば，ご飯一杯が約 220 kcal を 919.6 kJ と表現すると，数値が大きく表現されることによる勘違いから，ますますダイエット現象が激化する）．このため，栄養・代謝分野では限定したカロリー表現が認められている．

◇ **使用を避ける単位の例**

長さ　Å（オングストローム）→ 10^{-10} m ＝ 0.1 nm　（Å は非 SI 単位であるが，電磁波，結晶格子などの分野では用途を限定して使用してもよい）

力　dyn → 10^{-5} N, kgf → 9.80665 N,　音圧レベル　ホン → dB

磁界の強さ　AT/m → A/m,　磁束　Mx → 10^{-8} Wb,　起磁力　AT → A　ほか

3 力,仕事,エネルギーと仕事率

電気回路では,電力と電力量という用語がある.これらは,それぞれ,物理学でいうところの仕事率と仕事に相当する.これらを理解するために,まず,**力**(**force**)から説明しよう.力は,かの有名なニュートン(Sir Isaac Newton,英,1642~1727)が定義したもので,これは,図3に示すようなイメージで説明される.

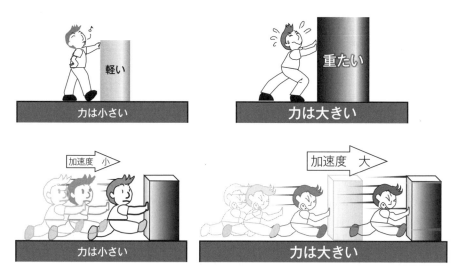

図3 力の定義のイメージ図

この図に示すように,力は物体の質量に比例する.また,力は加速度に比例する.これは生活実感から自然な定義であろう(注意:力は速度と関係しない).これらの比例関係より,力の定義は次で与えられる.

$$\text{力} = \text{質量} \times \text{加速度} \tag{1}$$

力の単位は,式(1)の右辺より定められる.すなわち

$$[\text{kg}] \times [\text{m/s}^2] = \left[\frac{\text{kg} \cdot \text{m}}{\text{s}^2}\right] = [\text{N}] \quad (ニュートンと発音)$$

後世の学者たちはニュートンに敬意を表して,その頭文字をとって上式の単位を[N]で表すものとした.

次に,**仕事**(**work**)について説明する.例えば,ある荷物に力を加えて押して進む,という仕事を行っているものとしよう.このとき,進む距離の長いほうが"たくさん仕事をした"と感じるであろう.したがって,仕事は力と距離に比例する,と定義され次式で表現される.

$$\text{仕事} = \text{力} \times \text{距離} \tag{2}$$

仕事の単位は,[N]×[m]=[N·m]であるが,ジュール(James Prescott Joule,英,1818~1889)の頭文字をとって[N·m]=[J](ジュールと発音)と表記する.

このように,仕事の本来の定義における1 Jとは"1 kgの物体に1 m/s^{2}の加速度を与えながら1 m動かすエネルギー"である.**エネルギー**(**energy**)とは,例えば,風は風車を回し,落下する水は水車を回す,という仕事をしているといえる.このように,運

動する物体や高い所にある物体は，何らかの仕事をする能力を持っており，これがエネルギーである．したがって，単位は仕事と同じ〔J〕である．

ちなみに，力学の分野では，〔J〕を用いずに〔N·m〕を用いることがある．この意味は，力のモーメント（てこにおける支点からの距離と力との積など）を表現するときに，一般の仕事と区別したいために，この単位を用いる．

物理学を学ぶとわかるように，力学的エネルギー，電気エネルギー，光エネルギー，熱エネルギーなど全てのエネルギーは本質的に同じものである．したがって，1 J は次と皆同じである．

（ⅰ）　2 kg の物体に 1 m/s の速度を与える．
（ⅱ）　1 kg の物体を約 10.2 cm 持ち上げる．
（ⅲ）　1 g の水の温度を約 0.24 ℃ 上げる．
（ⅳ）　1 V の電圧で 1 A の電流を 1 s 流す．

次に，**仕事率**（**power**）という用語がある．これは，"単位時間当たりに行われる仕事"を意味する．例えば，会社で A さんと B さんが同じ仕事を行ったとする．A さんは 30 分，B さんは 4 時間かかったとしよう．このとき，A さんのほうが B さんより 8 倍能率が高い，と評価される．このように，工学において，仕事だけで評価するよりは，むしろ，仕事に対する時間的能率を評価することが多い．これより

$$仕事率 = \frac{仕事}{時間} \tag{3}$$

が定義される．その単位は，ワット（James Watt，スコットランド，1736〜1819）の頭文字をとって〔J〕/〔s〕＝〔W〕（ワットと発音）と表記する．この〔W〕は，力学，機械，電力の分野のみならず，給湯器やふろ沸し器の水の温度上昇能力を示す場合にも登場する．

ここまでの話に関連して，怪獣物語や SF 映画において "エネルギー充てん" という台詞があるが，この言い方は間違っていない．エネルギーを充てんしてから，それに相当する仕事（レーザビーム発射，宇宙船航行など）を行うからである．しかし，"パワー充てん" という言い方は誤りである．パワーは仕事率のことであって，これを充てんすることはできない．

単位に関連して，数の接頭語を表 3 に示す．また，数学の表記を幾つか表 4 に示す．

表3 数の接頭語

係　数	記　号	名　称	意味（語源）	10進数表現
10^{24}	Y	ヨタ（yotta）	8（ギリシャ）	1 000 000 000 000 000 000 000 000
10^{21}	Z	ゼタ（zeta）	7（ラテン）	1 000 000 000 000 000 000 000
10^{18}	E	エクサ（exa）	6（ギリシャ）	1 000 000 000 000 000 000
10^{15}	P	ペタ（peta）	5（ギリシャ）	1 000 000 000 000 000
10^{12}	T	テラ（tera）	怪物（ギリシャ）	1 000 000 000 000
10^9	G	ギガ（giga）	巨人（ギリシャまたはラテン）	1 000 000 000
10^6	M	メガ（mega）	大量（ギリシャまたはラテン）	1 000 000
10^3	k	キロ（kilo）	1000（ギリシャ）	1 000
10^2	h	ヘクト（hecto）	100（ギリシャ）	100
10	da	デカ（deca）	10（ギリシャ）	10
10^{-1}	d	デシ（deci）	10（ラテン）	0.1
10^{-2}	c	センチ（centi）	100（ラテン）	0.01
10^{-3}	m	ミリ（milli）	1000（ラテン）	0.001
10^{-6}	μ	マイクロ（micro）	微小（ギリシャまたはラテン）	0.000 001
10^{-9}	n	ナノ（nano）	小人（ギリシャまたはラテン）	0.000 000 001
10^{-12}	p	ピコ（pico）	少量，先端（スペイン）	0.000 000 000 001
10^{-15}	f	フェムト（femto）	15（デンマーク）	0.000 000 000 000 001
10^{-18}	a	アト（atto）	18（デンマーク）	0.000 000 000 000 000 001
10^{-21}	z	ゼプト（zept）	7（ギリシャ）	0.000 000 000 000 000 000 001
10^{-24}	y	ヨクト（yocto）	8（ギリシャ）	0.000 000 000 000 000 000 000 001

表4 数学の表記

$x \leq y$（$x \leqq y$とも表記），xはy以下．
$x \approx y$（$x \simeq y$, $x \fallingdotseq y$とも表記），xとyはほとんど等しい．
$x \propto y$（$x \sim y$とも表記），xはyに比例する．

 Tea break

　MKSA系で漢字が用いられているのは秒だけ．秒とは，稲の穂先の毛のこと，つまりとても小さなものという意味である．英語のsecondの語源はフランス語で，secondとは第2番目（次）という意味，つまり「分の次」だからという意味だそうである．分のminuteは，ラテン語のminutusが語源で，時間の小部分を意味する．さらに，hourはギリシャ語に由来し，年の四季または1日の動きを意味する．MKSA系の他の一つとしてのメートルはフランス語の測る，グラムはギリシャ語のgramma（小さな重さ）が語源である．まさしく，実感どおりの意味である．

3 電気数学(その1)

▼要 点

1 誤差,有効数字,計算作法
▶ 誤差の表現

絶対誤差 = |測定値−真値|

相対誤差 = $\dfrac{絶対誤差}{|真値|}$

▶ 有効数字
▶ 計算における有効数字の決め方

2 有理数と無理数
有理数は,整数 a, b を用いて分数 a/b の形で表現できる数を指す.
無理数は,有理数のように分数で表現できない実数を指す.

3 比 率
▶ 一般式 $x_1 : x_2 : \cdots : x_n = y_1 : y_2 : \cdots : y_n \Leftrightarrow \dfrac{x_1}{y_1} = \dfrac{x_2}{y_2} \cdots = \dfrac{x_n}{y_n}$

▶ 比率の考え方

$n = 2$ のとき $x : y = A : B$ ⇨ $\dfrac{A}{x} = \dfrac{B}{y}$ ⇨ $Ay = Bx$

$n \geq 3$ のとき 全体に対する各比を考える.例えば,x_1 の比 = $\dfrac{x_1}{x_1 + x_2 + \cdots + x_n}$

4 三角関数

$\sin\theta = \dfrac{y}{r}, \quad \cos\theta = \dfrac{x}{r}, \quad \tan\theta = \dfrac{y}{x}$

$\sin(A \pm B) = \sin A \cos B \pm \cos A \sin B$ (複号同順)

$\cos(A \pm B) = \cos A \cos B \mp \sin A \sin B$ (複号同順)

$\tan(A \pm B) = \dfrac{\tan A \pm \tan B}{1 \mp \tan A \tan B}$ (複号同順)

$\sin^2\theta + \cos^2\theta = 1$

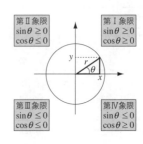

5 その他
▶ 指数法則 a^p における p は指数,a は底,a^p は a の p 乗という.このとき

$a^p \cdot a^q = a^{p+q}, \quad a^p/a^q = a^{p-q}, \quad (a^p)^q = a^{pq}$

▶ 連立一次方程式の解

$\begin{aligned} AI_1 + BI_2 &= E_1 \\ CI_1 + DI_2 &= E_2 \end{aligned} \quad \begin{pmatrix} I_1 \\ I_2 \end{pmatrix} = \dfrac{1}{\Delta} \begin{pmatrix} D & -B \\ -C & A \end{pmatrix} \begin{pmatrix} E_1 \\ E_2 \end{pmatrix}, \quad \Delta = AD - BC \neq 0$ (たすき掛け)

▶ 最大と最小
関数を微分して0とおく.または,相加平均と相乗平均の関係を用いる → $\dfrac{x+y}{2} \geq \sqrt{xy}, \quad (x > 0, y > 0)$

1 誤差,有効数字,計算作法

電気回路解析における計算の要領として,有効数字,誤差の考え方,計算作法について説明する.

▶ 誤差(error) 初めに,数値の誤差評価は大別して次の二つがある.

$$\text{絶対誤差 (absolute error)} = |\text{測定値} - \text{真値}|$$

$$\text{相対誤差 (relative error)} = \left|\frac{\text{測定値} - \text{真値}}{\text{真値}}\right|$$

一般には相対誤差を用いるほうが望ましい．なぜならば，例えば，測定値に1 mの絶対誤差が生じているといわれても，それは真値が10 kmに対するものなのか，2 mに対するものなのかにより，この誤差の評価は大きく異なる．相対誤差評価ならば，真値が10 kmに対しては0.001 %，1 mに対しては100 %の相対誤差，という表現のほうが誤差を評価しやすいであろう．

電気回路の分野で現れる誤差には次がある．
（ⅰ）実験で測定した値と真値との差
（ⅱ）公称値（nominal value）と実測値との差
（ⅲ）計算による誤差

（ⅰ）については，実際の実験での話であり，ここでは触れない．（ⅱ）についても実際のものが対象となる．例えば抵抗器のカラーコード表示は公称値であり，大抵の場合，真値は公称値と異なり，公称値から何％の誤差範囲内（許容誤差）に真値が収まるよう製造されている．（ⅲ）で示されていることが，本書で電気回路において計算するときに注意を払うべきものである．これについては，次の有効数字のところで具体例を示す．

▶ **有効数字（significant figure, significant digit）** 4桁の有効数字とは，5桁目に不確かさ（または誤差）があるため，確からしい（と，信じられる）上位4桁を用いた数値をいう．計測では，最小目盛がmmのものさしで，ある棒の長さを測ったところ，102 mmと103 mmの間にあり，目測により102.7 mmと判定したとする．この場合，0.01 mmの位の数字を四捨五入して得たものと考えてよいから，真実値Lは，$102.65 \leq L < 102.75$の範囲にあると考えてよい．102.7 mmには4個の数字が用いられており，末位の数字はほぼ確実である．このような場合，有効数字は4桁であるという．

▶ **有効数字の表示** 有効数字の桁数が小さく，かつ絶対値が大きいまたは小さい場合には10の累乗を用いる．これは，そのほうが表記が見やすいからである．例えば，14567 kWの有効数字を2, 3, 4桁で表現するとき，それぞれ次となる．

$$1.5 \times 10^4 \text{ kW}, \quad 1.46 \times 10^4 \text{ kW}, \quad 1.457 \times 10^4 \text{ kW}$$

これをGW（Gはギガ10^9）での表現が指定されているとき

$$0.015 \text{ GW}, \quad 0.0146 \text{ GW}, \quad 0.01457 \text{ GW}$$

と表現するのと，次の表現

$$1.5 \times 10^{-2} \text{ GW}, \quad 1.46 \times 10^{-2} \text{ GW}, \quad 1.457 \times 10^{-2} \text{ GW}$$

この二つの表現を比べたとき，どちらがよいかは一概にいえない．しかし，計算過程において，累乗を調整して整数部第1位に最上位桁がくるようにすれば，数値そのものは見やすくなる．

▶ **計算における有効数字の決め方** 計算した結果を答えとして記述するときの決め方は
○答えに有効数字の桁数が指定されている場合には，それより1桁多く算出し，その数字を四捨五入によって指定桁数を出す．

○答えに有効数字の桁数が指定されていない場合には，最も小さい有効桁数に合わせたらよい．例　$(4.025 \times 10^2) \times (3.2 \times 10^3) \approx 1.3 \times 10^6$

次に，計算途中の有効数字の桁数の決め方は，他の成書によると「中間値の有効数字の桁数は，途中の数値の有効桁数あるいは要求されている桁数より1桁程度多くとる」と書き記されている．しかし，これでは不十分な場合がある．

例として，分流器の問題（1章参照）を取り上げる．いま，内部抵抗が $r = 0.2\,\Omega$，最大目盛が $50\,\mathrm{mA}$ の電流計を考える．これに分流器（抵抗のこと）を並列に接続して最大 $800\,\mathrm{mA}$ の電流を測れるようにする分流器の抵抗値を求める．次に，$500\,\mathrm{mA}$ を測定したときの目盛の指示を求める，という問題を考える．分流器の大きさの厳密解は $R = 1/75\,\Omega$ であり，$500\,\mathrm{mA}$ 測定時の指示値は厳密に $31.25\,\mathrm{mA}$ である．これをもし，次のような近似計算 $R = 1/75 \approx 0.0133\,\Omega$ を行い，この近似値を次の計算に使ったとしよう．

$$\text{分流の考え方に基づく指示値の計算} = \frac{R}{0.2+R} \times 0.5 = 0.0311767\cdots \quad \text{A}$$

この答えは3桁目から厳密解と異なる．これは，R に誤差が含まれているからで，このような計算誤りを防ぐには，次のようにすればよい．

○計算過程・結果とも $R = 1/75\,\Omega$ のように分数で表現しておけば近似誤差はない．解答欄にはこれを小数化して3桁（3という数字に根拠は特にない）で記述する．次の計算には，誤差の混入を防ぐため，$R = 1/75$ を用いて計算する．

○電卓で全てを計算する場合，例えば，$R = 1/75 = 0.0133333\cdots$，となる．答えの表記は5桁目を四捨五入して 0.0133 で十分である．しかし，指示値を求める計算において R の桁数を変えると次のようになる．

$R = 0.01333$ ⇒ 指示値 $= 0.0312426756\cdots$
$R = 0.013333$ ⇒ 指示値 $= 0.0312492675\cdots$
$R = 0.0133333$ ⇒ 指示値 $= 0.0312499267\cdots$

この例題において，R は少なくとも5桁で表現して計算しなければならないことがわかる．一般に，問題により何桁用いればよいのかわからないため，引き続いて行う計算には，使用している電卓の最大桁数を用いるのが無難であろう．

次に，無理数や分数が入った計算では，どうするのか？ 例として，厳密な計算結果が次の場合を考える．

$$\sqrt{3} \times 2000 \times \frac{100}{\sqrt{3}} = 200000 \tag{1}$$

この計算を次の二つの項に分離して，それぞれの近似値を求めたとする．

$$\sqrt{3} \times 2000 \approx 3464, \quad \frac{100}{\sqrt{3}} \approx 57.7$$

この二つの近似値の乗算は

$$3464 \times 57.7 = 199872.8 \approx 199873$$

となる．これは，真値と掛け離れたもので，特に電卓を用いて計算を行う人によく見受けられる傾向である．計算過程で $\sqrt{\ }$ や分数をそのまま計算できるならば，計算誤差の混入を防げる．

▶ **本書での有効数字の決め方**　電気・電子回路や電力分野において，何らかの結果を有効数字3桁で表現する理由は，人間の覚えやすさの観点，またグラフ表現のとき4桁

目はほとんど意味をなさないからである．一方，異なる分野，例えば，ナビゲーション工学では光・電波の速度と到達時間から距離を計測する（例：GPS（Global Positioning System），レーザ計測など）．光の速度は 299 792 458 m/s で有効桁数は 9 桁である．しかし，位置計算は約 15 桁を使用しないと，数十 m の誤差が生じる（計算の仕組みにも依存しているため）．また，標準重力加速度は 9.80665 m/s^2 であり，これに従い 200 m 級のビル設計がなされる．これらの分野では，明らかに，多桁の有効数字を用いなければ工学が成り立たない．ここで，問題により有効数字の桁数が異なるのは計算処理が煩雑となる．しかも，有効数字の表現はしょせん近似表現である．一方，例えば式 (1) をそのまま無理数（$\sqrt{3}$）と分数を全部並べて見渡せば，約分などにより厳密解（真値のこと）を得ることができる．このほうが計算力も向上し，かつ桁数表現に煩わされない．このため，本書では，特に指定しない限り，式 (1) のように無理数と分数を答えの中に認める．例えば，$100 \div \sqrt{2} = 100/\sqrt{2}$ を正解とする，という具合である．

2 有理数と無理数

複素数の有理化（本章 4 節）に関連して，有理数と無理数の説明を次に示す．

- **有理数**（rational number） 整数 M, N を用いて分数 M/N の形で表現できる数を指す．
- **無理数**（irrational number） 有理数のように分数で表現できない実数を指す．

この定義より，有理数は整数のみならず実数も含む．例えば，有限桁数の実数は必ず有理数である．

　　例：$12.00625 = 1200625/100000$

また，無限桁でも循環小数で表現される実数も有理数である．

　　例：$0.1\dot{4}285\dot{7} = 1/7$

この例にあるように，また，rational の同類語（raito：比，割合，ration：分配）からわかるように，rational の訳としては有比（比として存在する（"有" は存在するという意味がある））または有分数のほうがふさわしいと考える．明治時代の訳が継承されている有理数という語からは，この分数のイメージがわきにくい．有理数に対する語の無理数は，分数表現が無理な数を指す．例えば，$\sqrt{2}$, $\sqrt{3}$, e, π などである．後に説明される複素数の有理化とは，複素数の分数を整数の分数表現に変形することである．

3 比　率

比率という意味は，比較的難しい．例えば，次の例を厳密に区別できるだろうか？

（ⅰ）3 年生の総数は 200 人で，本日欠席した人の割合はその 0.03 倍です．欠席者は何人ですか？

（ⅱ）3.3 m^2 当たりの土地の価格は 98 万円です．

（ⅲ）ある飲料の成分は，水 98 %，脂質 1.2 %，ビタミン C 0.15 %，カルシウム 0.1 %．

（ⅳ）この料理は，水，しょう油，酢，みりんを量で 2：3：3：1 の割合で混ぜて作る．

これら四つは，それぞれ，倍，単位当たり量，分布，比を表す．（ⅰ）は理解しやすいであろう．（ⅱ）は 3.3 m^2 を 1 単位とみなす換算である．（ⅲ）と（ⅳ）の両者は観点が異

なる．(iii)は全体を100%とし，(iv)は個々の相対比（この場合，みりんを1）にしている．どちらも全体の量はわからない．

この区別をここで厳密に覚えるのが主旨ではなく，電気回路を学ぶ上で，比率をよく用いるため，このような話題を提供している．電気回路では，比率を用いて考える例として次がある．

○3Ωと4Ωの抵抗が直列接続されており，3Ωの抵抗の両端電圧が5Vであった．抵抗4Ωの両端の電圧はいくらか？

○π〔rad〕は180°である．45°は何〔rad〕か．

○ある正弦波の1周期は20msであり，これは2π〔rad〕に相当する．このとき，1.5msは何〔rad〕か．

これらが即座に解けるよう，比率に関する次の例題を示す．

【例題1】 10歳（A），13歳（B），18歳（C）の3人姉妹がいる．800gのアイスクリームを年令に比例して配分せよ．

〈解法〉 初めにアイスクリームのことは忘れて，全体の歳の合計に対する各歳の比を考える．全体Sは

$$S = 10 + 13 + 18 = 41$$

であるから，各比は

$$A = \frac{10}{S}, \quad B = \frac{13}{S}, \quad C = \frac{18}{S}$$

これらは，全体に対する比を表しているのだから，この三つを足せば当然1となる．各比を対象とする量（800g）に掛ければ，各自の取り分がわかる．

□

【例題2】 8歳（X），15歳（Y），21歳（Z）の3人兄弟がいる．201kgの牛肉を年令に反比例して配分せよ．

〈解法〉 例題1と異なる点は，反比例ということ．この場合，ひっくり返して，1/8，1/15，1/21を考え，これら全てを加算したのが全体Sとなる．すなわち

$$S = \frac{1}{8} + \frac{1}{15} + \frac{1}{21} = \frac{67}{280}$$

であるから，各比は

$$X = \frac{1/8}{S}, \quad Y = \frac{1/15}{S}, \quad Z = \frac{1/21}{S}$$

となり，この三つの合計は当然1である．そして，Xは105kg，Yは56kg，Zは40kgの牛肉が得られる．

□

【例題3】 図1(a)において，各電圧V_1, V_2, V_3を求めよ．次に図1(b)に示す各電流I_1, I_2, I_3を求めよ（本問は1章参照）．

〈解法〉 図1(a)に対しては例題1の考え方が適用できる．この図に示すように，直列接続の場合，各電圧は抵抗値に比例する（1章参照）．したがって，全体Sが

$$S = 10 + 5 + 2 = 17\,\Omega$$

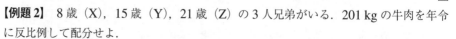

(a)

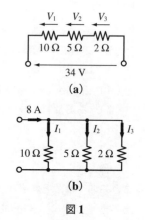

図1

であるから

$$V_1 = \frac{10}{S} \times 34 = 20 \text{ V}, \quad V_2 = \frac{5}{S} \times 34 = 10 \text{ V}, \quad V_3 = \frac{2}{S} \times 34 = 4 \text{ V}$$

図 1 (b) に対しては例題 2 の考え方が適用できる．すなわち，並列接続の場合，各電流は抵抗値に反比例する（1 章参照）．したがって，全体 S が

$$S = \frac{1}{10} + \frac{1}{5} + \frac{1}{2} = \frac{8}{10}$$

であるから

$$I_1 = \frac{1/10}{S} \times 8 = 1 \text{ A}, \quad I_2 = \frac{1/5}{S} \times 8 = 2 \text{ A}, \quad I_3 = \frac{1/2}{S} \times 8 = 5 \text{ A}$$

□

比を表す式として

$$x_1 : x_2 : \cdots : x_n = y_1 : y_2 : \cdots : y_n \quad \Leftrightarrow \quad \frac{x_1}{y_1} = \frac{x_2}{y_2} \cdots = \frac{x_n}{y_n} \tag{2}$$

があり，これを例題 2，3 に適用しようとすると，解法は複雑になるであろう．なぜならば，上式はそれぞれの対比を行っているだけで，例題 2，3 のように全体が与えられているわけではないためである．式 (2) が活躍するのは，例えば例題 3 の場合において，全体を表す 34 V は明記されておらず，代わりに $V_1 = 20$ V が指定されているときの V_2，V_3 を求める場合，または式 (2) において $n = 2$ のときである．

4 三角関数

電気回路において**三角関数**（**trigonometric function**）を考えるとき，図 2 に示す直角三角形（right triangle）を常にイメージとして思い浮かべてほしい．三角関数について，電気回路で必要とする要点だけを多少天下り的に説明する．詳しくは他の成書を参照されたい．

▶ **三角関数の定義**　図 2 の直角三角形に対する sine, cosine, tangent の定義を次に示す．

$$\sin\theta = \frac{y}{r} = \frac{対辺}{斜辺}$$

$$\cos\theta = \frac{x}{r} = \frac{底辺}{斜辺}$$

$$\tan\theta = \frac{y}{x} = \frac{対辺}{底辺}$$

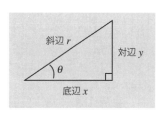

図 2

▶ **ラジアンと度の関係**　角度の単位は，日常生活でよく用いられる 1 周を 360°とおいた**度**（**degree**）を用いた表現に親しみを感じている（これを 60 分法という）．一方，物理，数学の分野，さらにはコンピュータでのプログラミング言語に現れる三角関数は**ラジアン**（**radian**）を用い，その頭文字をとって単位での表現は〔rad〕である．角度をラジアンで表現することを**弧度法**（**unit of angular measure**）と称することがある．ラジアンの語頭 radi- は "半径"，"放射" の意味があるから，同じ語頭を持つ radius（半径），radial（放射状の）から，何となくラジアンのイメージがつかめるであろう．

図3に示すように，円周は$2\pi r$である．円周とは円を1周するのだから，半径の大きさが1のとき円周は2πとなる．このことから次の関係

$$2\pi \,[\text{rad}] = 360° \tag{3}$$

がある．これより，ラジアンは，図3に示すように，半径r，角度$\theta\,[\text{rad}]$のとき円弧の長さは$r\theta$に等しいことがわかる．

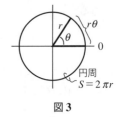

図3

電気回路の計算において，ラジアンと度の変換を行うことが頻繁に要求される．この場合，式(3)より180°のとき$\pi\,[\text{rad}]$であることを利用する．

度→ラジアンへの変換

$$180°:\pi\,[\text{rad}] = x\,[°]:y\,[\text{rad}] \quad \therefore \quad y\,[\text{rad}] = \frac{x\,[°] \times \pi\,[\text{rad}]}{180°}$$

ラジアン→度への変換

$$180°:\pi\,[\text{rad}] = x\,[°]:y\,[\text{rad}] \quad \therefore \quad x\,[°] = \frac{180° \times y\,[\text{rad}]}{\pi\,[\text{rad}]}$$

また

$$1\,\text{rad} = \frac{180°}{\pi} \approx 57.2957795\cdots°$$

$$1° = \frac{\pi}{180°} \approx 0.0174532925\cdots\text{rad}$$

【例題4】 1 rad は何 [°] か．また，周期 20 ms の正弦波で 4 ms は何 [°] の位相角（3 章参照）に相当するか．

〈解法〉 1番目の問は全体を比べればよい．2番目の問も同様である．この具体的な考え方を図4に示す．

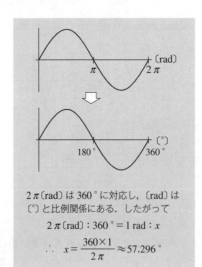
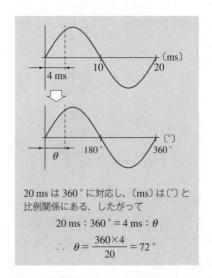

図4　例題4の解法

▶ **90°より大きな角への拡張** 図5(a), (b)に示すように, xy 平面にある円の円周上の点 $P(x, y)$ を考える.

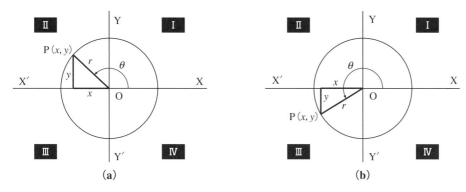

図5

このとき, 幾つかの決まりや定義がある.

○ X－X′軸（横軸）において, x は OX 側で正, OX′側で負. Y－Y′軸（縦軸）において, y は OY 側で正, OY′側で負として考える.

○ 原点 O から点 P への距離 r は θ によらず**正**で, $r = \sqrt{x^2 + y^2}$ と表される.

○ OX から時計の針の回転方向と反対の方向（counterclockwise）への角度 θ は正（positive）と考え, 時計の針の回転方向（clockwise）への角度は負（negative）と考える.

○ I, II, III, IVで示される領域はそれぞれ第 I, II, III および IV 象限（quadrant）という. 例えば, 図5(a)の θ は第 II 象限にあり, 図5(b)の θ は第 III 象限にある.

▶ **三角関数の符号と値** 表1は各象限において三角関数の符号と値の範囲がどのように変化するかを示し, 表2は種々の角度での三角関数の値を示したものである.

表1

象限	$\sin\theta$	$\cos\theta$	$\tan\theta$
I	+ (0→1)	+ (1→0)	+ (0→∞)
II	+ (1→0)	− (0→−1)	− (−∞→0)
III	− (0→−1)	− (−1→0)	+ (0→∞)
IV	− (−1→0)	+ (0→1)	− (−∞→0)

表2

θ [°]	θ [rad]	$\sin\theta$	$\cos\theta$	$\tan\theta$
0	0	0	1	0
15	$\pi/12$	$\frac{1}{4}(\sqrt{6}-\sqrt{2})$	$\frac{1}{4}(\sqrt{6}+\sqrt{2})$	$2-\sqrt{3}$
30	$\pi/6$	$\frac{1}{2}$	$\frac{1}{2}\sqrt{3}$	$\frac{1}{3}\sqrt{3}$
45	$\pi/4$	$\frac{1}{2}\sqrt{2}$	$\frac{1}{2}\sqrt{2}$	1
60	$\pi/3$	$\frac{1}{2}\sqrt{3}$	$\frac{1}{2}$	$\sqrt{3}$
75	$5\pi/12$	$\frac{1}{4}(\sqrt{6}+\sqrt{2})$	$\frac{1}{4}(\sqrt{6}-\sqrt{2})$	$2+\sqrt{3}$
90	$\pi/2$	1	0	$\pm\infty$
105	$7\pi/12$	$\frac{1}{4}(\sqrt{6}+\sqrt{2})$	$-\frac{1}{4}(\sqrt{6}-\sqrt{2})$	$-(2+\sqrt{3})$
120	$2\pi/3$	$\frac{1}{2}\sqrt{3}$	$-\frac{1}{2}$	$-\sqrt{3}$
135	$3\pi/4$	$\frac{1}{2}\sqrt{2}$	$-\frac{1}{2}\sqrt{2}$	-1
150	$5\pi/6$	$\frac{1}{2}$	$-\frac{1}{2}\sqrt{3}$	$-\frac{1}{3}\sqrt{3}$
165	$11\pi/12$	$\frac{1}{4}(\sqrt{6}-\sqrt{2})$	$-\frac{1}{4}(\sqrt{6}+\sqrt{2})$	$-(2-\sqrt{3})$
180	π	0	-1	0

表2において，網掛けした角度と三角関数の値については，特に覚えておくことを推奨する．

▶ **三角関数の公式**　本書を読む上で，必要最小限の公式または知っておくと便利な式を次に示す．

1) $\tan\theta = \dfrac{\sin\theta}{\cos\theta}$

2) $\sin^2\theta + \cos^2\theta = 1$　これより $\sin\theta = 0.8$ のとき $\cos\theta = 0.6$

3) $\sin(-\theta) = -\sin\theta$　　4) $\cos(-\theta) = \cos\theta$

5) $\sin(A \pm B) = \sin A \cos B \pm \cos A \sin B$　（複号同順）　これより
$$\sin 2A = 2\sin A \cos A$$

6) $\cos(A \pm B) = \cos A \cos B \mp \sin A \sin B$　（複号同順）　これより
$$\cos 2A = \cos^2 A - \sin^2 A = 1 - 2\sin^2 A = 2\cos^2 A - 1$$

7) $\tan(A \pm B) = \dfrac{\tan A \pm \tan B}{1 \mp \tan A \tan B}$　（複号同順）　これより　$\tan 2A = \dfrac{2\tan A}{1 - \tan^2 A}$

5　その他

▶ **指数法則**　a, b を正の実数，p, q を実数，n を正の整数とするとき次の指数法則がある．

1) $a^p \cdot a^q = a^{p+q}$　　2) $\dfrac{a^p}{a^q} = a^{p-q}$　　3) $(a^p)^q = a^{pq}$

4) $a^0 = 1$　　5) $\dfrac{1}{a^p} = a^{-p}$　　6) $(ab)^p = a^p b^p$

7) $\left(\dfrac{a}{b}\right)^p = \dfrac{a^p}{b^p}$　　8) $\sqrt[n]{a} = a^{1/n}$　　9) $\sqrt[n]{\dfrac{a}{b}} = \dfrac{\sqrt[n]{a}}{\sqrt[n]{b}}$

a^p における p は **指数**（**exponent**），a は **底**（**base**），a^p は a の **p 乗**（**p-th power**）という．

▶ **連立一次方程式の解法**　2変数の場合
$$\begin{cases} aI_1 + bI_2 = V_1 \\ cI_1 + dI_2 = V_2 \end{cases} \Rightarrow \text{行列表現}\quad \begin{bmatrix} a & b \\ c & d \end{bmatrix}\begin{bmatrix} I_1 \\ I_2 \end{bmatrix} = \begin{bmatrix} V_1 \\ V_2 \end{bmatrix}$$

において係数行列 $A = \begin{bmatrix} a & b \\ c & d \end{bmatrix}$ の行列式 $\det A = ad - bc \neq 0$ であるならば

$$\begin{bmatrix} I_1 \\ I_2 \end{bmatrix} = \begin{bmatrix} a & b \\ c & d \end{bmatrix}^{-1}\begin{bmatrix} V_1 \\ V_2 \end{bmatrix} = \dfrac{1}{\det A}\begin{bmatrix} d & -b \\ -c & a \end{bmatrix}\begin{bmatrix} V_1 \\ V_2 \end{bmatrix}$$

3変数の場合
$$\begin{cases} a_{11}I_1 + a_{12}I_2 + a_{13}I_3 = V_1 \\ a_{21}I_1 + a_{22}I_2 + a_{23}I_3 = V_2 \\ a_{31}I_1 + a_{32}I_2 + a_{33}I_3 = V_3 \end{cases} \Rightarrow \text{行列表現}\quad \begin{bmatrix} a_{11} & a_{12} & a_{13} \\ a_{21} & a_{22} & a_{23} \\ a_{31} & a_{32} & a_{33} \end{bmatrix}\begin{bmatrix} I_1 \\ I_2 \\ I_3 \end{bmatrix} = \begin{bmatrix} V_1 \\ V_2 \\ V_3 \end{bmatrix}$$

において係数行列 $A = \begin{bmatrix} a_{11} & a_{12} & a_{13} \\ a_{21} & a_{22} & a_{23} \\ a_{31} & a_{32} & a_{33} \end{bmatrix}$ の行列式は次のたすき掛けの原理（図6参照）より

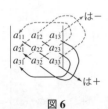

図6

$$\det A = a_{11}a_{22}a_{33} + a_{12}a_{23}a_{31} + a_{13}a_{32}a_{21} - a_{31}a_{22}a_{13} - a_{11}a_{23}a_{32} - a_{21}a_{12}a_{33}$$

で計算される．この式は

$$\det A = +a_{11}\begin{vmatrix} a_{22} & a_{23} \\ a_{32} & a_{33} \end{vmatrix} - a_{21}\begin{vmatrix} a_{12} & a_{13} \\ a_{32} & a_{33} \end{vmatrix} + a_{31}\begin{vmatrix} a_{12} & a_{13} \\ a_{22} & a_{23} \end{vmatrix}$$

となっていることに注意しよう．もし，$\det A \neq 0$ であるならば，解は次のように求まる．

$$I_1 = \frac{\begin{vmatrix} V_1 & a_{12} & a_{13} \\ V_2 & a_{22} & a_{23} \\ V_3 & a_{32} & a_{33} \end{vmatrix}}{\det A}, \quad I_2 = \frac{\begin{vmatrix} a_{11} & V_1 & a_{13} \\ a_{21} & V_2 & a_{23} \\ a_{31} & V_3 & a_{33} \end{vmatrix}}{\det A}, \quad I_3 = \frac{\begin{vmatrix} a_{11} & a_{12} & V_1 \\ a_{21} & a_{22} & V_2 \\ a_{31} & a_{32} & V_3 \end{vmatrix}}{\det A}$$

▶ **最大・最小** 本書では，電力の章で最大・最小問題を扱う．このとき，関数の微分を行うので，初めに微分の一般則を示す．

微分の一般則 $f(x), g(x)$ は x の関数で，a, b は定数とする．

1) $\dfrac{d}{dx}(a) = 0$ 　　2) $\dfrac{d}{dx}(af) = a\dfrac{df}{dx}$

3) $\dfrac{d}{dx}(fg) = f\dfrac{dg}{dx} + \dfrac{df}{dx}g$

4) $\dfrac{d}{dx}\left(\dfrac{f}{g}\right) = \dfrac{d}{dx}(fg^{-1}) = \dfrac{\dfrac{df}{dx}g - f\dfrac{dg}{dx}}{g^2}$ 　　5) $\dfrac{d}{dx}\left(\dfrac{1}{g}\right) = \dfrac{-\dfrac{dg}{dx}}{g^2}$

本書で扱う最大・最小問題は，関数の微分＝0 とおけば解けるレベルである．例えば，次の関数が極値をとる r を求めることを考える．

$$P = r\frac{1}{(100+r)^2}$$

これは，f/g のタイプとみなせるので

$$\frac{d}{dr}\left(\frac{f}{g}\right) = \frac{\dfrac{df}{dr}g - f\dfrac{dg}{dr}}{g^2} = \frac{(100+r)^2 - r \times 2(100+r)}{(100+r)^4} = \frac{100^2 - r^2}{(100+r)^4}$$

上式＝0 となればよいのだから，分子のみに注目すると，$r = 100$ のとき P は極値となる．この極値が最大なのか最小なのかは，電気回路の場合，数学的に証明しなくとも物理的に考察すれば十分なことが多い．例えば，この例で，P が電力を表しているのならば，$r \to 0$（短絡状態）で $P \to 0$，$r \to \infty$（開放状態）で $P \to 0$．しかも，$P \geq 0$ であり，かつ有限な値をとる．このような場合，P は凸関数となるから極値は最大値となる．

最小値を求めるのに，次の相加平均と相乗平均の関係式を利用すると便利である．これは，$x > 0, y > 0$ であるとき，次式が成立することを利用する．

$$\frac{x+y}{2} \geq \sqrt{xy} \quad (\text{"相加平均は相乗平均より小さくない"ことを意味する})$$

ここで，等号が成立するのは $x = y$ のときである．例えば，$\alpha + 1/\alpha \, (\alpha > 0)$ の最小値は，$x = \alpha, y = 1/\alpha$ とおけば，$\alpha = 1/\alpha$ のとき，すなわち，$\alpha = 1$ のとき最小値 $2\sqrt{x \cdot y} = 2$ をとることがわかる．

関数 $f(x)$ が定義される区間において，区間の中（端点を除く）の点 a を考える．このとき，$f(x) < f(a)(f(x) > f(a))$ が成り立つとき，$f(a)$ を極大値（極小値）といい，極大値と極小値を合わせて極値という．注意として，$f'(a) = 0$ であっても $f(a)$ が極値とは限らない．例えば，$f(x) = x^3$ は $x = 0$ で極値とならない．

4 電気数学（その2：複素数）

▼要点

1 複素数の表現

▶ 複素ベクトル（直交形式，極形式）と複素平面（complex plane）

直交形式（rectangular form） $Z = X + jY$
極形式（polar form） $Z = |Z| \angle \theta$

- j：**虚数単位**（imaginary unit） $\quad j^2 = -1, \; j = \sqrt{-1}$
- X：**実（数）部**（real part, **Re** と略す） $\quad X = \text{Re}[Z] = |Z|\cos\theta$
- Y：**虚（数）部**（imaginary part, **Im** と略す） $\quad Y = \text{Im}[Z] = |Z|\sin\theta$
- $|Z|$：**大きさ（絶対値）**（magnitude, absolute value） $\quad |Z| = \sqrt{X^2 + Y^2}$
- θ：**偏角（角度）**（argument, angle） $\quad \theta = \arg Z = \tan^{-1}\dfrac{Y}{X} \; \left(\tan\theta = \dfrac{Y}{X}\right)$

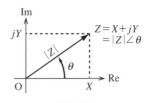
複素平面

▶ オイラーの公式 $\quad e^{j\theta} = \cos\theta + j\sin\theta$

2 ベクトルの伸縮と回転

▶ ベクトルの伸縮　　　▶ ベクトルの回転（$e^{j\theta}$ の乗算で θ〔rad〕回転，j の乗除で 90°回転）

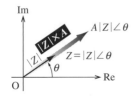 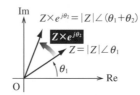 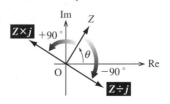

3 共役複素数と有理化

▶ 共役複素数

$Z = X + jY \quad \langle\!\!\text{互いに共役の関係}\!\!\rangle \quad \overline{Z} = X - jY$

$Z = |Z|\angle\theta \quad \langle\!\!\text{互いに共役の関係}\!\!\rangle \quad \overline{Z} = |Z|\angle(-\theta)$

$\Rightarrow \; Z\overline{Z} = X^2 + Y^2 = |Z|^2$

▶ 有理化　分母にある j を除く作業

$$Z = \frac{1}{X + jY} = \frac{(X - jY)}{(X + jY)(X - jY)} = \frac{X - jY}{X^2 + Y^2} \; \Rightarrow \; \text{Re}[Z] = \frac{X}{X^2 + Y^2}, \; \text{Im}[Z] = \frac{-Y}{X^2 + Y^2}$$

4 四則演算の比較

▶ 式から見た直交形式と極形式の比較：加減算は直交形式，乗除算は極形式が便利

▶ 図形として見た演算：加減算は平行四辺形，乗除算は大きさの伸縮と偏角の回転

---

1 複素数の表現

▶ **複素ベクトルと複素平面**　　初めに，ベクトルの表現について考える．**ベクトル**（**vector**）の語源は"向こう"という意味のラテン語（vehere）である．これから派生して，ベクトルとは大きさと向き（角度）が合わさった量である．ちなみに，これに対比する言葉である**スカラー**（**scalar**）は，一つの数値でその大きさが表されるもの（長さ，面積，時間，質量など）をいう．

ベクトルを表現する形式として，**直交形式**（rectangular form）と**極形式**（polar form）の2通りがある．これらは，図1に示すような地図において，現在地から目的地まで"東へ1.73 km，北へ1 km"という表現（1.73, 1）と，"30°の方向に距離2 km"という表現2∠30°（記号∠は角度を意味する）に，それぞれ相当する．この表現は，生活感から見ても自然な考え方であろう．

> **極**（polar）という言葉の用例として，地球の北極という極を最も端の位置にして北緯を定める，がある．極形式という言葉はこれと類似している．
> **偏角**（argument）はもともと北方向を基準として向いている方向との角度差を意味していた．これが転じて，ある基準軸（図1の横軸）より**角**度がどれだけ**偏**っているか，と覚えればよいであろう．

図1 現在地から目的地までの二つのベクトル表現

このように，平面上のある1点を特定するのに，**直交形式は横軸と縦軸の座標（成分）**で表され，**極形式は大きさと偏角**で表される．

複素数という数の定義は図2(a)に示すとおりであり，その表現形式は，図1に類似して直交形式と極形式の二つの表現がある．また，一方から他方への変換の仕方を図2(b)に示す．

複素平面は，図2(c)に示すように，横軸が実軸，縦軸が虚軸からなる直交座標系であり，点(X, Y)に複素数$X+jY$を同一視する平面である．この平面はガウス（K.F. Gauss, 独, 1777～1855）により提唱されたことからガウス平面とも称される．

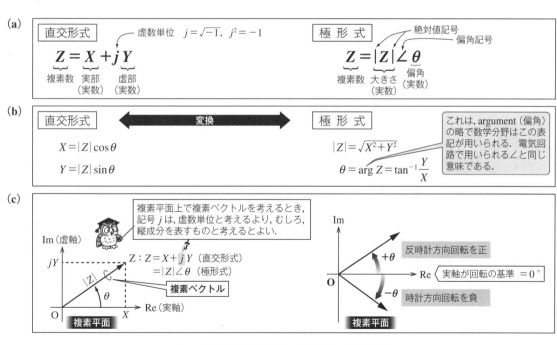

図2 複素数の表現形式，相互変換，複素平面

いま，原点Oから点Zにいたる線分$\overrightarrow{OZ}$を複素数Zに対応させるとき，その線分$\overrightarrow{OZ}$を複素ベクトルと呼ぶ．そして，特に混乱が生じないとき，複素数Zと複素ベクトル$\overrightarrow{OZ}$

を同一視する．本書では，複素ベクトルのことを単に"ベクトル"と称する．

偏角の取り方について，図2(c)に示すように角度の基準（＝0°）は実軸の正方向であり，実軸を基準として反時計回転を正，時計回転を負の回転とする．この基準の取り方は，工学や数学の分野で一般的である．一方，航行ナビゲーション（航空機，船，車両の航行）やコンピュータグラフィックス作成の分野などでは0°を縦軸，また正の回転方向を時計回りにとる，ということがあり，各分野において基準のとり方は様々である．

ここで，図2に現れる∠θの数学的意味は何であるか，という疑問がわき起こる．図2(c)に示す図形からその幾何学的意味は

$$\angle\theta \rightarrow \cos\theta + j\sin\theta \quad (\rightarrow 横成分 + j 縦成分) \tag{1}$$

であることは認識できるが，∠θに何らかの演算（例えば，＋－×÷）を定義できなければ，直交形式と極形式を統一的に取り扱うこと（一方の形式から他方の形式に変換できる仕組み）が難しいことになる．この変換の橋渡しを行うのが次に説明する$e^{j\theta}$である．

▶ **ベクトルの偏角：$e^{j\theta}$ の利用** 直交形式と極形式の両方の数学的に統一的な取扱いを可能としたのはオイラー（1707〜1783，スイス→ロシア）の功績に基づく．オイラーは，複素数の指数関数と三角関数を結び付けた次の公式（**オイラーの公式，Euler's formula**）を導いた．

$$e^{j\theta} = \cos\theta + j\sin\theta \tag{2}$$

ここに，e は**自然対数の底**（**base of natural logarithm**）と呼ばれるもので，2.71828…と桁が無限に続く実数（しかもπと同じ無理数）である，ということだけを認識されたい．

$e^{j\theta}$ の有用性は，複素平面上に**単位円**（**unit circle**；半径が1の円）とともに描くことによりわかる（図3(a)）．

> e という記号は，数学・物理などの分野で一般的に用いられる．電気工学では，起電力の瞬時値表現との混同を避けるためεを用いる場合があるが，本書では理数系や他の工学分野と合わせるため，e を用いることとする．

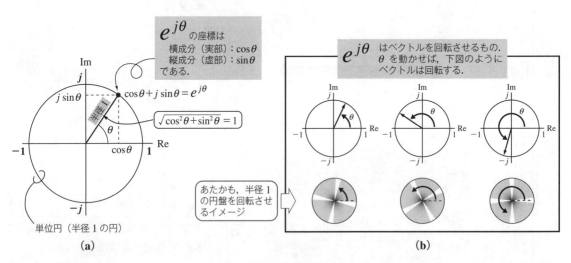

図3 $e^{j\theta}$ の説明

この図に示すように，$e^{j\theta}$ の各成分は

実部（横成分） ⇒ $\cos\theta$
虚部（縦成分） ⇒ $\sin\theta$

により表現される．これからわかるように，$e^{j\theta}$ の大きさ $|e^{j\theta}|$ は 1 である．そして，$e^{j\theta}$ は単位円周上に座標を持つので，θ を動かすと $e^{j\theta}$ は単位円周上を回転する．このことを半径 1 の円盤が回転するイメージとして図 3(b) に示す．また，単位円周上をぐるぐる回るという点が実数を累乗とする e^θ と異なる．なぜならば，$\theta \to \infty$ のとき $e^\theta \to \infty$ となる．一方，$e^{j\theta}$ の大きさは，θ にかかわらず，1 に保たれる．これらの性質より

$e^{j\theta}$ は複素平面上で偏角を表現するもの

として利用できる．

$e^{j\theta}$ は，実数の累乗と同じような演算規則を持っており，次の演算が成り立つ．

1) $e^{ja}e^{jb} = e^{j(a+b)}$　　2) $e^{x+j\theta} = e^x e^{j\theta} = e^x(\cos\theta + j\sin\theta)$

3) $e^{-ja} = \dfrac{1}{e^{ja}}$　　4) $\dfrac{e^{ja}}{e^{jb}} = e^{j(a-b)}$

実は，図 2(c) に現れる偏角の記号表現 $\angle\theta$ を $e^{j\theta}$ とおくと，図 2(c) に示す複素平面上のベクトル Z に対する演算を行うことができ，取扱いが便利となる．そこで，本書では次の両式は等しいものとして扱う．

$Z = |Z|\angle\theta$　　　　　　　　　　　　　　　　　　　　(3-a)

$Z = |Z|e^{j\theta}$　　　　　　　　　　　　　　　　　　　　(3-b)

なお，式 (3-a) を**フェーザ（phasor）**形式と称することがあり，この用語は phase vector（位相を伴うベクトル）の合成語である．本書では，式 (3) に示す両式とも極形式と称する．

【例題 1】 上記の 1)〜4) を $|Z|\angle\theta$ の形の表現に書き表せ．

答 2) 大きさが e^x，偏角が θ とみなし，$e^x\angle\theta$．他は省略．

2　ベクトルの伸縮と回転

ベクトルの伸縮と回転について述べる．偏角を変えずに大きさだけを変化させる伸縮は，複素ベクトル Z に実数 A を乗じればよい（図 4）．

ベクトルの回転については，いくつか重要なことがあるので，伸縮に比べて多くのことを以下に説明する．

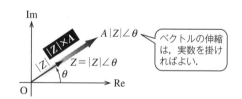

図 4　ベクトルの伸縮

▶ **ベクトルの回転：$e^{j\theta}$ の効用**　　任意の θ だけベクトルを回転させたいとき，先に示した $e^{j\theta}$ の演算規則 1) に従えばよい．例えば，$10\,e^{j\pi/6}$（大きさが 10 で偏角が 30° のベクトル）の大きさを変えずに角度を 15° 進ませようとするならば $e^{j\pi/12}$ を乗じればよい．すなわち

$$10\,e^{j\pi/6} \times e^{j\pi/12} = 10\,e^{j(\pi/6+\pi/12)} = 10\,e^{j\pi/4}$$

このように簡単な計算で結果を得ることができる．これは，除算の場合も同様である．これより

$e^{j\theta}$ は複素平面上でベクトルを回転させる演算子

として利用できることがわかる．

▶ **ベクトルの回転：j を乗じる，j で割る**　電気回路の計算において，j を乗じる，j で割るという例が多くある．例として，$Z=5+j3$ に j を乗じると次の結果を得る．
$$Z'=j\times Z=-3+j5$$
この様子を図5(a)に示す．

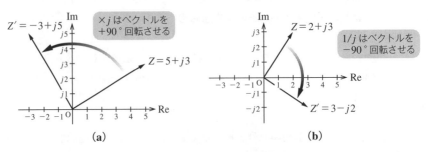

図5　j を乗じる，j で割る

この図に示すように，j を乗じると

　　　もとの実軸成分×j　⇒　虚軸成分
　　　もとの虚軸成分×j　⇒　(-1) が乗じられた実軸成分

に移行する．このように，実軸成分と虚軸成分を独立して考えると，j を乗じると正方向に 90°回転することがわかるであろう．異なる説明として，$e^{j\theta}$ を用いると，$j=e^{j\pi/2}$ であるから，j を乗じるということは正方向に 90°回転することと同じ，というほうが簡単かもしれない．

次に，$Z=2+j3$ を j で割ることを考える．ここで
$$\frac{1}{j}=\frac{1}{j}\cdot\frac{j}{j}=-j \tag{4}$$
となることに注意して
$$Z'=\frac{Z}{j}=Z\times(-j)=3-j2$$
となる．このように，j で割ることは，j を乗じて (-1) を乗じること，すなわち 90°正回転してから 180°反転することであるから，結局，負方向への 90°回転である（図5(b)）．異なる説明として，$(-1)j=e^{j(-\pi/2)}$ より，j で割ることは負方向に 90°回転するといえる．

3　共役複素数と有理化

複素数の代数演算のうち，本書で必要とする**共役複素数**（conjugate complex number）と**有理化**（rationalization）を説明する．

共役複素数は，もとの複素数の虚部の符号が反転した複素数をいう．例えば，$Z=3-j5$ の共役複素数は $\bar{Z}=3+j5$ である．この逆もまた然りである．さらに，共役複素数同士を乗じると実数となる．すなわち，$Z=X+jY$ とおくと
$$\begin{aligned}Z\bar{Z}&=(X+jY)(X-jY)\\&=X^2+Y^2=|Z|\end{aligned} \tag{5}$$

> 共役という用語の意味は，二つの数が互いに特殊な関係を持ち，互いに転換しても性質を考えるうえには変化がないこと．（角川新国語辞典より）

有理化は，荒っぽく述べると，分数の分母に j が存在する場合，これを分母から除く演算操作をいう（有理化の正しい意味は本節最後に記す）．このとき，先に示した共役複素数同士の乗算は実数になるという事実を用いる．すなわち，有理化とは次の演算を指す．

$$Z = \frac{1}{X+jY} = \frac{1}{X+jY} \cdot \frac{X-jY}{X-jY} = \frac{X-jY}{X^2+Y^2} \tag{6}$$

この結果より，次のように実部と虚部を分離して明示できる．

$$\mathrm{Re}[Z] = \frac{X}{X^2+Y^2}, \quad \mathrm{Im}[Z] = \frac{-Y}{X^2+Y^2} \tag{7}$$

【例題2】 $Z = (5-2j)/(4+j3)$ の複素数の実部と虚部はいくつか．
〈解法〉 この場合，分母に j があるため，直ちに実部と虚部を示すことはできない．このため有理化を行うと

$$Z = \frac{(5-2j)}{(4+j3)} \cdot \frac{(4-j3)}{(4-j3)} = \frac{14-j23}{4^2+3^2} = \frac{14}{25} - j\frac{23}{25}$$

$$\therefore \quad \mathrm{Re}[Z] = \frac{14}{25}, \quad \mathrm{Im}[Z] = -\frac{23}{25}$$

□

この例に示すように，実部，虚部とも一般に分数形式で表現される有理式となることから，有理化と称される．

ここまで述べた，複素平面，共役複素数および $\angle\theta$ などについて幾つかの事実を次に示す．

（a） Z と $-Z$ は，原点 O に関して対称である．
（b） Z と $\bar{Z}$ は，実軸に関して対称である．
（c） 偏角が等しい複素数は，原点を始点とする同一の半直線上にある．
（d） 大きさが等しい複素数は，原点を中心とする同一の円周上にある．
（e） $Z = X+jY$ とおくとき，$Z\bar{Z} = X^2+Y^2 (=|Z|^2)$
（f） $Z = |Z|\angle\theta$ とおくとき，$\bar{Z} = |Z|\angle(-\theta)$
（g） $|Z| = |\bar{Z}|$ 　（h） $Z\bar{Z} = |Z|^2$ 　（i） $|Z_1 Z_2| = |Z_1||Z_2|$
（j） $\left|\dfrac{Z_1}{Z_2}\right| = \dfrac{|Z_1|}{|Z_2|}$

【例題3】 上記の（a）〜（d）を図に描いて確認せよ．また，（e）〜（j）を証明せよ．
（解省略）

【例題4】 $(2+j2\sqrt{3})/(4-j3)$ の大きさ（絶対値）を求めよ．
〈解法〉 有理化してから絶対値を求めるよりは，上記の（j）を用いたほうが計算が容易である．すなわち，$|(2+j2\sqrt{3})/(4-j3)| = |2+j2\sqrt{3}|/|4-j3| = 4/5$

4 四則演算の比較

二つの複素数 Z_1, Z_2 に対する四則演算を行うとき，直交形式と極形式それぞれで表現された場合の計算過程および結果に関する比較を行う．さらに，四則演算をベクトルの作図の観点から見たときの比較も行う．

▶ **直交形式と極形式の四則演算比較**　両方の形式における四則演算の計算過程および結果を図6に示す．

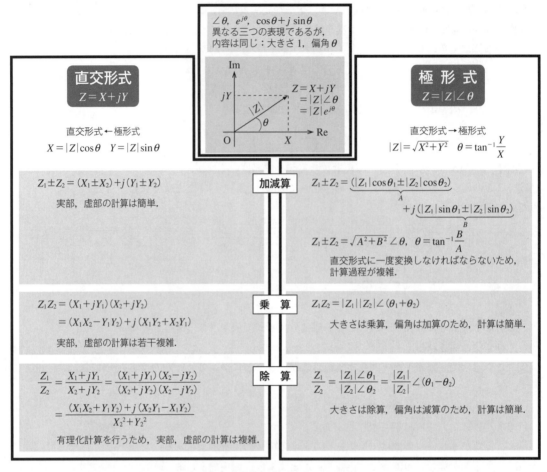

図 6 複素数の四則演算の比較

この図から演算の複雑さに関して次のことが指摘できる．

☞ 加減算を行うとき，直交形式でなければならず，直交形式の加減算は容易である．

☞ 乗除算を行うとき，どちらの形式でも演算可能であるが，大きさと偏角の計算は極形式のほうがわかりやすい．

上記のことが指摘されても，直交形式か極形式を用いるかは問題により一概に定まらない．したがって，図6に示す演算を全てできるようにしておくことが肝心である．

▶**ベクトルの作図による四則演算比較**　　図7に四則演算に対するベクトルを用いた作図的解法を示す．この図から作図に関して指摘できることを示す．

☞ 加算の場合，平行四辺形を作図し，その対角線が解となるため，視覚に訴えやすい．

☞ 減算の場合，図7に述べているように，二つの考え方がある．どちらにしても，結果として得られるベクトルの始点は原点 O にすると見やすい．

☞ 乗除算の場合，ベクトルによる作図は容易であろう．すなわち，大きさは乗除算，偏角は単に加減算ですむためである．

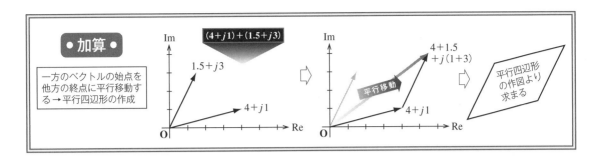

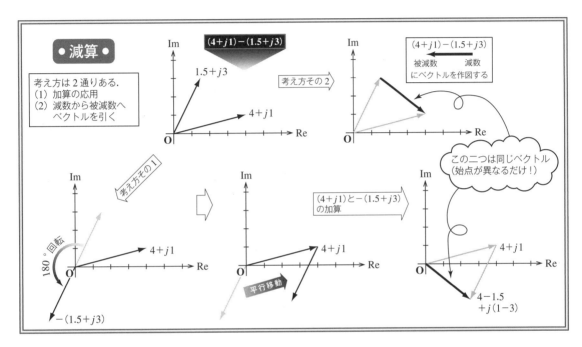

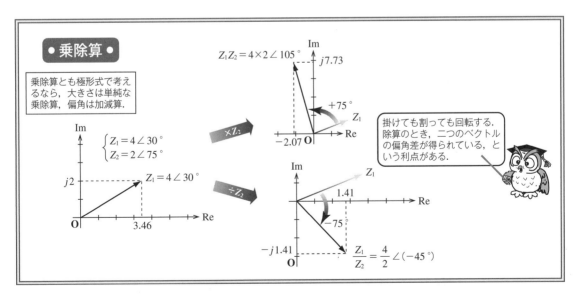

図7　複素ベクトルに対する四則演算の作図的説明

▶ **計算例**　複素数の計算例を幾つか示す.

極形式→直交形式

$$10\angle 30° = 10\left(\cos\frac{\pi}{6} + j\sin\frac{\pi}{6}\right) = 10\left(\frac{\sqrt{3}}{2} + j\frac{1}{2}\right) = 5\sqrt{3} + j5$$

直交形式→極形式

$$3 + j4 = \sqrt{3^2 + 4^2}\angle\theta = 5\angle\theta, \quad \theta = \tan^{-1}\frac{4}{3} \approx 53.13°$$

加算（直交形式）

$$(8+j7) + (-9+j2) = -1 + j9$$

この例については，加数，被加数，結果の三つのベクトルを右図に示す．

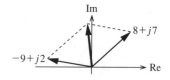

加算（極形式）

$$10\angle\frac{\pi}{6} + 10\angle\frac{\pi}{3} = (5\sqrt{3} + j5) + (5 + j5\sqrt{3}) = 5(1+\sqrt{3}) + j5(1+\sqrt{3})$$

最後の項が解である．練習のため，この解を極形式に変換する．解を見ると，実部と虚部の大きさは等しいから，直角二等辺三角形（辺の比が $1:1:\sqrt{2}$）に当てはめることができる．したがって，三平方の定理や $\tan^{-1}$ を用いなくとも直ちに解を得ることができる．すなわち

$$\left|10\angle\frac{\pi}{6} + 10\angle\frac{\pi}{3}\right| = 5\sqrt{2}(1+\sqrt{3}), \quad \theta = \frac{\pi}{4}$$

減算（直交形式）

$$(8+j7) - (-9+j2) = 17 + j5$$

この例について，被減数，減数，結果の三つのベクトルを右図に示す．

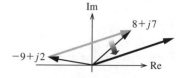

乗算（直交形式）

$$(8+j5)(3-j2) = \{8\times 3 + j\cdot j\cdot 5\cdot(-2)\} + j\{5\times 3 + 8\cdot(-2)\} = 34 - j1 \tag{8}$$

乗算（極形式）

$$2\angle\left(-\frac{\pi}{4}\right) \times 3\angle\frac{\pi}{6} = 6\angle\left(-\frac{\pi}{12}\right) \tag{9}$$

除算（直交形式）

$$\frac{2+j5}{3-j4} = \frac{(2+j5)}{(3-j4)}\frac{(3+j4)}{(3+j4)} = \frac{-14+j23}{25} = \frac{-14}{25} + j\frac{23}{25} \tag{10}$$

除算（極形式）

$$\frac{6\angle 60°}{2\angle 15°} = 3\angle 45° \tag{11}$$

【例題 5】 式(8)において，得られた結果は $(8+j5)$ より何度進み，または遅れているか？
(解省略)

【例題6】 式(9)において，被乗数，乗数，結果の三つのベクトルを図示せよ．（解省略）

【例題7】 式(10)において，得られた結果は$(2+j5)$より何度進み，または遅れているか？
(解省略)

【例題8】 式(11)において，被除数，除数，結果の三つのベクトルを図示せよ．
(解省略)

備考　◇ $X+jY$ の+とは？　直交形式で用いられる記号 "+" が，整数などのような数の加算であるとしたならば，X と jY をどのように足すのであろうか？　実は，記号 "+" は組合せ記号とみなすことができる．すなわち，$X+jY$ は（**実軸の**）**正方向で大きさが** X と（**虚軸**）**正方向で大きさが** Y **の組合せ**，というように解釈する．

◇ j の取扱い　複素平面上で考えるときは，j は虚軸成分を表す，とだけ認識してもかまわない．例えば，$Z=3+j4$ の $j4$ は虚軸方向の大きさが4であると読む．これを $\sqrt{-1}\times 4$ と読むと複素ベクトルの正しいイメージがわからないであろう．

◇ 大きさ（絶対値）とは？　長さ（身長など）や円の半径にマイナスの値はありえない．それと同様に複素数の原点からの距離（複素数の位置する象限はどこでもよい），すなわち大きさ（絶対値）というものに負の値はなく，かつ，その値は実数でなければならない．したがって，$Z=3+j4$ の大きさを $\sqrt{3^2+(j4)^2}=\sqrt{-7}$ と計算するのは誤りである．この場合，虚（縦軸）の大きさ（長さ）は4であり，$j4$ ではない．複素平面上では，j は単に縦軸成分であることを指し示すものと認識されたい．

◇ 角度は偏角それとも位相？　電気工学では，見た目が角度なのに，偏角（argument）と称したり位相（phase）と称したりする．角度とは，線・面が交わってできる角の大きさの度合いを意味する語，偏角はある基準軸からの角度を意味する語，位相は，周期運動において，ある瞬間の位置を示す語である．したがって，複素数を考えるときには，基準軸（実軸）さえしっかりと認識していれば，偏角と角度は同じものとみなされる．一方，電気工学の分野で考える位相は，交流で現れる $\sin(\omega t+\theta_0)$ のある瞬間の角度を複素平面上の偏角 $\theta(=\omega t+\theta_0)$ に置き換えられて議論される．このため，偏角と位相は厳密には区別されるべきであるが，複素平面上で同一視されることがある．

◇ Z それとも $\dot{Z}$ ？　電気工学の他の成書では，複素数であることを明示するため変数にドットをつけて，例えば $\dot{Z}$ と表記し，その大きさをドットなしの Z と表現するものがある．このほうが，実数値（抵抗 R や有効電力 P など）と区別できるから，という理由がいわれている．しかし，本書では，実数と複素数を区別した表現はとらない．この理由は，(i) 数学，物理，他の工学ではドット表現を用いておらず何ら不都合はない，(ii) ドット表現は微分を表す分野が多い，(iii) 実数は複素数の部分集合であるから抵抗や有効電力は虚部がゼロの複素数と考えればよい，(iv) 大きさを考えるとき，$|Z|$ と明示したほうがドット付きの場合の Z より見誤ることが少ない，などのためである．

◇ 有理化とは？　rational という語がもともと比という意味をもつように，有理数は M/N (M, N は整数）という比（ここでは分数）で表されるものをいう．意味を重視するならば "有比数" がふさわしい訳と思うが，有理数は意図された異訳と聞く．有理数は実数の一部である．例えば，有限桁の実数は必ず有理数である．また，無限桁の実数でも有理数となるものがある．例えば $0.3333\cdots = 1/3$ である．有理数に対する語が無理数（irrational number）であり "分数で表現するのが**無理**" という数を指す．例えば，$\sqrt{2}, e, \pi$ などが無理数である．

◇ e と j と π　e はオイラーにより発見され，"自然対数の底" という名称が与えられ，その定義は $e=\lim_{n\to\infty}\left(1+\dfrac{1}{n}\right)^n$ である．その値は $2.71828\cdots$ という実数で，しかも無理数である．同じ無理数でも π は円周と直径の比，という認容しやすいものであるが，e は実感しにくい神秘的な数である．微分値が自分自身（$de^x/dx=e^x$）になったり，過渡現象で当たり前の顔をして登場したり（線形微分方程式の解として），指数関数と三角関数を結び付ける関係式 $e^{j\theta}=\cos\theta+j\sin\theta$（この等式はテイラー展開を用いて証明できる）より，$e^{j\pi}=-1$ というように e は j と π と関係を結んだり，とにかく不思議な数である．

演習問題

【1】 式（i）〜（iii）において，実部と虚部，および大きさと偏角をそれぞれ求めよ．

(ⅰ) $A = (5-j6)(-3+j4)$　　(ⅱ) $B = \dfrac{x_1+jy_1}{x_2-jy_2}$　　(ⅲ) $C = \dfrac{1}{x_1+jy_1} + jy_2$

【2】 次の複素数の大きさと偏角を求めよ．

$$D = \dfrac{2(\cos\varphi + j\sin\varphi)}{4(\cos\theta + j\sin\theta)}$$

【3】 次の問に答えよ．

(ⅰ) $|Z|=5$，$\mathrm{Re}[Z]=3$ のとき，$\mathrm{Im}[Z]$ と $\arg Z$ の値を求めよ．

(ⅱ) $\mathrm{Im}[Z]=-8.66$，$|Z|=10$ のとき，$\mathrm{Re}[Z]$ と $\arg Z$ を求めよ．

【4】 図P1(a)，(b)に示す複素ベクトル A，B を極形式に，C，D を直交形式で表現せよ．また，複素ベクトル A を基準とした場合，B，C，D はそれぞれ何度進んでいる，または遅れているか．

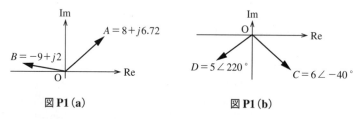

図 P1(a)　　　　　　　　図 P1(b)

【5】 $X = 50 + j50\sqrt{3}$，$Y = 5\sqrt{3} + j5$ の二つの複素数を複素平面上に複素ベクトルとして描け．次に，X を基準としたときの Y の角度差を求めよ．さらに，XY と X/Y のそれぞれの大きさと偏角を求めよ．

【6】 $X = 4 + j4$ を $15°$，$\pi/6\,[\mathrm{rad}]$，$\pi/3\,[\mathrm{rad}]$，$100°$ 進ませたものを直交形式で表現せよ．

【7】 $Z_1 = 4\sqrt{3} + j4$，$Z_2 = R + jX$ の二つのベクトルに対し，次の二つの条件，$|Z_1|=|Z_2|$ かつ Z_2 は Z_1 より $45°$ 進んでいる，を同時に満足するような R と X を求めよ．

 Tea break

虚数単位の生い立ち

　虚数の"虚"という語には「むなしいこと，中味のないこと，うそ，虚構…」（広辞苑）などの意味があり，英語では imaginary number と呼ぶ．すなわち，整数や実数が実存する数に対して，虚数は想像上の数である．虚数が最初に問題となったのは，16世紀ごろイタリアの数学者たちが3次方程式の解法において，負の平方根を用いざるをえない事態に遭遇したことにさかのぼる．負の平方根は，当初"き弁的"であるとか，"理解しがたいもの"と嫌われ，しばらくの間，隠された表現であった．しかし，ライプニッツ（1646〜1716）により，この負の平方根が有用であることが多くの人に知らされた．さらに，18世紀になって，オイラー（1707〜1783）は1777年に虚数単位の表現として $i = \sqrt{-1}$ を用いている．また，オイラーの公式を通して，虚数が数学において有効であることを示した．ガウス（1777〜1855）は複素平面を発案し（敬意を表してガウス平面とも称する），複素数をこの平面上に示した．これにより，複素数は実数と同じように実在する感覚が与えられた．なお，現在でも物理学や数学などの分野では虚数単位の記号に i を用いるが，電気工学では電流の記号として i を用いるため，虚数単位の記号として j を用いるようになった．

1章 直流回路基礎

1 抵抗とオームの法則
2 抵抗の直列・並列回路
3 分圧と分流
4 直流計器と電源
5 電流の発熱作用と電力
　演 習 問 題

1 抵抗とオームの法則

▼要点

1 抵抗器の種類と見方
▶ 抵抗器の種類とカラーコードの見方

2 オームの法則
▶ 電圧・電流・抵抗の関係　$V = IR$〔V〕（電圧に注目），$I = \dfrac{V}{R}$〔A〕（電流に注目），$R = \dfrac{V}{I}$〔Ω〕（抵抗に注目）

3 抵抗率，導電率，温度係数
▶ 抵抗率　　$R = \rho \dfrac{l}{S}$〔Ω〕，ρ：抵抗率〔Ω·m〕，l：導線の長さ〔m〕，S：導線の断面積〔m²〕
▶ 温度係数　$R_2 = R_1\{1 + \alpha_1(T_2 - T_1)\}$

1 抵抗器の種類と見方

本書では，抵抗器は素子そのものを指し，抵抗は値を意味する（4章1節1項参照）．

　抵抗器のうち，一般によく見掛ける種類を図1に示す．この図に示す抵抗器の中身は，炭素系または金属皮膜に加工を施すことにより，電流の通しやすさが調整されている．一般によく見掛ける図1 (a), (b) の**抵抗器**（**resistor**）の表面にはカラーコードがプリントされており，その意味は図2に示すとおり，抵抗の値を示す．

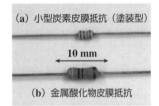
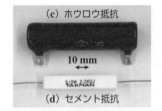
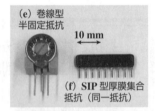

(a) 小型炭素皮膜抵抗（塗装型）
(b) 金属酸化物皮膜抵抗
(c) ホウロウ抵抗
(d) セメント抵抗
(e) 巻線型半固定抵抗
(f) SIP型厚膜集合抵抗（同一抵抗）

(a) 国内で最も一般的で安価．温度係数が大きく，かつ，ばらつきが大きい．ノイズの点で微小信号の扱いには適さない．
(b) セラミック棒に金属酸化物皮膜を付けたもの．中電力回路に供される．
(c) セラミックのパイプに抵抗線を巻き，その上にホウロウ膜を形成．高温に耐える．大電力用．
(d) セラミック製のケースをセメントで封止したもの．不燃性のケースで覆われているので，高温時にも発火しない．また，絶縁性が高い．一般的な電力回路用．
(e) 抵抗値を飛び飛びに変化できる．温度係数が低く安定．密閉構造のため信頼性が高い．
(f) 電子回路基板に装着される．一番左のピンが共通（コモン）で，それ以外のピン間に同一抵抗が8個存在する．

図1　抵抗器の種類

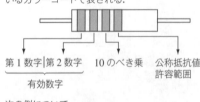

抵抗の値は，表面にプリントされているカラーコードで表される．

第1数字｜第2数字　10のべき乗　公称抵抗値許容範囲
有効数字

次の例について

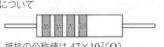

抵抗の公称値は 47×10^2〔Ω〕，その誤差は ±10% 以内である．

色	数字	10のべき乗	許容差
黒	0	10^0	—
茶	1	10^1	±1 %
赤	2	10^2	±2 %
黄赤	3	10^3	—
黄	4	10^4	—
緑	5	10^5	±0.5 %
青	6	10^6	±0.25 %
紫	7	10^7	±0.1 %
灰	8	10^8	—
白	9	10^9	—
金		10^{-1}	±5 %
銀		10^{-2}	±10 %

図2　カラーコードの読み方

2 オームの法則

　抵抗という物理量を最初に考えたのは，ドイツの科学者 Georg Simon Ohm（1787～1854）で，彼の著書「電気回路の数学的研究」(1827) において発表された．当時は，この物理量が受け入れられず，世間で認められるまで 14 年の歳月を費やしたようである．

　オームは，ある抵抗器に対し電圧を変え，抵抗にかかる電圧と電流の関係を実験装置を用いて調べた（図3）．

　幾つもの抵抗器を用いた実験結果より，オームは電圧と電流に比例関係があることに気付いた．これが，電気回路理論の根幹となるオームの法則の誕生であり，これを現代風に表現すると以下のとおりである．

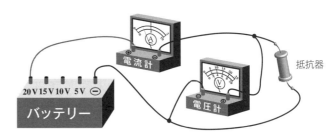

図3　抵抗値測定の実験図

　電気回路の導体に流れる電流 I〔A〕は，その両端に加えられた電圧 V〔V〕に比例し，抵抗 R〔Ω〕に反比例する．この関係を示したのが**オームの法則**（**Ohm's law**）であり，これを表現すると次のようになる．

$$I = \frac{V}{R} \text{〔A〕} \tag{1}$$

ここに，R を**抵抗**（**resistance**）といい，単位は本来〔V〕/〔A〕であるが，オームに敬意を表し，これを〔Ω〕（**オーム**，**ohm**）と称する．

　式 (1) より，例えば，電流と抵抗が計測できるならば電圧が求まり，電圧と電流が計測できるならば抵抗が求まる，ということがいえる．すなわち，式 (1) より

$$V = IR \text{〔V〕}, \quad R = \frac{V}{I} \text{〔Ω〕} \tag{2}$$

　また，R の逆数を**コンダクタンス**（**conductance**）といい，次式で表現される．

$$G = \frac{1}{R} \text{〔S〕} \tag{3}$$

この単位は，**ジーメンス**（**siemens**）といい，〔S〕（=1/〔Ω〕）で表す．コンダクタンスを用いると，式(1), (2) は次のようになる．

$$I = GV \text{〔A〕}, \quad V = \frac{I}{G} \text{〔V〕}, \quad G = \frac{I}{V} \text{〔S〕} \tag{4}$$

【例題1】　電圧 1.5 V の電池に 5 Ω の抵抗が接続されているとき，流れる電流は何〔A〕か．次に，ある抵抗器の両端に 10 V の電圧を加えたとき 0.2 mA の電流が流れた．この抵抗は何〔kΩ〕か．また，何〔mS〕か．

答　0.3 A，50 kΩ，0.02 mS

|備考|　◇**抵抗の電気用図記号**（Graphical symbols for electrical apparatus）　以前の JIS では，抵抗の記号として ─▭─ (IEC No.04-01-01) と ─/\/\/─ (IEC No.04-01-02) の両方を認めていた．現在の JIS では ─/\/\/─ がない．しかし，本書では，過去との整合のため ─/\/\/─ で表記している．

ジーメンス氏は，自己励磁式の発電機を発明，これは従来の磁石式発電機と区別するため，ダイナモと呼ばれた．また，世界的に有名なジーメンス・ハルスケ社の創始者の一人でもある．

一般的なアルカリ電池の電圧は，1.5 V である．四角形のアルカリ電池は 9 V である．

IEC：International Electro-technical Commission，国際電気標準会議．
JIS：Japanese Industrial Standards，日本産業規格．日本の電気工業規格の多くは IEC の決定と同じにしている．

▶電圧降下とは　水は高い所から低い所へ流れるように，電流は電位の高い方から低い方へ流れる（図4）．

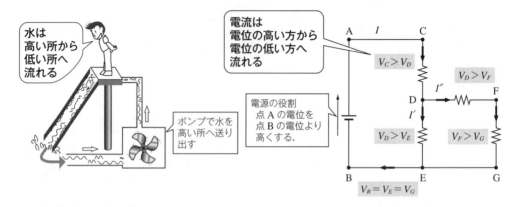

図4

したがって，電流が抵抗器を流れるとき，抵抗器の両端の電位を比較すると，電流の入口よりも出口の方が低いことになる．言い換えると，抵抗器に電流が流れると電圧が降下する．これを**電圧降下**（**voltage drop**）という．逆に考えると，抵抗器の両端の電位のどちらが高いかがわかれば，電流の流れる方向がわかる．この高い低いが，種々の回路方程式を立てるときの符号（"＋"，"－"）を決定する重要なキーワードとなる．このため，高い低いを回路図に明示するルールとして，図5に，電流の方向，電圧降下の方向（方向は電位の高い方を向くとする）を矢印で示す表記の仕方を示す．

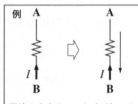

図5　矢印の意味；電流の方向，電圧降下の方向

図6(a)は電流の方向と電圧降下の方向が逆向きになることについて説明している．図6(b)は，電源に関して，電圧の方向と電流の方向がいつも同じ関係でないことの注意を呼び掛ける説明を行っている．電源は，どんな場合でも，＋極の方が－極よりも電位が高く，このため，電源が1個の場合には，電流は－極に流入，＋極から流出する方向に流れるが，電源が2個以上の場合，必ずしもこの方向に電流が流れないことがある．

以上のことをまとめると次になる．
○電流の流れる方向に電流を表す矢印が向く（回路上に描かれる）
○電位の高い方に電圧を表す矢印が向く（回路から離して，素子の横に描かれる）
○電流は，"電位の高い方"から"電位の低い方"に流れる（ただし，電源の場合を除く）

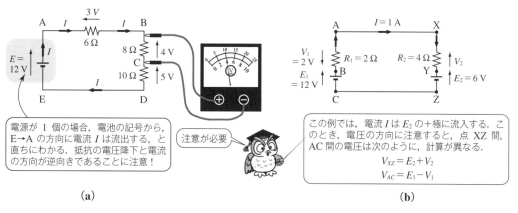

(a) 電源が1個の場合,電池の記号から,E→Aの方向に電流Iは流出する,と直ちにわかる.抵抗の電圧降下と電流の方向が逆向きであることに注意！

注意が必要

(b) この例では,電流IはE_2の+極に流入する.このとき,電圧の方向に注意すると,点XZ間,AC間の電圧は次のように,計算が異なる.
$$V_{XZ} = E_2 + V_2$$
$$V_{AC} = E_1 - V_1$$

図6 電源と電流の方向に関する注意

○ **電源は,電流の流れる方向に関係なく,+極の方が −極よりも電位が高い.ただし,電源の +極から −極に電流が流れ込むこともある**（図6(b)）

これらの事柄を知った上で,さらに,電気回路の問題を考える際には,回路図を描くことと,それに電圧・電流の矢印を常に書き込む,ということを実践すると回路のセンス向上に役立つ.

3 抵抗率，導電率，温度係数

▶ **抵抗率** 導体の抵抗は,導体の断面積（S [m²]）に反比例し,その長さ（l [m]）に比例する.すなわち,次の比例関係があることが知られている.

$$R \propto \frac{1}{S}, \quad R \propto l \tag{5}$$

記号 ∝ は比例を表す.

このことは,水を流すホースが,太ければ水は流れやすく,ホースが長いほど水の受ける抵抗が大きくなることと類似している（図7(a)参照）.

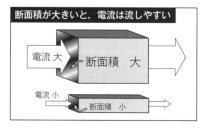

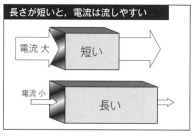

(a) 断面積・長さと抵抗値との関係

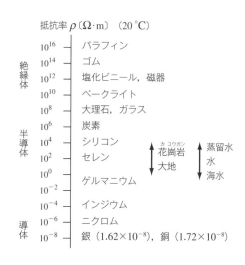

(b) 抵抗率

図7 抵抗を定める要因と抵抗率[1]

1 抵抗とオームの法則　43

式(5)のままでは数値の計算ができないので，**抵抗率（resistivity）** ρ（ローと発音．単位 $[\Omega \cdot m]$）という新たな変数を導入して，次の等式を考える．

$$R = \rho \frac{l}{S} \ [\Omega] \tag{6}$$

ρ の単位が $[\Omega \cdot m]$ となる理由は，$\rho = RS/l$ から

$$[\rho] = [\Omega]\frac{[m^2]}{[m]} = [\Omega]\frac{[m][m]}{[m]} = [\Omega][m] = [\Omega \cdot m] \tag{7}$$

より説明される．

各種導体の抵抗率 ρ を表1に示す．

> α_{20} の下付きの20は温度を表している．

表1　導体の抵抗率 ρ と抵抗温度係数 α_{20}

金　属	$\rho[\times 10^{-8}\Omega \cdot m]$ (20℃)	$\alpha_{20}\times 10^{-3}$ (20℃)
金（Au）	2.4	3.4
銀（Ag）	1.62	3.8
銅（Cu）	1.72	3.93
アルミニウム（Al）	2.75	3.9
鉄（Fe）	約10	約1.5〜7
ニクロム（Ni, Cr, Fe）	95〜110	約0.1〜0.5

▶**導電率**　ρ の逆数を**導電率（conductivity）** σ（シグマと発音）といい，その単位は $[S/m]$（ジーメンス毎メートル）を用いる．ここに，単位 $[S]$ は $1/[\Omega]$ のことである．

ここまでの説明から次のことが指摘できる．

☞ 同じ断面積・長さという条件下で，ρ が大きいほど抵抗値は大きく，σ が大きいほど抵抗値は小さい．

☞ 家電製品の中で，アース（earth，接地）を求められるものがある．アースは，もともと，earth（地球・大地）を語源としており，電化製品の漏電した電流を大地に逃がすため，電化製品の本体から導線を大地に接地することである．では，電流は大地を流れるのか？　図7(b)より，銅の ρ は大雑把に見積もって $10^{-8}\Omega \cdot m$，大地の ρ はおおよそ $10^2 \Omega \cdot m$ あり，この二つの値は 10^{10} ほど異なる．しかし，式(6)から $1 mm^2$（1 mm四方の面積）の銅線と，$10000 m^2$ の大地の抵抗値は同じであることがわかる．地球は，これよりずっと広いので大地は一般の導線より抵抗値が低く，アースとして十分利用できる．なお，グランド（ground, グラウンドとも言う）は回路の基準となる電位をいい，アースとは一般に異なるものとして扱う．

【例題2】　ある導線の抵抗を R とする．これと同一材料で，直径を1/2倍，長さを2倍にすると，この抵抗値はいくらか？

答 $8R$

【例題3】　直径1.6 mm，長さ1 kmの銅線の抵抗はいくらか．ただし，銅の抵抗率を $1.72\times 10^{-8}\Omega \cdot m$ とおいて計算せよ．

〈解法〉　断面積は

$$\left(\frac{1.6}{2}\times 10^{-3}\right)^2 \times \pi = 0.64\times 10^{-6}\times \pi \,[\text{m}^2]$$

であり，長さは 1000 m であるから，求める抵抗値は

$$R = \rho\frac{l}{S} = 1.72\times 10^{-8} \times \frac{1000}{0.64\times 10^{-6}\times \pi} \approx 8.55\,\Omega$$

□

▶ **温度係数**　抵抗率 ρ は一般に温度とともに変化する．金属は温度の上昇とともに ρ の値は大きくなるが，半導体では逆に減少する．

金属について考えると，温度が上昇するということは，熱エネルギーが与えられることになり，これが格子状に配置された金属原子に対する振動エネルギーとなる．この格子が振動すると，格子の間を飛び回っている自由電子の運動が制限され，このことは抵抗が大きくなることにつながる．金属では，$-20\,℃$ から $200\,℃$ くらいまでの範囲において，温度に対する抵抗値変化はほぼ比例することが実験的に確かめられている．そこで，この温度の範囲内で，温度 $T_1\,[℃]$ の抵抗値を $R_1\,[\Omega]$，温度 $T_2\,[℃]$ の抵抗値を $R_2\,[\Omega]$ とすると，実験より次の関係が成り立つことが知られている．

$$R_2 = R_1\{1+\alpha_1(T_2-T_1)\}\,[\Omega] \tag{8}$$

ここに，α_1 は温度 $T_1\,[℃]$ における抵抗の温度係数と呼ばれ，T_1 を基準として $1\,℃$ の温度変化に対する抵抗の割合を示したものである．$T_1=20\,℃$（常温）を基準とすることが一般的で，表 1 にこのときの温度係数 α_{20} を示す．

式 (8) は，電気的計測器もしくは負荷の中にある抵抗器は，温度による抵抗値変化が生じる可能性があることを指摘している．すなわち，測定誤差の原因となるため，精度を高めるため温度係数のきわめて小さいマンガニン線などを用いる，または冷却処置・計測時間の短縮などの処置を考えなければならない．

【例題 4】　ある銅線の抵抗値は $20\,℃$ において $10\,\Omega$ であった．この抵抗値は $60\,℃$ になると，いくらになるか．ただし，銅の温度係数を 3.93×10^{-3} とする．

答　$R_T = 10\{1+0.00393(60-20)\} = 11.572\,\Omega$

 Tea break

なぜ，抵抗率 ρ の単位は $[\Omega\cdot\text{m}]$ なのか？　初めてこの単位を見ると，実感としてその意義がわかりにくい．別の意味で，$1\,\text{m}$ 当たりの抵抗値 $[\Omega/\text{m}]$ ならばピンとくる人が多いであろう．この単位は，線抵抗という用語で実際に用いられており，長距離の配線を行う際に重要となる単位である．このような単位は，生産現場を重視する工学的な考え方から生じたものである．一方，ρ は電気的性質を表す物理学的な考え方によるもので，一般人の実感と離れたところで定義されたような感がある．このように，工学的考え方と物理学的考え方の違いを認識することも電気回路のセンスではないであろうか．

2 抵抗の直列・並列回路

▼要点

1 合成抵抗
▶ 合成抵抗を求める意義 ⇒ 一つの抵抗にまとめれば，回路を簡単に考えられる．

2 直列回路
▶ 直列回路では各抵抗に流れる電流は同じ
▶ 合成抵抗は抵抗の総和 $R = R_1 + R_2 + \cdots + R_n = \sum_{i=1}^{n} R_i$

3 並列回路
▶ 並列回路では各枝にかかる電圧は同じ
▶ 合成抵抗は抵抗の逆数の総和 $\dfrac{1}{R} = \dfrac{1}{R_1} + \dfrac{1}{R_2} + \cdots + \dfrac{1}{R_n} = \sum_{i=1}^{n} \dfrac{1}{R_i}$, 2個の場合 $R = \dfrac{R_1 R_2}{R_1 + R_2}$ （和分の積）

4 直列・並列の組合せ回路
▶ 合成抵抗の求め方：図と公式を駆使する．単位電流法を用いる．

1 合成抵抗

図1に示すように抵抗を幾つか組み合わせ，これを電池に接続した回路を考える．この場合，回路に流れる電流や各抵抗に生じる電圧（電圧降下）の計算について考えよう．

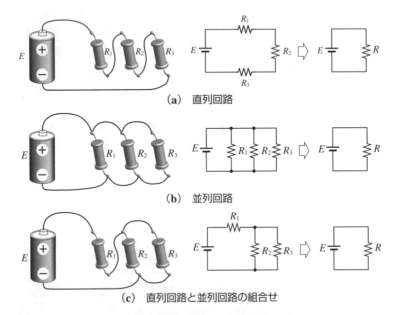

(a) 直列回路

(b) 並列回路

(c) 直列回路と並列回路の組合せ

図1 抵抗の直列・並列回路

図1(a)～(c)の回路図をそのまま扱うと回路計算が面倒である．そのため，これらの図の右端に示すように，複数の抵抗を一つの抵抗で表現できるならば，オームの法則を直ちに適用できて回路計算が容易になる．このように，複数の抵抗を合成して一つの抵抗で表現したとき，この一つの抵抗を**合成抵抗**（**combined resistance**）という．

抵抗の接続形態は大別すると次の二つである．
- **直列回路**（series circuit）→図1(a)
- **並列回路**（parallel circuit）→図1(b)

図1(c)は直列回路と並列回路の組合せである．これらの合成抵抗の求め方について，直列回路，並列回路，その他の接続の場合を順に説明する．

2 直列回路

図2(a)に示す直列回路の例は，図2(b)のような回路図で表現される．

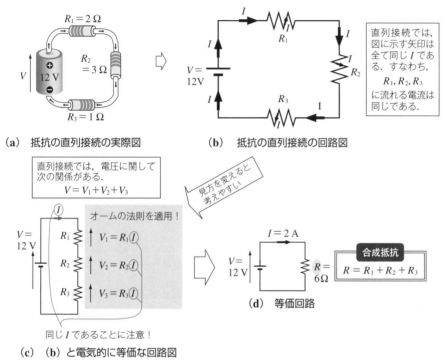

図2 直列回路の合成抵抗

この図2(b)におけるキーワードは「**直列回路では，電流 I は同じ**」である．次に，変形して見やすくした図2(c)におけるキーワードは「**全体の電圧は，部分の電圧の総和と等しい**」である．これを式で表現すると

$$V = V_1 + V_2 + V_3 \tag{1}$$

この式に対し，先に述べたキーワード（I は同じ）を考慮すると，次の結果を得る．

$$V = R_1 I + R_2 I + R_3 I = (R_1 + R_2 + R_3)I = RI \tag{2}$$

ここに，R は合成抵抗であり，次で表現される．

$$R = R_1 + R_2 + R_3 \tag{3}$$

この R を用いた回路（図2(d)）と図2(a)（または(b)，(c)）は等価回路（回路の V と I が同じ，という意味）であるので，図2(d)で求める I や V は図2(a)〜(c)のそれと同じである．

3 並列回路

図3(a)に示す並列回路の例は，図3(b)のような回路図で表現される．

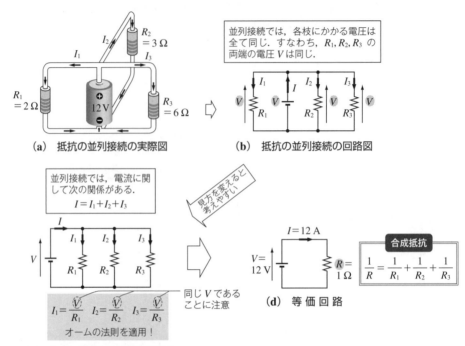

図3 並列回路の合成抵抗

この図3(b)におけるキーワードは「**並列回路では，各枝の電圧 V は同じ**」である．次に，変形して見やすくした図3(c)におけるキーワードは「**全体の電流は，分岐した電流の総和と等しい**」である．これを式で表現すると

$$I = I_1 + I_2 + I_3 \tag{4}$$

この式に対し，先に述べたキーワード（V は同じ）を考慮すると，次の結果を得る．

$$I = \frac{V}{R_1} + \frac{V}{R_2} + \frac{V}{R_3} = \left(\frac{1}{R_1} + \frac{1}{R_2} + \frac{1}{R_3}\right)V = \frac{V}{R} \tag{5}$$

ここに，R は合成抵抗であり，式(5)より次で表現される．

$$\frac{1}{R} = \frac{1}{R_1} + \frac{1}{R_2} + \frac{1}{R_3} \tag{6}$$

この R を用いた回路（図3(d)）と図3(a)（または(b), (c)）は等価回路（回路の V と I が同じ，という意味）であるので，図3(d)で求める I や V は図3(a)〜(c)のそれと同じである．

【例題1】 図3(c)において，$R_1 = 3\,\Omega,\ R_2 = 4\,\Omega,\ R_3 = 5\,\Omega$ とするとき，合成抵抗 R を求めよ．

〈解法〉 $1/3 + 1/4 + 1/5 = 47/60$ を計算して，これを答えとしてはいけない．式(6)を見るとわかるように，この値の逆数が答である．すなわち，$R = 60/47\,\Omega$

□

4 直列・並列の組合せ回路

幾つかの例題を通して，合成抵抗の求め方を学ぶ．

【例題2】 図4に示す回路において，端子AB間，端子AC間，端子DC間の合成抵抗をそれぞれ求めよ．

答 $R_{A-B} = 42/17\,\Omega$, $R_{A-C} = 72/17\,\Omega$, $R_{C-D} = 70/17\,\Omega$

【例題3】 図5(a), (b)に示す回路において，端子AB間の合成抵抗 R_a, R_b をそれぞれ求めよ．

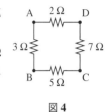

図4

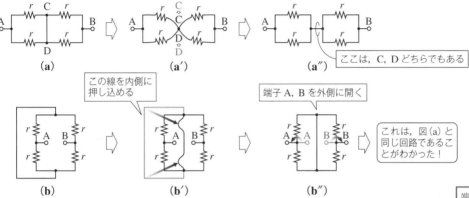

図5

端子 (terminal)：外部との接続口で端にあるという意味．
節点 (node)：電流が分岐する点．

〈解法〉 解法のポイントは，接続線をゴムひものように視覚的に認識できるかどうかにある．図5(a)の場合，図5(a″)の解説のように，点Cと点Dは短絡されていて同じ点であるから電流は流れない．電気的な説明では，点Cと点Dは同電位であるから電流は流れない，と述べたほうがわかりやすいかもしれない．これより，$R_a = r$ を得る．図5(b)の場合，図5(b′)のように線を自在に伸ばしたり変形したりして考えるとわかりやすいであろう．この図より $R_b = r$ を得る． □

【例題4】 図6(a)に示す回路の端子AB間の合成抵抗を求めよ．

〈解法〉 解法は幾つかある．ここでは，単位電流法を紹介する．図6(b)に示すように終端の $2\,\Omega$ の抵抗に $1\,A$ の電流を流す．$1\,A$ 流すため単位電流法と称される．このとき，図6(b)より，節点EF間の電圧は $3\,V$，抵抗は $1\,\Omega$ であるから，流れる電流は $3\,A$．この $3\,A$ と終端に流れる電流 $1\,A$ の和が節点CE間に流れる電流 $4\,A$．これより，節点CE間の電圧は $4\,V$．これと先の $3\,V$ の和が節点CD間の電圧 $7\,V$ となる．この考えの繰返しにより，端子AB間の電圧 $18\,V$，端子Aから流れる電流 $29\,A$ を得る．オームの法則より，合成抵抗 $R = V/I = 18/29\,\Omega$ を得る．この方法はほとんど式を用いず，しかも，暗算で合成抵抗が求められるので，通常の並列回路や直列回路での合成抵抗を求める方法（これは読者で是非，検証されたい）を適用するよりは，容易である． □

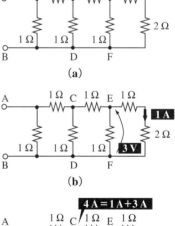

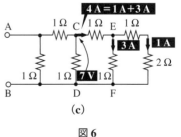

図6

3 分圧と分流

▼要点

1 分圧

▶ 一つの電圧を直列接続の抵抗で分けること．

$V = V_1 + V_2 + \cdots + V_n$
$\quad = I(R_1 + R_2 + \cdots + R_n) = IR$ （Rは合成抵抗）
$V_1 : V_2 : \cdots : V_n = R_1 : R_2 : \cdots : R_n$

抵抗が2個の場合：$V_1 = \dfrac{R_1}{R_1 + R_2} V$

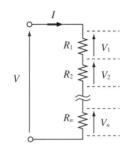

2 分流

▶ 一つの電流を並列接続の抵抗で分けること．

$I = I_1 + I_2 + \cdots + I_n$
$\dfrac{V}{R} = \dfrac{V}{R_1} + \dfrac{V}{R_2} + \cdots + \dfrac{V}{R_n}$ （Rは合成抵抗）
$\dfrac{1}{R_1} : \dfrac{1}{R_2} : \cdots : \dfrac{1}{R_n} = I_1 : I_2 : \cdots : I_n$

抵抗が2個の場合：$I_1 = \dfrac{R_2}{R_1 + R_2} I$

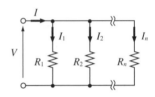

1 分圧

　本書のように，分圧と分流という節を独立して設けた本は数少ない．大抵は，分圧器・分流器という項目の中で説明される．しかし，分圧・分流を考えるセンスは電気回路論の中でも重要なものと考え，独立した節を設けた．

　分圧（**voltage division**）とは読んで字のごとく，**電圧**を**分**けることである．分圧を考える例として，図1に示すような回路において，V, R_1, R_2が事前にわかっているものとし，V_1を求めたい場合を考える．

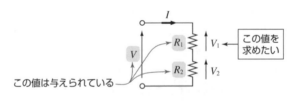

図1　分圧の問題

　前節までの説明に従いV_1を求めようとするならば
　　　合成抵抗を求める→回路電流をオームの法則に基づき計算
　　　　　　　　　　　→回路電流IとR_1を掛ける
というように三つの計算ステップを実行することになる．
　一方，図1は直列回路であるから，V_1, V_2の値は電流Iを共通に含んでいる．すなわち

$$V_1 = R_1 \times I \, [\text{V}]$$
$$V_2 = R_2 \times I \, [\text{V}]$$

この式より，抵抗と電圧が比例していることがわかる．ここまでの言葉による説明は，次の式と同じである．

$$I \text{ は同じだから} \Rightarrow \frac{V_1}{R_1} = \frac{V_2}{R_2} \Rightarrow R_1 V_2 = R_2 V_1 \Rightarrow R_1 : R_2 = V_1 : V_2 \quad (1)$$

すなわち，直列接続の場合，抵抗とその両端の電圧は比例する．

式(1)のままでは V_2 がわからないから V_1 を求めることはできない．そこで，$V = V_1 + V_2$ の関係を用いて式(1)を次のように変形する．

$$\begin{aligned}V_1 R_2 &= V_2 R_1 \\ &= (V - V_1) R_1 \quad (\because \; V = V_1 + V_2) \\ \therefore \; (R_1 + R_2) V_1 &= R_1 V\end{aligned}$$

これより，次式を得る．

抵抗が2個のときの分圧の式

添字の番号は同じ　　　全電圧

$$V_1 = \frac{R_1}{R_1 + R_2} V \quad \text{抵抗を全部足す} \tag{2}$$

この式を別の角度から見ると，比の考え方が導入されていることがわかる（0章3節参照）．次に，抵抗が n 個ある場合には式(1)を次のように拡張すればよい．

$$\frac{V_1}{R_1} = \frac{V_2}{R_2} = \cdots = \frac{V_n}{R_n} \tag{3}$$

$$\therefore \; V_1 : V_2 : \cdots : V_n = R_1 : R_2 : \cdots : R_n \tag{4}$$

$$\therefore \; V_i = \frac{R_i}{R_1 + R_2 + \cdots + R_n} \times V \quad (\because \; V = V_1 + V_2 + \cdots + V_n) \tag{5}$$

上式は，一つの電圧を2個以上の抵抗を用いて**電圧**を**分**けることができること（分圧）を意味する．この式から，次の指摘ができる．

☞ 直列接続のとき，各抵抗 R_i の値とその両端に発生する電圧（降下）は比例する．

この指摘は，図1を例にとると，$V_1 > V_2$ ならば R_1 の方が R_2 より大きいことを意味する．

【例題1】 図2(a)の回路における V_1 を求めよ．

```
      24 V                          24 V
  ←―――――――――→                 ←―――――――――→
  10Ω  6Ω  8Ω                    10Ω  14Ω
  ―WW―WW―WW―                     ―WW―WW―
     ←――                             ←――
      V_1                             V_1
      (a)                       (b)  (a)の変形
```

図2

〈解法〉　式(5)を直接用いればよい．他の考え方として，図2(b)のように他の抵抗を

まとめて見掛け上2個の抵抗とすれば，式(2)を適用でき，次の結果を得る．

$$V_1 = \frac{10}{10+14} 24 = 10 \text{ V}$$

□

【例題2】 図3の回路において，V_2, V_3, V_4 を求めよ．ただし，電圧の極性は矢印の方向とする．

〈解法〉 節点 AC 間は電池と並列である．たとえ，点 A, B, C から他に分岐していようと，点 A は電池のプラスと，点 B は電池のマイナスと接続されているのだから，節点 AC 間の電圧は電池の電圧である 24 V に等しい．AB 間が 16 V であるから，BC 間の電圧 $V_2 = 24-16 = 8$ V．すなわち，AC 間で 16 V と 8 V に分圧されている．

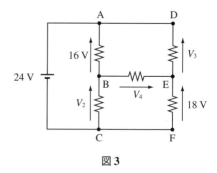

図3

次に，V_2, V_4 および節点 EF 間の電圧の極性（矢印の方向）を見る．すると，V_2 と V_4 の和が EF 間の電圧に等しい．逆の言い方をすれば分圧されているのだから，$V_4 = 18-8 = 10$ V を得る．最後に，$V_3 + V_4 = 16$ より $V_3 = 6$ V を得る．

□

2 分 流

分圧が電圧を分けるのと同様に，**分流**（**shunt**）とは**電流**を**分**けることである（図4）．

分流の考え方を図5を用いて説明する．初めに，並列では次の二つの性質があることに留意されたい．

図4 分流（shunt）のイメージ図

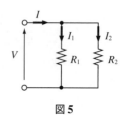

図5

（ⅰ） 二つの抵抗器にかかる電圧は同じである

（ⅱ） 抵抗が大きい→電流は小さい，抵抗が小さい→電流は大きい

（ⅰ）の性質を考えると，次の等式が成り立つ．

$$I_1 R_1 = I_2 R_2 = (I-I_1)R_2 \quad (\because \ I = I_1 + I_2) \tag{6}$$

$$\therefore \ (R_1+R_2)I_1 = R_2 I$$

これより次の結果を得る．

(7)

52　1章　直流回路基礎

式(7)は式(2)と類似しており，簡単な表現である．しかし，抵抗が 2 個以上ある場合には式(7)ほど簡単な表現ではなくなる．このことを次に説明する．

先の(ⅰ)の性質により，抵抗が n 個ある場合，全ての抵抗の両端の電圧は同じであるから，次式がいえる（0章3節3項参照）．

$$I_1 R_1 = I_2 R_2 = \cdots = I_n R_n \tag{8}$$

$$\therefore \quad \frac{1}{R_1} : \frac{1}{R_2} : \cdots : \frac{1}{R_n} = I_1 : I_2 : \cdots : I_n \tag{9}$$

$G_k = 1/R_k$ とおいて，比率の考え方を用いると（0章3節），式(9)より次式を得る．

$$I_i = \frac{G_i}{G_1 + G_2 + \cdots + G_n} \times I \quad (\because \quad I = I_1 + I_2 + \cdots + I_n) \tag{10}$$

【例題3】 図6(a)の回路において，どの電流が一番小さいか？ 次に I_1 を求めよ．

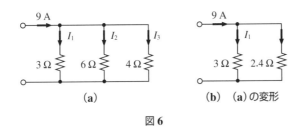

図6

〈解法〉 並列接続で電流が一番小さいということは抵抗が一番大きいということであるから，I_2 が一番小さいことが図6(a)を見れば直ちにわかる．I_1 は式(10)より求められるが，図6(b)のように，他の抵抗の合成抵抗を求めておいてから，式(7)を適用してもよい．結果は $I_1 = 4\,\mathrm{A}$ である． □

【例題4】 図7の回路において，回路電流 I を求めよ．
〈解法〉 式(10)を用いて

$$I_2 = \frac{1/3}{1/2 + 1/3 + 1/6} \times I$$

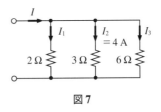

図7

より，$I = 12\,\mathrm{A}$ が求まる．式(9)を用いなくとも，図の三つの抵抗は並列だから，これらにかかる電圧は同じ．したがって，各抵抗に流れる電流は左から $6\,\mathrm{A}$，$4\,\mathrm{A}$，$2\,\mathrm{A}$．これらの電流は，I が分流したもの．したがって，$I = 6 + 4 + 2 = 12\,\mathrm{A}$ を得る． □

備考　式(5),(10)を代数的に導くことは可能ではあるが，煩雑である．試しに，式(3)において $n = 3$ の場合，次の二つの連立方程式

$$\frac{V_1}{R_1} = \frac{V_2}{R_2} = \frac{V - V_1 - V_3}{R_2}, \quad \frac{V_1}{R_1} = \frac{V_3}{R_3}$$

から，V_3 を消去して V_1 について解くことになり，若干煩雑さが増す．式(5),(10)を用いるよりは，0章3節で述べた比率の考えに基づき図を用いて考えたり，合成抵抗の考え方を用いて回路を簡略化したりするなどの工夫をすれば解の求めやすさのみならず，回路の直感的理解にも役立つ．

4 直流計器と電源

▼要点

1 内部抵抗とは
▶実際の電圧計，電流計および電源の内部に存在する抵抗のこと．

2 指示計器と電源の分類
▶指示計器の見方と一次・二次電池の種類

3 直流計器
▶電圧計，電流計の構造原理
▶倍率器：考え方　直列回路の電流は共通：$(R+r_I)I = V$　倍率 n　→　$V = \left(1+\dfrac{R}{r_I}\right)V_r = nV_r$
▶分流器：考え方　並列回路の電圧は同じ：$RI_R = r_I I_r$　倍率 m　→　$I = \left(1+\dfrac{r_I}{R}\right)I_r = mI_r$

4 電源の内部抵抗
▶電圧源（電池，発電機）の両端の電圧は，内部抵抗の影響により，負荷の大きさと関係する．

5 発展例
▶電圧計と電流計の接続方法
▶電圧源・電流源と等価電源

1 内部抵抗とは

　本節は，直流計器と電源を取り上げ，これらの内部に存在する**内部抵抗**（internal resistance）の観点から，電気回路としての取扱い方について説明する．
　理想的な直流計器，電源はそれぞれ次の性質を有する．

　　　　理想計器　電圧計 ⇒ 内部抵抗∞ ⇒ 電流を通さない
　　　　　　　　　　電流計 ⇒ 内部抵抗0 ⇒ 抵抗なく電流を流すので電圧降下は0
　　　　理想電源　電圧源 ⇒ 内部抵抗0
　　　　　　　　　　電流源 ⇒ 内部抵抗∞

　現実には，全ての内部抵抗の値は有限の値である．このことは，直流計器における分圧器，分流器の構成による測定範囲の拡大を可能とする．一方，悪影響として測定誤差や電源の端子間の電圧降下などの問題も生じる．
　ここでは，直流計器のうち指示計器の構成原理，電源の種類を示し，次に直流計器における分圧器・分流器について説明する．次に，電源の中でも直流電圧源に内部抵抗が存在する場合の現象について説明する．

2 指示計器と電源の分類

現在の計器は，ほとんどディジタル型であり，その測定原理はアナログ型と異なり，A/D変換器を用いるのが主流である．

　指示計器は，目盛板と指針の振れで測定量を指示する計器でアナログ計器がこれに相当する．これに対し，測定量を数字で表示するディジタル計器がある．
　指示計器の分類は，動作原理，許容差（誤差の許される範囲），使用回路，使用姿勢により分類される．図1は，指示計器として代表的な可動コイル形計器の例である．目盛

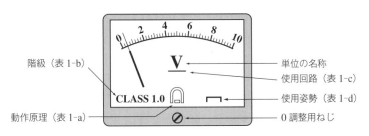

図1 可動コイル形計器の目盛板の例

表1-a 動作原理による分類表

種類	可動コイル形	可動鉄片形	整流形	電流力計形	熱電形	静電形	誘導形
記号	⌒	⊥	▶	⊡	⌄	≡	◎
使用回路	直流	交流	交流	交直流	交直流	交直流	交流

表1-b 階級による分類表

階級	許容差	用途
0.2級	最大目盛の±0.2%	副標準器用
0.5級	最大目盛の±0.5%	精密測定用
1.0級	最大目盛の±1.0%	0.5級に次ぐ精密測定用
1.5級	最大目盛の±1.5%	工業用の普通測定用，配電盤用計器
2.5級	最大目盛の±2.5%	精度を重視しない測定用，配電盤用小型計器

表1-c 使用回路による分類表

種類	記号
直流	───
交流	∼
直流ならびに交流	≃
平衡三相交流	≋
不平衡三相交流	≋

表1-d 使用姿勢による分類表

種類	記号
鉛直	⊥
水平	⌐
傾斜（60°の例）	∠60°

板上にある記号をもとに，分類表を表1に示す．

実際に用いられている電源のほとんどは電圧源であり，電流源はその構成が複雑になるため，あまり用いられていない．したがって，電源といえば，通常，電圧源を指すことが多い．電（圧）源は，直流電源と交流電源に分類できる．交流電源は，発電機，特に同期電動機が用いられており，これを駆動するものとして，水力，火力，原子力，風力などがある．

直流電源で代表的なものとして次がある．

◇ **一次電池**（**乾電池**ともいう）　充電ができなく使い捨て使用される．マンガン電池の公称電圧は 1.5 V，放電時間は 4 時間ほどで，低温使用には不向きである．これに対し，アルカリ電池やリチウム電池は放電時間がマンガン電池よりも長く，また低温使用にも耐えうる．しかし，液漏れが生じることがあり，これに触れると皮膚炎を起こす危険性がある．

◇ **二次電池**　数百回繰り返し充電使用でき，ニッケル・カドミウム電池（公称電圧 1.2 V，家電・事務機用），鉛蓄電池（公称電圧 2 V，自動車用）およびシール鉛蓄電池（公称電圧 2 V，通信用など）などがある．電圧が足りないときは直列接続して用いる．例えば，自家用車の場合，12 V にするため 6 個直列接続使用している．電池の容量（電流 I〔A〕と時間 H〔h〕の積 $I \cdot H$〔A·h〕で定義されるもの）

は，10 mA·h から 100 mA·h までのものが多い．これらの名称からわかるように，その成分には公害汚染を引き起こす元素が含まれているものがあるので，廃棄には業者に委託するなど注意がいる．

◇ **整流電源**　商用電源から供給する．この場合，電圧を変圧器で降圧，ダイオード回路で整流，LC回路で平滑（C素子のみの場合もあり），電子素子（レギュレータ素子など）で安定化を行い，主に電子回路に電圧を供給する．

3　直流計器

▶ **電圧計，電流計の構造原理**　直流電圧・電流の測定に用いられる指示計器に，**可動コイル形計器**（**moving-coil meter**）がある．図2に原理図を示す．

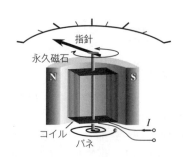

図2　可動コイル形計器の原理図

可動コイル形計器は直流専用計器で，基本的に電流計である．これを電圧計として使用する方法および電流計として使用するとき測定範囲を変更する原理を示す．これらは，内部抵抗の存在を考慮して，前節で述べた分圧・分流の考え方を導入することにより説明される．

▶ **電圧計**　電圧計を構成するのに可動コイル形の電圧形は1 mA計がよく用いられる．図3に示す電流計を例として考える．

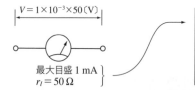

図3　電流計の規格

電流計の設定が内部抵抗 $r_I = 50\,\Omega$，最大目盛が 1 mA であるということから，この図で指摘しているように，電流計に流すことのできる最大電流値，電流計の両端に生じる電圧降下が求められる，の2点に留意することが大事である．

この電流計を用いて，図4に示すように，最大で10 Vの電圧を測定したいとする．図4において，電流計の両端には0.05 V以上かけられないのだから，**分圧の考えに基づき**，直列に抵抗 R を接続し，この抵抗の両端の電圧が最大で $(10-0.05)$ V となるようにすれば，V_R と V_r を足して最大10 V測定することが可能となる．すなわち

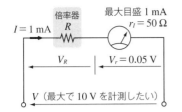

図4 倍率器を用いた電圧計の構成

$$V = V_r + V_R \Rightarrow V_R = V - V_r \tag{1}$$

このとき，R に流れる電流は電流計の最大電流値であるから，

$$V_R = RI \Rightarrow R = \frac{V_R}{I} \tag{2}$$

より，図4に示す答え $R = 9950\,\Omega$ が導かれる．この R を**倍率器**（**multiplier**）といい，電圧の測定範囲を拡大するもので，0.05 V から 10 V に測定電圧を 200 倍に拡大できたことになる．これを**倍率器の倍率**といい，次の n で表す．

$$V = nV_r \tag{3}$$

この例では当然のことながら $n = 200$ である．n を直接求めるには，式(1), (2) より，次式で与えられる．

$$n = 1 + \frac{R}{r_I} \tag{4}$$

【**例題1**】 式(4) を証明せよ．（解省略）

【**例題2**】 最大目盛が 10 V で内部抵抗が 10 kΩ の電圧計を用いて，最大 150 V の電圧を測定したい．倍率器の抵抗を何〔Ω〕にすればよいか．次に，これを用いて 120 V を測定したとき目盛の指示値は何〔V〕であるか．

〈**解法**〉 初めの問に関し，二つの考え方を示す．ただし，図4の記号を用いる．

解法その1：分圧に基づいて考える．$V_R = 150 - 10 = 140\,\text{V}$，$I = V_r/r_I = 10/10^4 = 10^{-3}\,\text{A}$ であるから，次の解を得る．

$$R = \frac{V_R}{I} = 140\,\text{k}\Omega$$

解法その2：10 V を 150 V まで増大したのだから，式(4) を用いるまでもなく倍率 $n = 15$．したがって，式(4) より

$$R = r_I(n-1) = 10^4 \times 14 = 140\,\text{k}\Omega$$

2番目の問について，150 V のとき電圧計は 10 V を指すので，比例の関係より，次を得る．

$$150 : 10 = 120 : V_r$$
$$\therefore V_r = \frac{10 \times 120}{150} = 8\,\text{V}$$

□

解法その2は，直ちに解を求めることができる点で魅力的であるが，式(4) を長年記憶することはまず無理であろう．それよりも，分圧の考え方とオームの法則を用いる解法その1の方が，このような問題をじっくり考えるのに適している．解法その2は，記述したら消えないコンピュータプログラムに適しているといえるであろう．

▶**電流計**　電流計の測定範囲を拡大するには，電流計と並列に抵抗器を接続し，この抵抗器に多くの電流を流せばよい．この抵抗器を**分流器**（**shunt**）という（図5）．

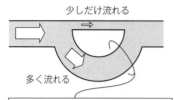

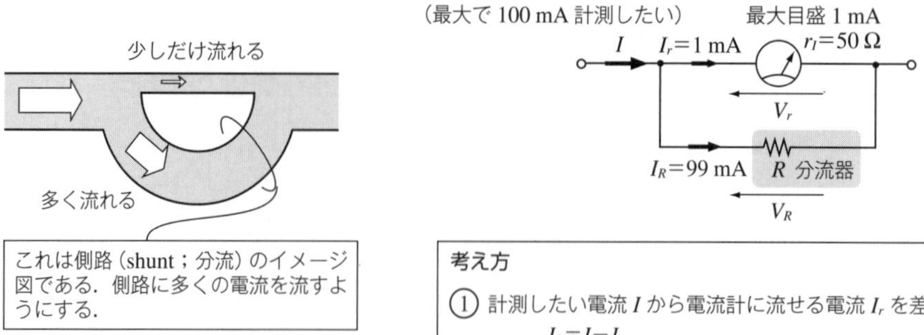

これは側路（shunt；分流）のイメージ図である．側路に多くの電流を流すようにする．

考え方
① 計測したい電流 I から電流計に流せる電流 I_r を差し引く
$$I_R = I - I_r$$
② 並列回路では，V_r と V_R は同じだから，次式より R が求まる
$$r_I I_r = R I_R$$

図5　分流器の原理

図5の例では，
$$I = I_r + I_R \quad \Rightarrow \quad I_R = I - I_r \tag{5}$$
$$V_r = V_R \quad \Rightarrow \quad r_I I_r \Rightarrow R I_R \tag{6}$$

より，$R = 50/99 \approx 0.51\,\Omega$ を得る．

また，この例では 1 mA 計を 100 mA 計に測定範囲を 100 倍拡大したことになる．これを**分流器の倍率**といい，次の m で表す．
$$I = m I_r \tag{7}$$

図5の例では $m = 100$ である．m を直接求めるには式 (5)，(6) より
$$m = 1 + \frac{r_I}{R} \tag{8}$$

で与えられる．

【例題3】　式 (8) を証明せよ．（解省略）

【例題4】　図6において内部抵抗 $r_I = 5\,\Omega$ の電流計の読みは 12 mA であった．分流器の倍率 m，回路全体を流れる電流 I および電源電圧 E を求めよ．

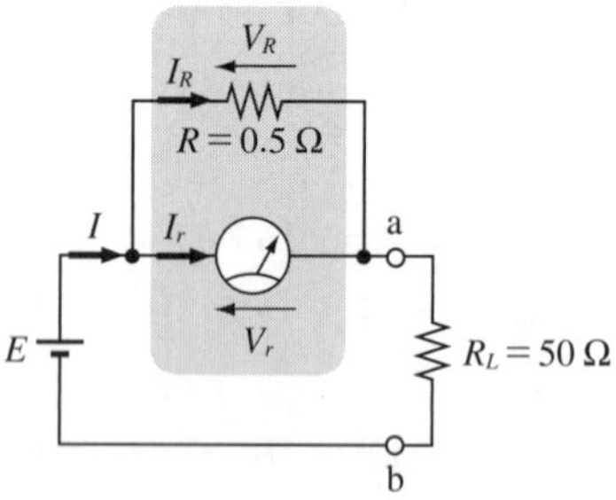

〈解法〉　I_R を求めることを考える．並列回路の電圧は同じであることから，式 (5)，(6) より
$$I_R = \frac{r_I I_r}{R}$$
$$= \frac{5 \times 12 \times 10^{-3}}{0.5} = 120\,\text{mA}$$

図6

したがって，$I = I_R + I_r = 132\,\text{mA}$ を得る．

倍率 m は式 (8) により求まるが，この式を覚えるよりは，電流計に 12 mA が流れているとき 132 mA を計測できているので，$m = 132/12 = 11$ という求め方が素直であろう．

電圧計，電流計は倍率器，分流器をそれぞれ複数用いて，測定範囲を変えられるような構造を有している．この原理図を図7に示す．

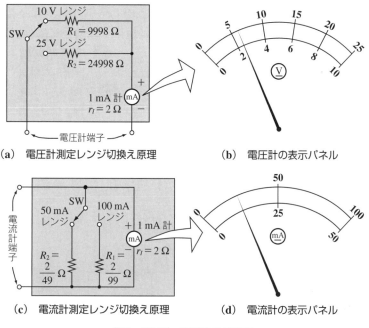

(a) 電圧計測定レンジ切換え原理　　(b) 電圧計の表示パネル

(c) 電流計測定レンジ切換え原理　　(d) 電流計の表示パネル

図7　電圧計，電流計の原理図

4　電源の内部抵抗

ここでは，電圧源に限定して考える．電源一般には内部抵抗が存在する．例えば，電池としてのマンガン電池の内部抵抗は数百 $[m\Omega]$，ニッカド電池のそれは10数 $[m\Omega]$ である．また，交流発電機（同期機など）も巻線があるため内部抵抗は必ず存在する．理想的には内部抵抗の値はゼロとされる．しかし，実際には有限の値をとるため，負荷の値により電源の端子電圧が変動する．このことについて見てみよう．

図8のように，起電力 E の電池に可変抵抗 R を接続したときを考える．

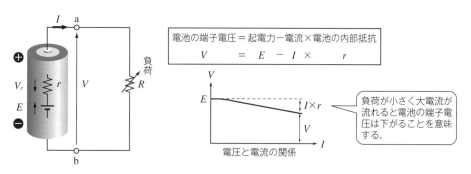

図8　電池の内部抵抗と端子電圧

この図で解説しているように，電池の端子電圧 V は起電力より実際小さい．これは，内部抵抗 r が存在するためである．理想的電圧源は負荷の大きさにかかわらず，その端子

電圧は一定であると定義される．しかし，実際には内部抵抗は必ず存在するから，電源の端子電圧を一定にするためには，一般に内部抵抗を小さくするか，電流を多く流さない，という対策がとられている．

【例題 5】 起電力が 1.5 V，内部抵抗が 0.1 Ω の電池がある．これに負荷 R を接続するとき，$R = 10\,\Omega$，$R = 200\,\Omega$ の場合で電池の端子電圧はそれぞれいくらになるか．

答　約 1.485 V，約 1.499 V

電圧を上げたいときは，図 9 (a) に示すように電池を直列に接続すればよい．このとき，全体の合成起電力は各電池の起電力の総和となり，合成内部抵抗も各電池の内部抵抗の総和となる．これは，重ね合せの定理またはテブナンの定理（2 章）により証明できる．

同様に，図 9 (b) のように並列に接続すると電池の使える時間が 1 個の場合の n 倍になるが，起電力はもとのままである．また，合成内部抵抗は $1/n$ 倍となる．しかし，どれか一つでも起電力の小さいものがあると，その電池に電流が逆流して電池を破損する恐れがある．家庭の電気器具ではこのような使い方はしない．

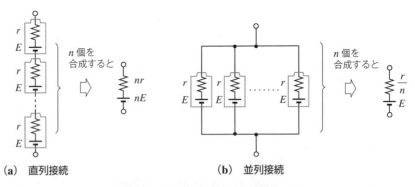

(a) 直列接続　　　(b) 並列接続

図 9　合成起電力と合成内部抵抗

【例題 6】 起電力が 1.5 V の電池に 5.8 Ω の抵抗を接続した．このときの電池の端子電圧は 1.45 V であった．電池の内部抵抗を求めよ．

答　0.2 Ω

【例題 7】 起電力が 6.3 V，内部抵抗 0.4 Ω の電池を 4 個並列接続し，2 Ω の負荷抵抗を接続した．回路に流れる電流 I と負荷抵抗にかかる電圧 V を求めよ．

答　$I = 3$ A，$V = 6$ V

5　発展例

▶ **電圧計と電流計の接続方法**　学生実験において，電圧計，電流計を図 10 に示す接続を行う例を見掛ける．それぞれの内部抵抗の大きさを考えれば，このような誤った接続は行わないはずである．

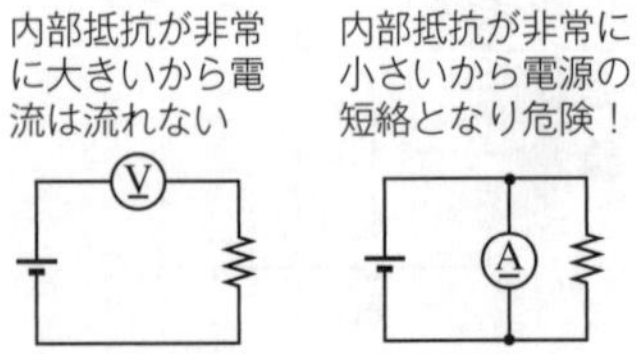

計器には内部抵抗が存在するから，抵抗の測定にも影響が出る．図 11 に示す例は，電圧計，電流計の指示値から負荷抵抗を計算して求めた場合である．図 11 (a), (b) とでは，電圧計と電流計の接続順序が異なる．それぞれに内部抵抗が

内部抵抗が非常に大きいから電流は流れない

内部抵抗が非常に小さいから電源の短絡となり危険！

図 10　誤った接続

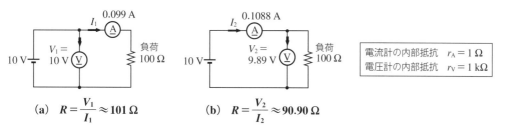

(a) $R = \dfrac{V_1}{I_1} \approx 101\,\Omega$ (b) $R = \dfrac{V_2}{I_2} \approx 90.90\,\Omega$

図11 接続方法による抵抗測定の誤差

あるため，図に示す結果のように測定値も異なる．しかも，抵抗の値の大小により図11(a) と図11(b) の精度も変わる．したがって，内部抵抗の影響を考えなくてもいいように抵抗などの回路素子の値の測定にはブリッジ回路（2章，5章）を用いる．

▶ **電圧源・電流源と等価電源** 例として図12(a) のように，高電圧電源と高抵抗に対して，比較的に小さい抵抗 R を接続する．

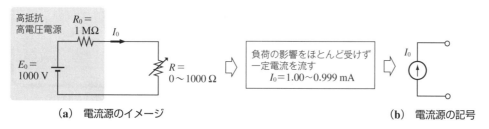

(a) 電流源のイメージ   (b) 電流源の記号

図12 電流源の説明

図に示す範囲で R を変化させたとき，回路に流れる電流は 0.1% 程度しか変化しない．このように，負荷の大きさに影響されず一定電流を流すような電源を**電流源**（current source）と定義し，図12(b) の記号で表現する．図12(a) の考察から，電流源の内部抵抗と起電力とも極限値をとる．すなわち $I_0 = \lim_{V_0 \to \infty,\, R_0 \to \infty} V_0/R_0$ が電流源の正体である．ちなみに，電流源を図12(b) のように開放のままにしておくと，放電が生じ危険である．電流源を保管するには，端子を開放するのではなく，短絡するのがよい（理由は読者に委ねる）．

電気回路理論では，時として電圧源で考えたり電流源で考えたりする解法がある．この場合，電圧源と電流源を他方に変換する必要がある．これを等価変換といい，表2にこの方法を示す．

表2 等価電源の対応関係

	等価電圧源	等価電流源
ab 端の開放電圧	V_0	V_0
ab 端の短絡電流	I_0	I_0
負荷電流 I	$I = \dfrac{V_0}{R_0 + R}$	$I = \dfrac{R_0}{R_0 + R} I_0$
端子電圧 V	$V = \dfrac{R}{R_0 + R} V_0$	$V = \dfrac{R R_0}{R_0 + R} I_0$
回路図		

次の関係
$$I_0 = \dfrac{V_0}{R_0}$$
$$V_0 = R_0 I_0$$
が成り立つように一方から他方に変換すれば，端子 ab 間での電圧・電流・内部抵抗について等価となる．

5 電流の発熱作用と電力

▼要点

1 ジュールの法則
$H = I^2Rt$ 〔J〕 $\approx 0.24\,I^2Rt$ 〔cal〕
1 cal：水 1 g を 1 ℃ 上昇させるために要する熱量，これはほぼ 4.18 J に等しい．
　　1 J＝約 0.24 cal，　1 cal＝約 4.18 J

2 電力と電力量
電力：1 秒当たりの電気エネルギー〔W〕＝〔J/s〕
　　$P = VI = I^2R = H/t$ 〔W〕
電力量：時間 t に費やした電気エネルギーの総量　ワット秒〔W・s〕＝〔J〕
　　$W = Pt = VIt = I^2Rt = H$ 〔W・s〕

　　1 W・s　　1 ワットを 1 秒間消費する電力量　＝　　　1 J
　　1 W・min　1 ワットを 1 分間消費する電力量　＝　　 60 J
　　1 W・h　　1 ワットを 1 時間消費する電力量　＝　3600 J

3 最大消費電力
　　内部抵抗＝負荷抵抗
のとき負荷抵抗での電力消費は最大となる．

1 ジュールの法則

　図 1 のように，電源につながれた電熱器に電流を流すと熱が発生する．これを電流の発熱作用という．ジュール（J.P. Joule, 英，1818～1889）は 1840 年の実験において，次の実験則を発見した．

「電流によって毎秒発生する熱量は電流の 2 乗と抵抗の積に比例する」

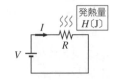

図1　電流の発熱作用

　これをジュールの法則（**Joule's law**）といい，発生した熱をジュール熱（Joule heat）と称する．単位記号にはジュールの名にちなんで〔J〕（ジュール）が用いられる．ジュールの法則を式で表現すると次になる．
$$H = I^2Rt \text{ 〔J〕} \tag{1}$$
ここで，$V = IR$ であるから，式 (1) は次のようにも表現できる．
$$H = VIt \text{ 〔J〕} \tag{2}$$
　熱量は仕事（またはエネルギー）である．一方，電気の仕事は，次で表される（0 章 1 節参照）．
$$W = VQ \text{ 〔J〕} \tag{3}$$
そして，$I = Q/t$ の関係より，この電気の仕事は式 (2) に等しい．このことは，図 1 において，電圧源から供給される電気エネルギーが電熱器内部の抵抗器において熱エネルギーに変換されることを意味する．物理学を学ぶとわかるように（0 章 2 節参照），熱エネルギー，電気エネルギー，力学的エネルギーなど，全てのエネルギーは本質的に同じで，その単位は全て〔J〕で表される．

▶ **カロリー（calorie）** カロリーも熱量の単位であり，次で定義される．
「**1気圧下で1gの水の温度を1℃高めるのに要する熱量**」
この定義では，水の最初の温度により比熱が異なるため，種々のカロリー（0章2節参照）がある．どのカロリーも，おおよそ次の換算値をとる．

$$1\,\text{cal} \approx 4.18\,\text{J} \quad \text{または} \quad 1\,\text{J} \approx 0.24\,\text{cal} \tag{4}$$

日本では，計量法（平成5年11月1日施行）により熱量の単位はSI単位（0章2節）に移行し，〔J〕に統一された．このため，〔cal〕は栄養学などわずかな分野の例外を除いて，その使用が止められた．特に，商取引や性能証明書では法律により使用禁止となっている．しかし，カロリーは熱量と水の温度上昇とを結ぶよい掛け橋であるため，本書では，途中の計算において用いることがある．

【例題1】 10℃の水1Lを25℃に上げるのに必要な熱量は何〔J〕か．ただし，1L = 1000gとする．

〈**解法**〉 温度上昇分は15℃である．カロリーの定義を考えると，所要熱量は 15×1000 cal である．これを式(4)により，ジュールに変換すると 62.7 kJ．

□

2 電力と電力量

例題1において，温度を上昇させる時間が10分であろうが1時間であろうが，"沸かす"という仕事は時間にかかわらず同じである．しかし，同じ仕事をするにしても効率よく短い時間内でできたほうがいい．そこで，工学一般では，時間に対する仕事の能力を測る「仕事率」または「工率」という量がある．これを電気工学では，「**電気の仕事をする能力**」すなわち**電力（power）**と称し，仕事率の定義に基づき，**電力とは1秒間に電気エネルギーが行う仕事の能力**と定義する．すなわち，仕事を時間で割った量を電力 P とすると

> 電力を電気の力の略と思ってはダメ．

$$P = \text{式}(1)\text{または式}(2)\text{の }H/t = \text{式}(3)\text{の }W/t = VI \ [\text{J/s}] \tag{5}$$

P の単位は，組立単位（0章2節参照）により〔J/s〕であるが，これを〔W〕（ワット，watt）とおく．また，オームの法則 $V = IR$ より，次の表現も得られる．

$$P = VI = I^2R = \frac{V^2}{R} \ [\text{W}] \tag{6}$$

【例題2】 定格電圧100V，800Wの電熱器を80Vで使用したときの消費電力を求めよ．

〈**解法**〉 100Vのとき800Wであったから，単純に比例すると考えて，80Vのとき $800 \times (80/100) = 640$ W と答えては誤り．この誤りは，$P = VI$ と単純比例をよりどころとしたためである．この問題では，電圧を下げると電流も下がるから，単純比例にならない．電圧を下げても値が変わらないのは電熱器の抵抗 R であるから，R を含んだ表現式を用いなければならない．したがって，100V，80Vで使用したときの電力をそれぞれ $P_{100}(= 800\,\text{W})$，P_{80} とおくと，次の結果を得る．

$$\frac{P_{80}}{P_{100}} = \frac{80^2/R}{100^2/R} \quad \therefore \quad P_{80} = \frac{80^2}{100^2} \times 800 = 512 \ [\text{W}]$$

□

電力〔W〕は，1秒間に消費する電気エネルギーであるから，時間 t〔s〕の間この電力

の供給（または消費）を続けることは，電気の仕事に相当する．この電気の仕事を特に**電力量**（electric energy）といい

$$W = Pt \text{ [W·s]} \tag{7}$$

で表す．したがって，電気工学で称している電力量とは電気的仕事のことである．上式において，本来，

$$\text{[W·s]} \rightarrow \text{[J]}$$

と表現すべきかもしれないが，何ワットをどれくらいの時間消費した，という表現のほうがわかりやすいことが多いため，[W·s] が用いられる．

電力量の単位 [W·s] では，実際の場合において小さすぎることがある．このため，次の単位もよく用いられる．

$$\text{[W·h]} = 3600 \text{ [W·s]} \qquad : ワット時，1 W の電力を 1 時間使用$$
$$\text{[kW·h]} = 3600 \times 1000 \text{ [W·s]} \qquad : キロワット時，1 kW の電力を 1 時間使用$$

> 電力量の単位は [J] の他に [W·s]，[W·h]，[kW·h] が SI 単位系で認められている．これらは，電気エネルギーである．他のエネルギー（熱，化学，光，力学，弾性）は [J] で表す．

【例題3】 800 W のドライヤーを 15 分間使用した場合と，1.2 kW のそれを 8 分間使用したときの電力量をそれぞれ求めよ．

〈解法〉 1.2 kW のドライヤーのほうが早く髪の毛を乾かせるかのように感じるが

$$800 \times (15 \times 60) = 720 \text{ kW·s}, \quad 1200 \times (8 \times 60) = 576 \text{ kW·s}$$

より，ワット数が小さくとも長時間使用のほうが電力量または仕事としての熱量は大きい．

□

【例題4】 800 W の電熱器に 100 V の電圧を加えて，100 L の水の温度を 5 ℃ 上昇させるのに何秒間かかるか？ ただし，発生熱量は全て水の温度を上げるのに用いられるものとし，1 g の水の温度を 1 ℃ 上昇させる熱量は 4.18 J とする．

〈解法〉 水 1 L を 1 kg とすると，100 L の水を 5 ℃ 上昇させるには

$$H = 100 \times 10^3 \times 5 = 500 \text{ kcal} = 500 \times 4.18 = 2090 \text{ kJ}$$

の熱量が必要である．題意が要求していることは

$$H = 電熱器が発生する電力 P \text{ [W]} \times t \text{ [s]}$$

にほかならない．よって，所要時間は

$$t = \frac{H}{P} = \frac{2090 \times 10^3}{800} = 2612.5 \text{ s}$$

□

3 最大消費電力

図 2 に示す回路において，負荷 R での消費電力 P の大きさについて考える．負荷 R に流れる電流は

$$I = \frac{E}{R+r} \tag{8}$$

より

$$P = I^2 R = \left(\frac{E}{R+r}\right)^2 R = \frac{R}{(R+r)^2} E^2 \tag{9}$$

$$= \frac{R}{(R+50)^2} \times 100^2 \text{ [W]} \tag{10}$$

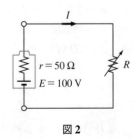

図2

64　1章　直流回路基礎

である.この I と P の R に対する変化を図3に示す.

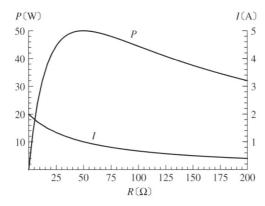

図3　図2に示す回路の回路電流と R での消費電力

この図からいえることは,P はある R において最大値をとる,ということである.電気回路的考察では,$R=0$ で,$P=0$,$R \to \infty$ で $P=0$,かついかなる $R \geq 0$ のときでも $P \geq 0$ であるから,最大値が存在するといえる.数学的考察によれば,式(10)は,その1回微分により,極値を一つもつ.したがって,P を R で微分して,これを0とする R は P を最大にする.

式(10)は0章3節5項の微分の説明における f/g のタイプであるから,これを R で微分すると,次を得る.

$$\frac{dP}{dR} = \frac{(R+50)^2 - R \times 2(R+50)}{(R+50)^4} \times 100^2 = \frac{50^2 - R^2}{(R+50)^4} \times 100^2$$

$dP/dR=0$ とする R は,上式の分子に注目し,かつ $R \geq 0$ であるから,$R=50\,\Omega$ である.この値は,図2の電圧源の内部抵抗に等しい.実際,図2の回路において,負荷 R において消費電力を最大にする R は

負荷 R = 内部抵抗 r　　　　　　　　　　　　　　　　　　(11)

である.

【例題5】　式(11)を証明せよ.
〈解法〉　式(9)を R で微分すると

$$\frac{dP}{dR} = \frac{(R+r)(r-R)}{(R+r)^4}E^2 = \frac{r-R}{(R+r)^3}E^2$$

を得る.$dP/dR=0$ となるのは,上式右辺において,$r=R$ のときである.これが,最大値なのか最小値なのかを調べると,$R<r$ のとき $dP/dR>0$,$R>r$ のとき $dP/dR<0$ であるから,P は $r=R$ のとき最大値となる.別解として,式(9)の項 $R/(R+r)^2 = 1/(R+2r+r^2/R)$ が最大になるには,分母の括弧内が最小になればよい.相加平均と相乗平均の関係(0章3節)を用いれば,$R=r^2/R$ のとき括弧内が最小になる.すなわち,上と同じ結果を得る.

> $R+2r+r^2/R$ のうち r は一定だから,R と r^2/R に注目すればよい.

□

演習問題

【1】 銅の抵抗率は $1.72 \times 10^{-8}\,\Omega\cdot\mathrm{m}$ である．この銅を用いた銅線のサイズが直径 $200\,\mu\mathrm{m}$，長さ $2\,\mathrm{km}$ のとき，この抵抗は何〔Ω〕か．

【2】 ある導線の抵抗は R である．この導線の半径を 1/4 倍，長さを 2 倍にしたときの抵抗を求めよ．

【3】 $0\,^\circ\mathrm{C}$ のとき，ある導線の抵抗を測ったら $21.8\,\Omega$ であった．次に，T'〔$^\circ\mathrm{C}$〕のときで測ったら $23\,\Omega$ であった．T' を求めよ．ただし，温度係数は $\alpha = 1/403.3$ とする．

【4】 図P1の(a)〜(d)に示す回路の端子 ab から見た合成抵抗を求めよ．

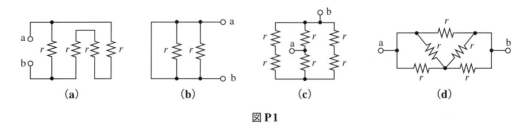

図 P1

【5】 図P2の回路において，$R_1 = 16\,\Omega$，$R_2 = 8\,\Omega$，$R_3 = 8\,\Omega$ である．スイッチ SW が開放のときと閉じたとき，いずれの場合でも端子 ab から見た合成抵抗が同じであるための R_4 を求めよ．

【6】 図P3の回路において，端子 ab 間の電圧を求めよ．

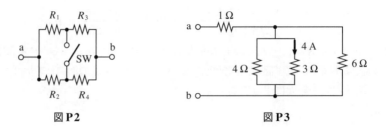

図 P2   図 P3

【7】 図P4の回路において，点 c を基準としたとき，点 a, b, d の電圧（点 c の電位との差）はいくらか．

【8】 図P5の回路において，点 a を基準としたとき，点 b の電圧（点 a の電位との差）はいくらか．

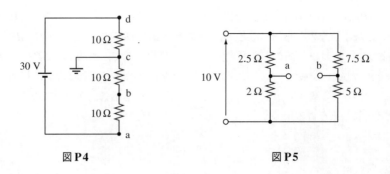

図 P4   図 P5

【9】 図 P6(a), (b) のそれぞれの回路において, V_1, V_2, V_3 を求めよ.

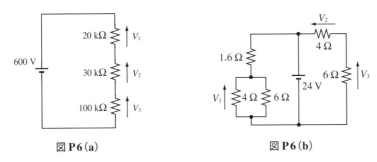

図 P6(a)　　　　図 P6(b)

【10】 図 P7(a), (b) のそれぞれの回路において, I_1, I_2, I_3 を求めよ.

【11】 図 P8 の回路において, 電流計の指示は 0.2 A であるとき, (i) 20Ω の抵抗器の両端の電圧はいくらか, (ii) 30Ω の抵抗器に流れる電流はいくらか, (iii) 55Ω の抵抗器の両端の電圧はいくらか, (iv) 端子 b から流出する電流 I' の大きさはいくらか.

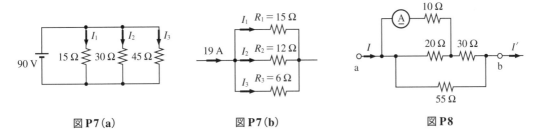

図 P7(a)　　　　図 P7(b)　　　　図 P8

【12】 最大目盛が 150 V, 内部抵抗 10 kΩ の電圧計がある. 最大 600 V まで測れるようにするためには何 [kΩ] の倍率器を用いればよいか.

【13】 最大目盛が 50 μA, 内部抵抗 10 Ω の電流計がある. 最大 1 mA まで測れるようにするためには何 [Ω] の分流器を用いればよいか. 次に, この分流器を使用して, ある電流を測定したところ電流計の指示が 40 μA であった. この測定電流の大きさを求めよ.

【14】 図 P9 の回路において, R をある値にすると, 電圧 V は 102 V, 電流 I は 5 A であった. 次に, R を減少させたところ, 電圧 V は 91 V, 電流 I は 10 A となった. 電池の起電力 E [V] と内部抵抗 r [Ω] を求めよ.

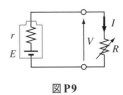

図 P9

【15】 起電力 1 V, 内部抵抗 10 Ω の電池が 4 個ある. これを用いて $R = 15$ Ω の抵抗器に電流を流すとき, 電流値が最も大きいのは図 P10(a)〜(e) に示す回路のうちどれか.

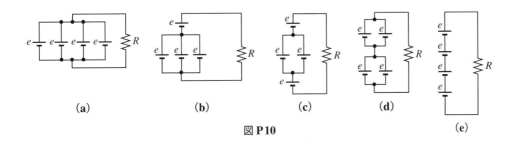

(a)　　(b)　　(c)　　(d)　　(e)

図 P10

【16】 60 W の電球に 100 V の電圧を加えたとき，何〔A〕の電流が流れるか．また，この電球の抵抗は何〔Ω〕か．

【17】 100 V の電源に電熱器を 5 分間接続したら，4 kJ の電力量を消費した．この電熱器の抵抗は何〔Ω〕か．

【18】 120 V を加えたとき，1.2 kW の電力を消費するハンダごてがある．このハンダごてを 60 V で使用した場合の消費電力は何〔kW〕か．

【19】 抵抗器に流すことのできる最大電流をその抵抗器の許容電流といい，これは許容電力 P〔W〕を消費しているときの電流値に等しい．このことを考慮して
（ⅰ） 許容電流 20 mA で 3.3 kΩ の抵抗器の許容電力はいくらか．
（ⅱ） 許容電力 0.5 W で 50 Ω の抵抗器の許容電流はいくらか．

【20】 2 Ω の抵抗器に 10 V の電源を 10 分間接続した．このときの電力量は何〔J〕か．また何〔W·h〕か．

【21】 0.2 kW·h の電力量で，100 kg の水（約 100 L）を何〔℃〕上昇できるか．ただし，水 1 g を 1 ℃ 上昇させるのに必要な熱量は 4.18 J とする．

【22】 2 kW の温水器を用いて，209 kg の水（約 209 L）を 20 ℃ から 40 ℃ に温度を上昇させたい．この所要時間は何分何秒か．ただし，水 1 g を 1 ℃ 上昇させるのに必要な熱量は 4.18 J とする．

【23】 図 P11 の回路において，抵抗器で消費する電力を最大にするための R は何〔Ω〕か．

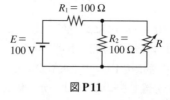

図 P11

2章 直流回路網解析

1 キルヒホッフの法則
2 重ね合せの定理とテブナンの定理
3 Δ-Y 変換とブリッジ回路
4 他の回路網解析手法
　演習問題

1 キルヒホッフの法則

▼ 要点

1 回路網の見方
▶ 用語：節点，枝，閉回路，独立閉回路とは
　独立回路数＝枝数−(節点数−1)

2 キルヒホッフの法則

▶ 第1法則（電流に関する法則）：回路網中の任意の節点に流入する電流の代数的総和はゼロである．これを言い換えた表現は次である．

　　　　流入電流の総和＝流出電流の総和

▶ 第2法則（電圧に関する法則）：回路網中の任意の閉回路における電圧の代数的総和はゼロである．これを言い換えた表現は次である．

　　　　起電力の総和＝電圧降下の総和

3 解法
▶ 枝電流法，ループ電流法，節点方程式法
　枝電流法の式の数＝枝数
　ループ電流法の式の数＝独立閉回路数，　節点方程式法の式の数＝節点数−1

1 回路網の見方

回路網（network）の用語として節点，枝，閉回路などの説明を行う．

図1に，**枝**（branch）と**節点**（node）の説明を示す．枝は枝路とも称され，節点は分岐点と称されることがある．

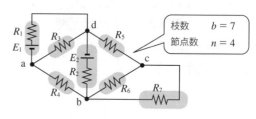

図1　枝，節点の説明

閉回路の定式化は，(ⅰ) 2節点間に少なくとも一つ以上の枝がある，(ⅱ) 各節点に枝が2本以上接続している，である．直感的には，閉路を一筆書きするとき，任意の節点を2回以上通過しないこと．

閉回路（closed circuit）は，回路中のある点から出発して幾つかの枝と節点を経由して出発点に戻ってくるとき，たどった経路を閉回路という．例えば，図1において，a→E_1→R_1→d→R_3→a, b→R_6→c→R_7→b などの経路（右回りか左回りかは，ここでは問わない）が示す回路が閉回路である．閉回路のとり方については，次項のキルヒホッフの法則のところで説明する．

2 キルヒホッフの法則

複雑な回路網の各枝に流れる電流や電気素子の両端の電圧を求める計算は，電気回路解析の基本である．この解析を考える上で非常に重要な法則として**キルヒホッフの法則**

(**Kirchhoff's law**, 1847 年ドイツ物理学者の Gustav R. Kirchhoff により提唱される）
がある．この法則には第 1 法則（電流に関する法則）と第 2 法則（電圧に関する法則）
がある．

第 1 法則（電流に関する法則）：回路網中の任意の節点に流入する電流の代数的
総和はゼロである．

第 2 法則（電圧に関する法則）：回路網中の任意の閉回路における電圧の代数的
総和はゼロである．

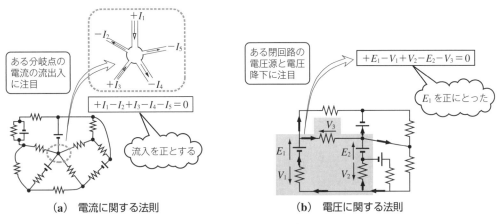

(a) 電流に関する法則　　　　　　　(b) 電圧に関する法則

図 2　キルヒホッフの法則

この法則を図式的に説明したのが図 2 である．
第 1，第 2 法則を説明する前に，次のことを確認しておく．

- ☞ **電流の方向は任意**　電流の向きが定まらない場合には，任意に（勝手に）その
方向を定めても，正しい解が得られる．この例題は後に示される．
- ☞ **電圧の符号**　抵抗器の両端に現れる電圧の符号（"＋"，"－"）は，図 3 に示す
ように約束する．

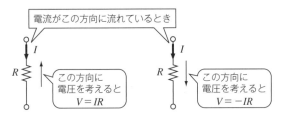

図 3　電圧の符号の取り方

▶ **第 1 法則（電流に関する法則）**　"流入する電流の代数的総和はゼロ"の意味は，あ
る節点に流入する電流にプラス（＋），流出する電流にマイナス（－）の符号をつけて，
全てを加えるとゼロになる，ということである．図 2(a) の例では

$$+I_1 - I_2 + I_3 - I_4 - I_5 = 0 \tag{1}$$

1　キルヒホッフの法則　　71

となることを意味する.

ここで，図2(a)および上式から，この法則を次のように言い換えることができる.

流入する電流の総和＝流出する電流の総和 (2)

これを図2(a)に適用すると

$$I_1+I_3=I_2+I_4+I_5 \tag{3}$$

を得る．式(3)と式(2)は，もちろん同じことを意味する．

▶ **第2法則（電圧に関する法則）**　閉回路において，電源の起電力や抵抗器の両端に生じる電圧降下が複数存在するとき，それらの電圧の方向（極性のこと）に注目する．起電力は記号図から極性はわかる．また，抵抗器の両端に発生する電圧降下の方向は電位の高い方を向く．これは，電流の流れる方向と逆である（1章1節参照）．このことを踏まえて，図2(b)の網掛け部分が示す閉回路は，図4(a)に示す電流分布であったと仮定して話を進める．

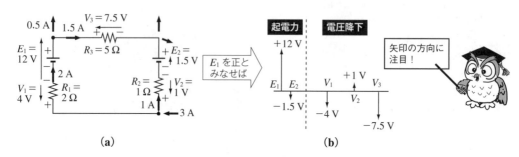

図4　電圧に関する法則

図4(a)の各電圧を起電力と電圧降下に分けてグラフ状に表現したのが図4(b)であり，各電圧を単なる符号付き数値として総和（これを代数的総和と称する）をとるとゼロとなる．このゼロとなる理由は，図4(a)を見て，例えばE_1のマイナス極から出発して，閉回路をたどり，同じE_1のマイナス極に最終点として戻る．出発点と最終点は同じ点だから，それら2点の電位差は当然ゼロである．このことを数式で表現すると

$$+E_1-E_2-V_1+V_2-V_3=0 \tag{4}$$

ということを述べているのが第2法則である．図4の例では，次となる．

$$+12\,\mathrm{V}-1.5\,\mathrm{V}-4\,\mathrm{V}+1\,\mathrm{V}-7.5\,\mathrm{V}=0 \tag{5}$$

これまでの説明から，この法則を次のように言い換えることができる.

起電力の総和＝電圧降下の総和 (6)

この考えを図4(a)に適用すると

$$E_1-E_2=V_1-V_2+V_3 \tag{7}$$

すなわち，次式となり，これは式(5)と同じことを意味する．

$$+12\,\mathrm{V}-1.5\,\mathrm{V}=+4\,\mathrm{V}-1\,\mathrm{V}+7.5\,\mathrm{V}$$

【例題1】　図5の回路図において，(a)ではI，(b)ではI_1, I_2, I_3，(c)ではV_1, V_2を求めよ．

答　(a) $I=-4\,\mathrm{A}$　(b) $I_1=I_2=4\,\mathrm{A}$, $I_3=6\,\mathrm{A}$　(c) $V_1=120\,\mathrm{V}$, $V_2=40\,\mathrm{V}$

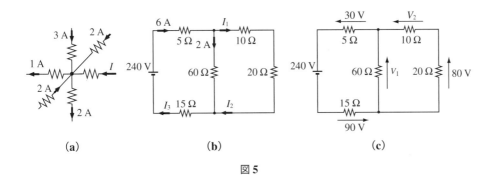

(a)　　　　　　　　　(b)　　　　　　　　　(c)

図5

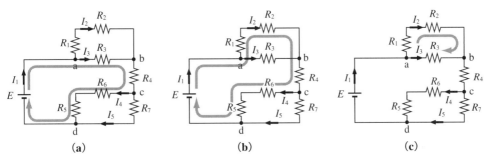

(a)　　　　　　　　　(b)　　　　　　　　　(c)

図6　閉回路の説明

図6の回路において，(a)〜(c)に示す矢印がたどる経路は，全て閉回路である．これらの回路に対して，キルヒホッフの電圧に関する法則を適用して式を立てると

図6(a)　　$E - R_3 I_3 - R_4 I_1 - (R_5 + R_6) I_4 = 0$　　　　　　　　(8)

図6(b)　　$E - (R_1 + R_2) I_2 - R_4 I_1 - (R_5 + R_6) I_4 = 0$　　　　(9)

図6(c)　　$R_3 I_3 - (R_1 + R_2) I_2 = 0$　　　　　　　　　　　　　(10)

ここで，式(8)と式(10)を加算すると式(9)と等しくなることがわかる（検証は，各自に委ねる）．これは，図6(b)の閉回路は図6の(a)と(c)の閉回路に分離できることを意味する．一方，図6(a)と(c)の閉回路は，これ以上，分離することはできない．このような閉回路を独立閉回路と称することとし，本書で閉回路というときは独立閉回路のことを指す．いま，回路を構成する枝の数をb，節点の数をnとおく．このとき

独立な閉回路の数 ＝ $b - (n - 1)$　　　　　　　　　　　　　　　(11)

である．また，キルヒホッフの第1法則（電流に関する法則）に基づく式の数は

第1法則に基づく式の数 ＝ $n - 1$　　　　　　　　　　　　　　(12)

である．実は，式(12)は独立節点の数を意味しているのだが，この名の意味などについては，他の成書を参照されたい．これらの数は，後の本節3項で解説する種々の観点からの回路方程式の立て方において，立てるべき方程式の数を定めるものである．

3　解　法

キルヒホッフの法則を適用した回路網の解析法を説明する．電圧，電流の取り方や見方により解析のアプローチが異なる．代表的な解法として，**枝電流法**（**circuit mesh**

独立閉回路の概念は，複数ある閉回路のうち，回路の電流分布の決定に必要な最小数の回路をいう．厳密な概念と定義は，回路のグラフ理論から説明されるもので，詳細は他の成書を参照されたい．

式(12)に示した，"第1法則に基づく式の数"という名称は，一般的でなく，説明の都合上の本書固有の名称である．この名称の意味するところは，実は独立節点であり，本書では説明しないが，発展した回路網解析において，重要な概念である．

method），**ループ電流法**（loop current method）および**節点方程式法**（node equation method）の三つがある（表1）．

> 解法の名称にあまり統一性はないようである．枝電流法は枝路電流法，ループ電流法は網目電流法，英語でも loop current method，または loop equations method というように種々の呼び名がついている．

表1 解法の比較；b は枝数，n は節点数

解　法	枝電流法	ループ電流法	節点方程式法
キルヒホッフの式の数	b	$b-(n-1)$	$n-1$
特色	全ての節点と閉回路に着目：キルヒホッフの第1, 第2法則を適用	閉回路に着目：キルヒホッフの第2法則を適用	節点に着目：キルヒホッフの第1法則を適用

三つの解法の計算手順を説明するため，例として図7の回路を取り上げ，各解法を用いて各枝に流れる電流を求める．

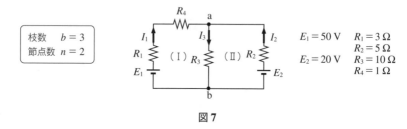

図7

▶ **枝電流法**　図7のように，全ての枝に電流を割り振るのが枝電流法である．本方法の解法手順は次のとおりである．

（ⅰ）　全ての枝に電流を割り当てる．このとき，電流の方向は任意でよい．

（ⅱ）　独立な閉回路それぞれに対する電圧方程式（キルヒホッフの第2法則のこと）を立てる．

（ⅲ）　独立な節点における電流方程式（キルヒホッフの第1法則のこと）を立てる．

（ⅰ）で，電流の方向は任意でよい，と述べていることに不思議な感じを抱く読者がいるかもしれない．任意ということは，ある電流の方向を真の向きと逆向きにとることもある．このような場合でも，その電流の解は符号が逆になるだけで，不都合は生じない．

図7を例にとり，枝電流法による解法を示す．図7は，手順（ⅰ）をすでに適用している．さらにそれぞれの閉回路に番号（Ⅰ），（Ⅱ）と割り当てている．閉回路（Ⅰ）ではE_1，閉回路（Ⅱ）ではE_2を正にとったとする．このとき，手順（ⅱ）に従い，各閉回路の電圧に関する方程式を次に示す．

$$\begin{cases} E_1-R_1I_1-R_4I_1-R_3I_3=0 \\ E_2-R_2I_2-R_3I_3=0 \end{cases} \quad (13)$$

式(13)には，三つの未知変数I_1, I_2, I_3があるにもかかわらず，式は2本しかないので解を得るにはさらに1本の式が必要である．この式を得るのが手順（ⅲ）である．すなわち

$$I_1+I_2=I_3 \quad (14)$$

解くべき式の数は，式(13)が独立閉回路数（$=b-(n-1)$）分だけ式の数を必要とし，式(14)が第1法則に基づく式の数（$=(n-1)$）だけ式の数を必要とする．この合計は，表1のとおり，枝の数に等しい．

式(13)，(14)から変数I_3を消去し，整理した式を次に示す．

$$\begin{aligned}(R_1+R_3+R_4)I_1 + R_3 I_2 &= E_1 \\ R_3 I_1 + (R_2+R_3) I_2 &= E_2\end{aligned} \quad (15)$$

定数は右辺に追い出す．

未知変数を，このように，見た目で縦に並べるように式を整理すると，いろいろと便利である．

式(15)は未知変数が2個だから解ける．図7に示す値を用いて，連立一次方程式の解法（0章参照）を適用すると

$$\Delta = (R_1+R_3+R_4)(R_2+R_3) - R_3^2 = (3+10+1)(5+10) - 10^2 = 110$$

$$\begin{bmatrix} I_1 \\ I_2 \end{bmatrix} = \frac{1}{\Delta} \begin{bmatrix} R_2+R_3 & -R_3 \\ -R_3 & R_1+R_3+R_4 \end{bmatrix} \begin{bmatrix} E_1 \\ E_2 \end{bmatrix}$$

$$= \frac{1}{110} \begin{bmatrix} 15 & -10 \\ -10 & 14 \end{bmatrix} \begin{bmatrix} 50 \\ 20 \end{bmatrix} = \begin{bmatrix} 5 \\ -2 \end{bmatrix}$$

$$I_3 = I_1 + I_2 = 5 + (-2) = 3 \quad (16)$$

を得る．I_2の符号がマイナスということは，図7であらかじめ設定した電流の方向が逆であることを意味する．このため，電流の方向を逆向きにとったとしても，解から正しい方向がわかるので，解法の初段階において，電流の方向は任意にとってもよいことがわかるであろう．

▶**ループ電流法**　枝電流法は，電圧方程式（キルヒホッフの第2法則のことで式(13)が相当）と，電流方程式（キルヒホッフの第1法則のことで式(14)が相当）を必要とした．この電流方程式を初めから電圧方程式の中に組み入れることにより，変数（ここでは電流のこと）の数を減じて考える方法がループ電流法である．

ループ電流法による解法の手順は次のとおりである．

（ⅰ）各閉回路の中を巡回するループ電流を与える．ループ電流の回転方向は任意にとってよい．

（ⅱ）各ループ電流についてキルヒホッフの第2法則（電圧方程式）を立てる．

図7の回路において，手順（ⅰ）を適用したものを図8に示す．

ループ電流の回転方向は任意でよい，と記述したが，将来，行列を用いた回路網解析を行うときは，同じ回転方向にそろえておくと便利である．

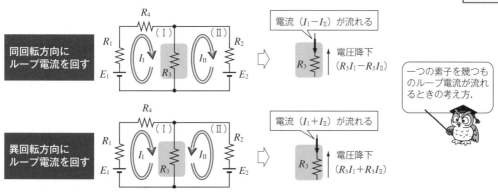

図8　ループ電流法における電流の取り方と電圧降下

一つの素子を幾つものループ電流が流れるときの考え方．

この図では，閉回路(Ⅰ),(Ⅱ)ともループ電流 $I_{\text{I}}, I_{\text{II}}$ とも同回転方向（図では右回り）にとった場合と，異なる回転方向にループ電流をとった場合が示されている．どちらの回転方向を採用しても解は正しく得られる．ただし，どちらの場合でも，R_3 に流れる電流は，I_{I} と I_{II} の合成電流であるが，その加算の仕方に注意されたい．

ちなみに，この例では，ループ電流の回転方向の与え方は4通りあり，どれを採用してもかまわないが，将来，行列を用いて高度な回路理論を学習するときには，ループ電流を同回転方向に回すようにしておくとよいであろう．

図8で，ループ電流が同方向に流れる場合について，各閉回路に関してキルヒホッフの第2法則（電圧に関する法則）を適用すると次となる．

$$\begin{cases} E_1-(R_1+R_4)I_{\text{I}}-R_3(I_{\text{I}}-I_{\text{II}})=0 \\ E_2+R_2 I_{\text{II}}+R_3(I_{\text{II}}-I_{\text{I}})=0 \end{cases} \tag{17}$$

上式を解くと，$I_{\text{I}}=5\,\text{A}, I_{\text{II}}=2\,\text{A}$ を得る．これは，枝電流法と同等の結果である．また，R_3 に流れる電流を求めるには，図7に示す I_3 の向き（下向き）を正にとると，

$$I_3=I_{\text{I}}-I_{\text{II}}=5-2=3\,\text{A}$$

が正の値であるから，R_3 に流れる電流は下向きである．

ループ電流法は，各閉回路に関する電圧方程式のみを扱うため，扱うべき式の数は $(b-(n-1))$ 本である．これは，式(14)のような電流方程式（キルヒホッフの第1法則）を立てずにすみ，枝電流法より扱う式の数が少なくてすむという利点がある．

▶ **節点方程式法** 　節点方程式法は，図9に示すように，各節点に対するキルヒホッフの第1法則を立てる．第1法則に基づく式の数は $(n-1)$ 本であり，これを立てるとき，各節点の電位を未知変数として，各枝電流との関係を示せばよい．

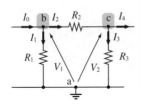

節点に注目
節点に流入・流出する電流に関するキルヒホッフの第1法則を考える．基準電位（左図の節点 a）に対する各節点の電位差を仮定する．例えば，節点 b に注目すると，次の式を考える．
$$\begin{cases} I_0=I_1+I_2 & \text{(キルヒホッフの第1法則)} \\ I_1=\dfrac{V_1}{R_1},\quad I_2=\dfrac{V_2-V_1}{R_2} & \text{(節点の電位 }V_1, V_2\text{ は未知変数)} \end{cases}$$

図9　節点方程式法の説明

節点方程式法の適用例を見るため，図7の回路を考える．図7の回路において，基準電位となる節点を b にとると，独立節点は a の1個のみであるから，節点 a に対するキルヒホッフ第1法則の式のみを考えればよい．すなわち

$$I_1+I_2=I_3 \tag{18}$$

節点 b に基準電位をとって，節点 a の電位を V_a とすると

$$I_1=\frac{E_1-V_a}{R_{14}},\quad I_2=\frac{E_2-V_a}{R_2},\quad I_3=\frac{V_a}{R_3} \tag{19}$$

ここに，$R_{14}=R_1+R_4$ とおいた．上の関係を式(18)に代入すると

$$\frac{50-V_a}{4}+\frac{20-V_a}{5}=\frac{V_a}{10}$$

となる．これを解くと，$V_a = 30\,\mathrm{V}$ を得る．この値を式 (19) に代入すると

$$I_1 = 5\,\mathrm{A}, \quad I_2 = -2\,\mathrm{A}, \quad I_3 = 3\,\mathrm{A}$$

を得る．

ここまでで，キルヒホッフの第 1, 2 法則に基づいた三つの解法を示した．各解法において，導かれるキルヒホッフの法則の式の数を見ると（表 1），枝電流法が一番多い．また，節点方程式法が常に一番少ないとは限らない．例えば，図 10 に示す例を見ると，図 10 (a) では，節点方程式法による式の数が最も少なく，図 10 (b) では，ループ電流法と節点方程式法は同じ，図 10 (c) では，ループ電流法が最も少ない．

【例題 2】 図 11 (a) の回路図において，ループ電流法と節点方程式法を用いて回路方程式を立てよ．

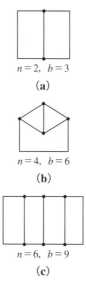

図 10 種々の節点数と枝数の回路

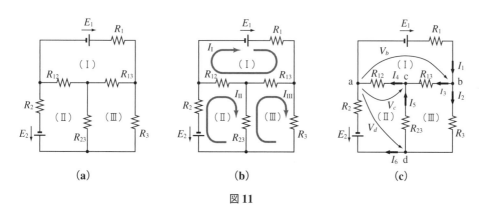

図 11

〈解法〉 ループ電流法を適用するため，ループ電流を図 11 (b) のようにとると，次の電圧方程式が成り立つ．

$$\begin{cases}
(\text{I}) & E_1 - R_1 I_1 - R_{13}(I_1 - I_{\text{III}}) - R_{12}(I_1 - I_{\text{II}}) = 0 \\
(\text{II}) & E_2 + R_2 I_{\text{II}} + R_{12}(I_{\text{II}} - I_1) + R_{23}(I_{\text{II}} - I_{\text{III}}) = 0 \\
(\text{III}) & R_3 I_{\text{III}} + R_{23}(I_{\text{III}} - I_{\text{II}}) + R_{13}(I_{\text{III}} - I_1) = 0
\end{cases}$$

次に，節点方程式法を適用するため，図 11 (c) に示すように，基準電位を節点 a にとり，節点 b, c, d との電位差をそれぞれ V_b, V_c, V_d とおき，また，各枝の電流を定めるものとする．このとき，次の電流方程式が成り立つ．

節点 b : $I_1 = I_2 + I_3$, 節点 c : $I_4 = I_3 + I_5$, 節点 d : $I_2 = I_5 + I_6$

ここに

$$I_1 = \frac{E_1 - V_b}{R_1},\ I_2 = \frac{V_b - V_d}{R_3},\ I_3 = \frac{V_b - V_c}{R_{13}},\ I_4 = \frac{V_c}{R_{12}},\ I_5 = \frac{V_d - V_c}{R_{23}},\ I_6 = \frac{V_d - E_2}{R_2}$$

□

2 重ね合せの定理とテブナンの定理

▼要 点

1 重ね合せの定理
「線形な電気回路が複数の電源を持っている場合，任意点の電流および電圧はそれぞれの電源が単独に存在した場合の値の和に等しい．ただし，取り除く電源が電圧源の場合は短絡，電流源の場合は開放するものとする」

2 テブナンの定理

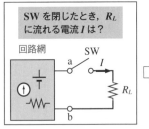
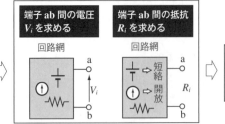

1 重ね合せの定理

重ね合せの定理（**superposition theorem**）は，複数の電源を持っている場合に有用な定理であり「**線形な電気回路が複数の電源を持っている場合，任意点の電流および電圧はそれぞれの電源が単独に存在した場合の値の和に等しい．ただし，取り除く電源が電圧源の場合は短絡，電流源の場合は開放するものとする**」で説明される．このことを図1を用いて説明する．

図1(c)のように二つの電圧源がある場合，回路電流 I は次式のように分解できる．

$$I = \frac{E_1 - E_2}{R} = \frac{E_1}{R} - \frac{E_2}{R} \tag{1}$$

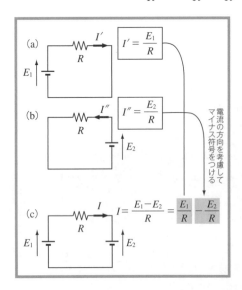
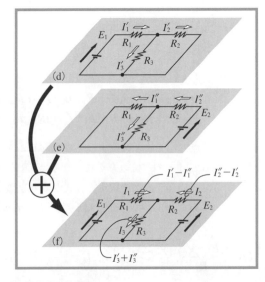

図1 重ね合せの定理の図式的説明

78　2章　直流回路網解析

式(1)の右辺は，それぞれI', I''に対応させることができ，これらは図1(a),(b)の回路方程式を表していることにほかならない．すなわち，電流Iの方向を正にとれば
$$I = I' + (-I'') \tag{2}$$
である．この式のように"加算を行う"ことは，図(d)～(f)に示すような"回路を重ねる"というイメージに等しいことから，重ね合せの定理といい，これはさらに複雑な回路についても成立する．

重ね合せの定理を適用するとき，次の手順で計算を行う．
（ⅰ）電源一つだけ残し，他の電源は次のようにして取り除く．電圧源の場合は短絡，電流源の場合は開放にする．
（ⅱ）各枝路の電流を求める．
（ⅲ）他の電源についても同様の計算を行う．
（ⅳ）各電源に対して求めた電流の各枝路における総和を計算する．

【例題1】 図2に示す回路において図2(a)ではI，図2(b)ではVを求めよ．

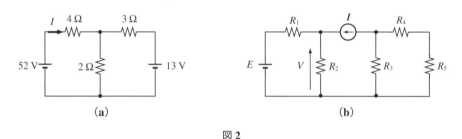

図2

〈解法〉 解を得るための過程，および解を以下に図示する．

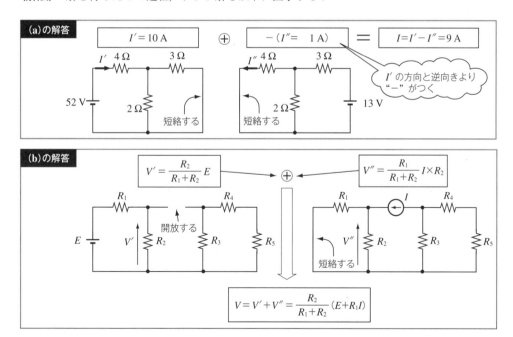

2 テブナンの定理

テブナンの定理（**Thévenin's theorem**）は，テブナン氏（Léon Charles Thévenin, 仏，1857～1926）により提案され，複雑な回路網を一つの電圧源と抵抗で等価表現するという利用価値の高いものである．日本では，ほぼ同時期に考えついた鳳氏に敬意を表して，鳳–テブナンの定理とも呼ぶ．

テブナンの定理は，図3(a)に示す複雑な回路網において，抵抗 R に流れる電流 I を求める問題に対して有効な考え方である．

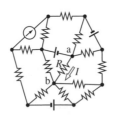

(a) 複雑な回路網
図中の R に流れる I を求めたい．

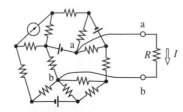

(b) R を取り出し，これを外部の抵抗とみなす．

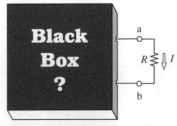

(c) 箱をかぶせて Black Box（暗箱）とし，端子 ab 間のみに注目．

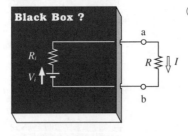

(d) 等価的な V_i と R_i を考える．簡単な直列回路とみなし，I を求める．

$$I = \frac{V_i}{R_i + R}$$

それでは，等価的な V_i と R_i をどのようにして求めるか？

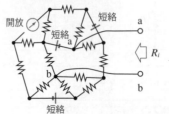

(e) R_i の求め方
左図のように，
　電圧源 → 短絡
　電流源 → 開放
として電源を除いてから合成抵抗として求める．
V_i の求め方は，これまでの方法を駆使する．

図3　テブナンの定理の概念図

テブナンの定理の特筆する点は，複雑な回路網である特定の R に流れる I は，図 3 (d) に示すような，簡単な直列回路に流れる I と同じに考えることができるのでは，という点にある．すなわち，図 3 (a) のような複雑な回路を図 3 (d) に示す電源 V_i と抵抗 R_i の簡単な直列回路で表現することにより，R に流れる電流 I は次の簡単な計算で求まることを証明したのが本定理である（証明は後述）．

$$I = \frac{V_i}{R_i + R} \tag{3}$$

本定理を表す式 (3) の V_i と R_i は以下のようにして求めればよい．

テブナンの定理を適用するための前手順

手順 1：V_i の求め方　図 3 (b) の外部抵抗 R を切り離し，端子 ab 間を開放とする．このとき，端子 ab に現れる電圧が V_i である．これに関しては，便利な公式はなく，いままで習ってきた内容を駆使して V_i を求める．

手順 2：R_i の求め方　回路網内にある電圧源は短絡，電流源は開放として端子 ab から見た合成抵抗を求め，これを R_i とする．

【例題 2】　図 4 (a)〜(c) の回路において，SW を閉じたとき R に流れる電流 I をテブナンの定理を用いて求めよ．

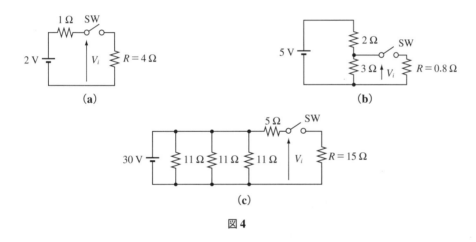

図 4

〈解法〉　三つの回路とも R_i と V_i が直ちにわかるので，次の簡単な計算ですむ．

(a)　$R_i = 1\,\Omega$,　$V_i = 2\,\text{V}$,　$I = \dfrac{V_i}{R_i + R} = \dfrac{2}{1+4} = 0.4\,\text{A}$

(b)　$R_i = \dfrac{6}{5}\,\Omega$,　$V_i = 3\,\text{V}$,　$I = \dfrac{V_i}{R_i + R} = \dfrac{3}{6/5 + 0.8} = 1.5\,\text{A}$

(c)　$R_i = 5\,\Omega$,　$V_i = 30\,\text{V}$,　$I = \dfrac{V_i}{R_i + R} = \dfrac{30}{5 + 15} = 1.5\,\text{A}$

(c) は，回路の合成抵抗を求めなくとも，テブナンの定理を用いれば，暗算で解ける．
□

これらは，もちろんテブナンの定理を用いなくても解ける．本定理を用いない解き方を実践するのも電気回路のセンスを高めることにつながるであろう．

【例題3】 図5の回路で，R に流れる電流 I をテブナンの定理を用いて求めよ．ただし，電流の正負は a から b の方向を正とする．

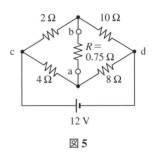

図5

〈解法〉 初めに，R_i の求め方を図6に示す．これは，見やすくするために図5の回路を図6(a)のように90°回転させたものであり，（i）図5の R を取り除き，（ii）手順1に従い電圧源（節点 cd）を短絡する．

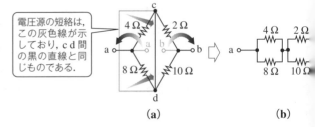

図6　R_i の求め方

次に V_i の求め方を図7に示す．図に示すように，どの点を基準にして電位を見ているかに留意すれば，簡単に求めることができる．すなわち，図7において

○ V_1, V_2 の点Oを基準とした電圧．
○ V_1, V_2 は分圧の考え方から求まる．
○ V_i は，この例において，V_2 を基準とした電圧に留意すればよい．

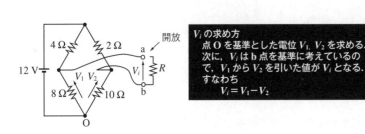

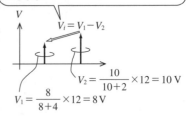

図7　V_i の求め方

以上より，次の結果を得る．

$$I = \frac{V_i}{R_i+R} = \frac{-2}{52/12+0.75} = -\frac{24}{61} \approx -0.393 \text{ A}$$

▶テブナンの定理の証明　図8にテブナンの定理の証明を示す．この証明のキーポイントは重ね合せの定理を用いて，図8(c)，(d)に示すように二つの回路を考え，図8(c)の電流 I_1 が求まれば，それは図8(d)の電流 I_2 に等しい（ただし，符号は逆），ひいては求めるべき電流 I に等しい，ということにある．

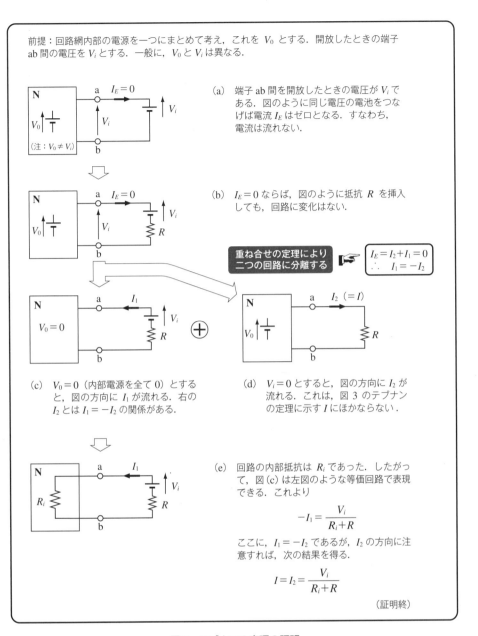

図 8　テブナンの定理の証明

3 Δ-Y 変換とブリッジ回路

▼要点

1 Δ-Y 変換　　　　　　　　　　　　　**2** ホイートストンブリッジ

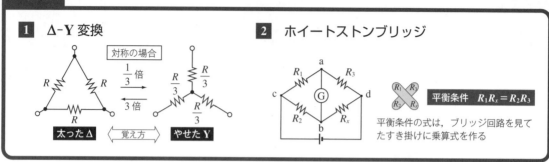

1 Δ-Y 変換

▶ **結線方式；Y 結線，Δ 結線**　　電源，負荷ともに代表的な結線方式として図 1 に示す **Y 結線**（**wye connection**）と **Δ 結線**（**delta connection**）がある．

（傍注）他に V 結線（V connection）があり，電力分野でよく用いられるが，本書では触れない．

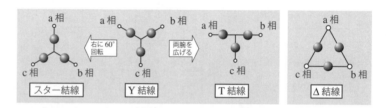

図 1　結線方式，●は電源または負荷

　Y 結線の呼称について，電子回路分野では見たとおりに**ワイ**（**wye**）**結線**または，図 1 に示すように T に見えることから**ティー**（tíː）**結線**と称することが多い．電力分野では Y を図 1 のように 60°右回転させれば星形に見えることから**スター**（**star**）**結線**と称することが多い．本書では，単に Y 結線と表記する．Y，Δ 結線どちらにおいても三つの相（図の球が相当）があることに注意されたい．

▶ **等価回路と変換**　　図 2 に示すように，等価的な変換または**等価回路**（**equivalent circuit**）とは，中身は異なっても電圧－電流の関係が同じものをいう．この考え方を Δ 結線および Y 結線の回路に適用して，相互に変換する関係式を求める．この求め方は幾

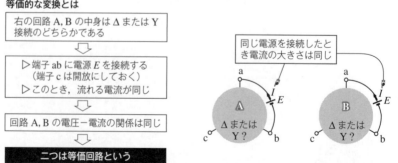

図 2　等価変換，等価回路

つかあるので，ここでは，単純に合成抵抗の値を比較するという手法を示す．これとは
別に二端子対回路として見た変換は9章で示す．

▶ **Δ→Y 変換**　図3のように，Δ結線回路をY結線回路で等価的にする変換を考える．

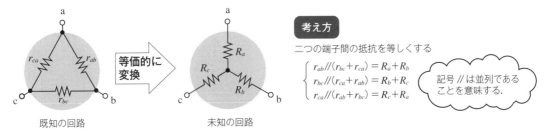

図3　Δ→Y 変換

この変換の考え方は，図中で述べているように，任意の二つの端子間の抵抗を両結線
で等しいようにすることである．導出過程は後に示すものとして，結果は次となる．

$$\begin{cases} R_a = \dfrac{r_{ab}r_{ca}}{r_{ab}+r_{bc}+r_{ca}} \\ R_b = \dfrac{r_{bc}r_{ab}}{r_{ab}+r_{bc}+r_{ca}} \\ R_c = \dfrac{r_{ca}r_{bc}}{r_{ab}+r_{bc}+r_{ca}} \end{cases} \quad (1)$$

▶ **Y→Δ 変換**　図4のように，Y結線回路をΔ結線回路で等価的にする変換を考える．

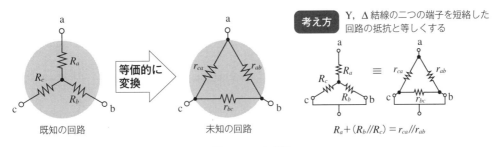

図4　Y→Δ 変換

この変換の考え方は，Δ→Y 変換の場合とまったく同様である．しかし，幅広い考え
方を学ぶため，ここでは異なる考え方を説明する．等価回路であるならば，図4で述べ
ているように，例えば端子 bc を短絡し，この新たな端子と端子 a との間の抵抗値が等
しくなることを考えればよい．この短絡する考え方の利点は，Δ結線の一つの抵抗を短
絡により無視することができ，このため計算式を簡単化できるという点にある．途中の
導出過程は後に示すとして，結果を次に示す．

$$\begin{cases} r_{ab} = R_a + R_b + \dfrac{R_aR_b}{R_c} \\ r_{bc} = R_b + R_c + \dfrac{R_bR_c}{R_a} \\ r_{ca} = R_c + R_a + \dfrac{R_cR_a}{R_b} \end{cases} \quad (2)$$

3　Δ-Y 変換とブリッジ回路

▶ **変換式の見方と対称の場合**　　変換式の覚え方の一例を提示する．Δ→Yの場合でも，Y→Δの場合でも，図5に示すように，挟まれた抵抗をどのように計算するかがキーポイントとなる．この考え方に基づく覚え方の例を図5に示すので参考にされたい．

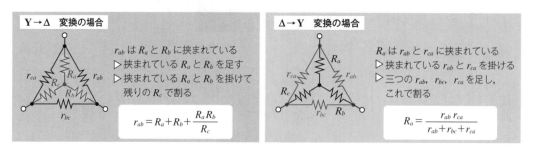

図5　Δ-Y変換式の覚え方の例

抵抗が三つとも同じ回路を対称回路という．この場合，Δ-Y変換は図6に示すように簡単になる．

▶ **回路の変形**　　電気回路では，計算や見方を簡単にするために，枝や節点を変形して扱うことがある．Δ-Y変換はこの変形の最たるもので，例を図7に示す．

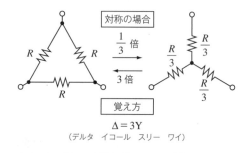

図6　対称回路のΔ-Y変換

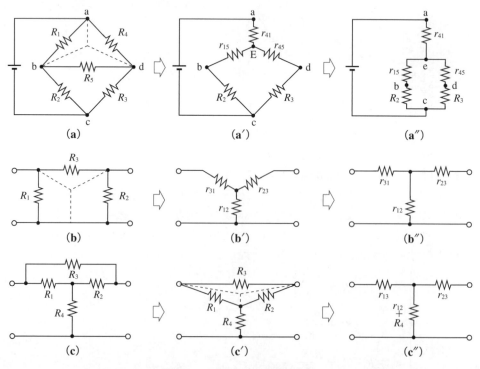

図7　Δ-Y変換による回路の変形

この図のように，導線をゴムひものように回路を自由に伸縮できる，という柔軟なイメージ力が電気回路のセンスを手助けする．そして，回路の形が異なっても性質が同じものをどのように扱うか，という観点から位相幾何学（topology）などが近代電気回路論に導入されるきっかけとなった．

【例題 1】 図 8 に示す回路に対して次の問に答えよ．

(1) 図 8(a) において，$r_{ab}=2\,\Omega, r_{bc}=1\,\Omega, r_{ca}=3\,\Omega$ のとき，等価な Y 結線回路の R_a, R_b, R_c を求めよ．

(2) 図 8(a) において，$r_{ab}=r_{bc}=r_{ca}=12\,\Omega$ のとき，等価な Y 結線回路の R_a, R_b, R_c を求めよ．

(3) 図 8(b) において，$R_a=2\,\Omega, R_b=1\,\Omega, R_c=3\,\Omega$ のとき，等価な Δ 結線回路の r_{ab}, r_{bc}, r_{ca} を求めよ．

(4) 図 8(b) において，$R_a=R_b=R_c=12\,\Omega$ のとき，等価な Δ 結線回路の r_{ab}, r_{bc}, r_{ca} を求めよ．

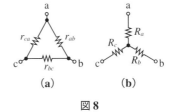

図 8

答 (1) $R_a=1\,\Omega, R_b=1/3\,\Omega, R_c=1/2\,\Omega$ (2) $R_a=R_b=R_c=4\,\Omega$
(3) $r_{ab}=11/3\,\Omega, r_{bc}=11/2\,\Omega, r_{ca}=11\,\Omega$ (4) $r_{ab}=r_{bc}=r_{ca}=36\,\Omega$

▶ **式 (1), (2) の導出** 図 3 の Δ 結線と Y 結線回路において，端子 c には何も接続せず，端子 ab 間の合成抵抗を等しいとおく．

$$R_{ab}=R_a+R_b=r_{ab}/\!/(r_{bc}+r_{ca})=\frac{r_{ab}(r_{bc}+r_{ca})}{r_{ab}+(r_{bc}+r_{ca})} \tag{3}$$

// は並列の意味

同様にして

$$R_{bc}=R_b+R_c=r_{bc}/\!/(r_{ca}+r_{ab})=\frac{r_{bc}(r_{ca}+r_{ab})}{r_{bc}+(r_{ca}+r_{ab})} \tag{4}$$

$$R_{ca}=R_c+R_a=r_{ca}/\!/(r_{ab}+r_{bc})=\frac{r_{ca}(r_{ab}+r_{bc})}{r_{ca}+(r_{ab}+r_{bc})} \tag{5}$$

式 (3) と式 (5) を加えたものから式 (4) を引くと，式 (1) の R_a を得る．同様にして，式 (1) の R_b, R_c を得ることができる．

次に，図 4 の考え方に示すように，端子 bc を短絡して考えると

$$\frac{1}{r_{ca}}+\frac{1}{r_{ab}}=\frac{1}{R_a+R_b/\!/R_c} \tag{6}$$

同様に

$$\frac{1}{r_{ab}}+\frac{1}{r_{bc}}=\frac{1}{R_b+R_c/\!/R_a} \tag{7}$$

$$\frac{1}{r_{bc}}+\frac{1}{r_{ca}}=\frac{1}{R_c+R_a/\!/R_b} \tag{8}$$

$\{(6)+(7)+(8)\}\times 1/2$ より

$$\frac{1}{r_{ab}}+\frac{1}{r_{bc}}+\frac{1}{r_{ca}}=\frac{R_a+R_b+R_c}{R_aR_b+R_bR_c+R_cR_a} \tag{9}$$

$(9)-(8)$ より $1/r_{ab}=R_c/(R_aR_b+R_bR_c+R_cR_a)$ を得る．したがって，式 (2) の r_{ab} が得られる．同様にして，r_{bc}, r_{ca} が得られる．

3 Δ-Y 変換とブリッジ回路

2 ホイートストンブリッジ

抵抗値の測定は意外と難しい．電圧計と電流計を用いて電圧 V と電流 I を測定し，計算式 $R = V/I$ から求める方法では，2章4節で述べるように，計器の内部抵抗の影響から測定値に誤差が生じる．精密な測定を簡単な回路で実現したのがホイートストン（Charles Wheatstone，英国の物理学者，1802～1875）が考えたブリッジ回路であり，これを**ホイートストンブリッジ**（**Wheatstone bridge**）と称する．

ホイートストンブリッジ回路は図9に示すように，既知抵抗 R_1, R_2, R_3 と未知抵抗 R_x をブリッジ状に配置する．ここに，図中の G は検流計（galvanometer）といい，感度の高い電流計である（感度が高ければ通常の電流計でもかまわない．要は電流を検出できる計器であればよい）．

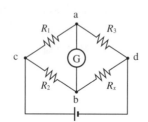

平衡条件　　$R_1 R_x = R_2 R_3$

平衡条件の式は，ブリッジ回路を見てたすき掛けに乗算式を作る

たすき（襷）：◇斜めにうち違えた模様，◇和服のまま立ち働くとき，そでをたくし上げておくために背中で斜め十文字になるように掛けるひも

図9　ホイートストンブリッジ回路

もし，検流計に電流が流れないとき，次の関係式が成り立っている．

$$R_1 R_x = R_2 R_3 \tag{10}$$

この式は，図で説明しているように，たすき掛けの乗算であり，この式より R_x を算出することができる．式(10)が成り立っているとき，検流計に電流が流れないことから，式(10)をブリッジの平衡条件という．このような測定法は，電流値を知る必要がないので便利である．

平衡条件の導出として容易な順に次の二つをあげる．

　　導出その1：分圧の考え方
　　導出その2：キルヒホッフの法則を適用

回路のセンスを高めるため，両方の説明を示す．

導出その1：分圧の考え方　図10に示すように，電流が流れないならば $V_3 = V_x$ という事実を用いた考え方に基づいて平衡条件を導出できる．

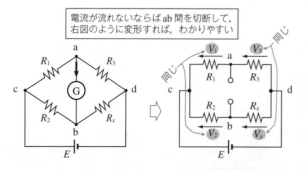
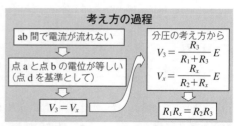

図10　平衡条件の求め方，分圧の考え方

また，分圧を用いた別の導出として，$V_3 = V_x$ ならば $V_1 + V_3 = V_2 + V_x$ という条件の下で
$$V_1 : V_3 = V_2 : V_x$$
がいえる．直列接続の場合，電圧と抵抗は比例することから次式がいえる．
$$R_1 : R_3 = R_2 : R_x \tag{11}$$
これは平衡条件を表す式(10)にほかならない．

導出その2：キルヒホッフの法則を適用 図11に示すように，検流計の抵抗を R_G とおき，キルヒホッフの法則を適用する．

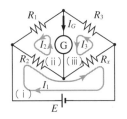

検流計の抵抗を R_G とし，ループ電流を図のようにとり，キルヒホッフの法則を適用すると
閉回路（ⅰ）　$E - R_2(I_1 + I_2) - R_x(I_1 + I_3) = 0$
閉回路（ⅱ）　$R_1 I_2 + R_2(I_1 + I_2) + R_G(I_2 - I_3) = 0$
閉回路（ⅲ）　$R_3 I_3 + R_G(I_3 - I_2) + R_x(I_3 + I_1) = 0$

⇒ $I_G = I_3 - I_2$ であり，この値が 0 になることが平衡条件となる．0 にするのは，計算で得られる分数の分子のみに注目すればよい．
⇒ 平衡条件式が得られる

図11 平衡条件の求め方，キルヒホッフの法則を適用

考えるべき電流 I_G は
$$I_G = I_3 - I_2 \tag{12}$$
で与えられる．この値が 0 になるときが平衡状態である．図11に示す連立一次三元方程式を I_1, I_2, I_3 について解き，その I_2, I_3 の解は次式で与えられる．
$$I_2 = -\frac{R_2 R_3 + R_2 R_G + R_2 R_x + R_G R_x}{\Lambda} E \tag{13}$$
$$I_3 = -\frac{R_2 R_G + R_1 R_x + R_2 R_x + R_G R_x}{\Lambda} E \tag{14}$$

いま，考えている問題では，式(13),(14)の分子のみに興味があるが，参考のため
$$\Lambda = R_1 R_2 R_3 + R_1 R_2 R_G + R_2 R_3 R_G + R_1 R_2 R_x + R_1 R_3 R_x + R_2 R_3 R_x + R_1 R_G R_x + R_3 R_G R_x$$
であることを示しておく．式(14)から式(13)を引くと，平衡条件の式(10)が得られる．

以上，二つの考え方による導出を示し，分圧の考え方に基づくほうが容易に導出できることを示した．しかし，この考え方は，平衡状態であるという条件の下で成り立つ話であるから，平衡が成り立たない一般の場合にはキルヒホッフの法則を適用することを考えなければならない．ただし，三元以上の連立方程式が出現したら，筆算よりはコンピュータ上で解くことのほうが得策である，というのは言い過ぎであろうか．

ブリッジ回路が威力を発揮するのはリアクタンスやキャパシタンスを測定するときの交流ブリッジである．これについては5章3節で説明する．

【例題2】 図12の回路において，平衡状態にある場合の R_x を求めよ．

答 $8\,\Omega$

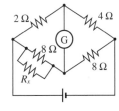

図12

3　Δ-Y 変換とブリッジ回路

4 他の回路網解析手法

▼要点

1 可逆（相反）定理
線形受動素子のみで構成された回路において，i 番目の枝路に電圧源 V_i を挿入したとき，k 番目の枝路に電流 I_k が現れたとする．逆に，k 番目の枝路に電圧源 V_i を挿入したとき，i 番目の枝路に現れる電流は I_k に等しい．

2 ノルトンの定理
テブナンの定理と双対の考え方

3 補償定理
素子の変化の影響を調べるときに有用

1 可逆（相反）定理

可逆定理（相反定理ともいう）の内容は
「**線形受動素子（電源，LCR 素子（4章参照）など）のみで構成された回路において，i 番目の枝路に電圧源 V_i を挿入したとき，k 番目の枝路に電流 I_k が現れたとする．逆に，k 番目の枝路に電圧源 V_i を挿入したとき，i 番目の枝路に現れる電流は I_k に等しい**」
である．これを図的に説明したのが図1である．

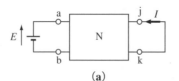
(a)

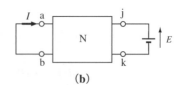
(b)

図1 可逆定理の説明

図1(a) のように端子 ab 間に電源 E を接続したとき，別の端子 jk 間に電流 I が流れたとする．逆に，図1(b) のように同じ電源 E を端子 jk 間に接続すると，端子 ab 間に現れる電流は I に等しい．このことを証明したのが本定理である．証明のキーポイントは，線形回路網を行列方程式 $V = RI$ で表現したとき行列 R が主対角線に対して対称行列であることによる．これ以上の証明は行列論を知らなければならないため，詳細は他書に譲り，本書では本定理を使えればよいものとする．

> 図1の電流の向きは，9章二端子対回路の表記と合わせてある．例題1図2の電流の向きは逆向きのように見えるが，図1と同じ関係にある．

【例題1】 図2(a) の回路において $I_2 = 1$ A であった．図2(b) の回路の I_1 を求めよ．

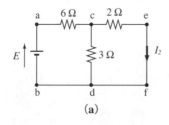
(a)

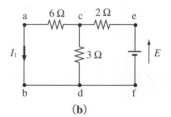
(b)

図2

〈解法〉 図の両方の回路において抵抗部分は同じであるから，可逆の定理が適用できる．すなわち，計算するまでもなく $I_1 = I_2 = 1$ A． □

この例題を見てピンとくる人がいるだろう．図2(a), (b) を組み合わせて，端子 ab と端子 ef 間に2個の電源が存在する問題を考える場合，電源を1個ずつに分けて可逆の定理と重ね合せの定理を用いれば，むしろキルヒホッフの法則を適用するよりは解を得るのに容易かもしれない．

2 ノルトンの定理

ノルトンの定理（Norton's theorem）はテブナンの定理と双対なものである．電気回路論で双対とは，次の対をいう．

　　　　　電圧源　　　　⇔　電流源
　　　　　電圧　　　　　⇔　電流
　　　　　インピーダンス ⇔ アドミタンス
　　　　　（抵抗）　　　　（コンダクタンス）

ノルトンの定理を覚えやすいよう，テブナンの定理と対比して図3に示す．ただし，証明は他書を参照されたい．

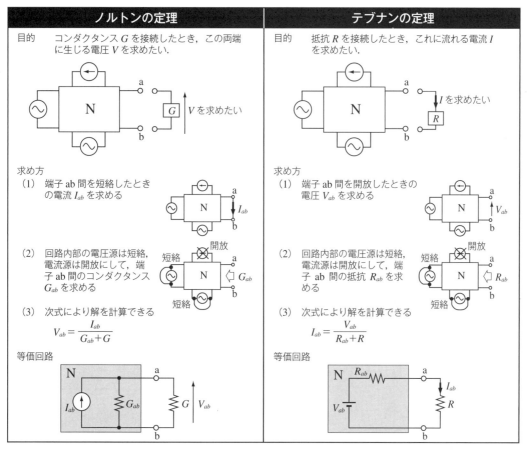

図3　ノルトンの定理とテブナンの定理

ノルトンの定理の応用例として**ミルマンの定理**（Millman's theorem）がある．これは，図4に示す回路を対象としており，用途としては三相交流回路で中性点の電位を求める場合などに用いられる．

ミルマンの定理

目的 右図のように，抵抗と電圧源からなる枝が並列に接続されている回路において，電圧 V を求める．

定理の式

$$V = \frac{ab \text{ 間を短絡したときの各枝路の電流の和}}{\text{各枝路のコンダクタンスの和}} = \frac{\sum E_i G_i}{\sum G_i}$$

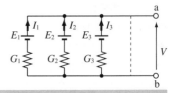

定理の証明その1

対象とする回路の電圧源を電流源に変換すると下の回路となり，ノルトンの定理より直ちに上の定理を得る．

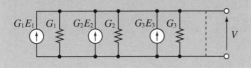

定理の証明その2

$V = E_i - \dfrac{I_i}{G_i}$ より $I_i = (E_i - V)G_i$

また，キルヒホッフの法則から $I_1 + I_2 + I_3 \cdots = 0$ がいえるから

$$\sum I_i = \sum E_i G_i - V \sum G_i = 0$$

これらの式より定理の式を導ける．

図4 ミルマンの定理

【例題2】 ミルマンの定理を使って図 5 (a) の回路における I を求めよ．ただし，$E_1 = 24$ V, $E_2 = 20$ V, $E_3 = 16$ V, $R_1 = 2\,\Omega$, $R_2 = 10\,\Omega$, $R_3 = 5\,\Omega$ である．

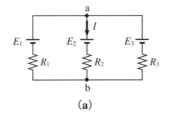 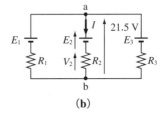

(a) (b)

図5

〈解法〉 単純に $I = E_2/R_2 = 2$ A としては誤りである．図 5 (a) において端子 ab を短絡すると，短絡電流 I_S は

$$I_S = \frac{E_1}{R_1} + \frac{E_2}{R_2} + \frac{E_3}{R_3} = \frac{24}{2} + \frac{20}{10} + \frac{16}{5} = 17.2 \text{ A}$$

また，合成コンダクタンス G_T は

$$G_T = \frac{1}{R_1} + \frac{1}{R_2} + \frac{1}{R_3} = \frac{1}{2} + \frac{1}{10} + \frac{1}{5} = \frac{8}{10} \text{ S}$$

これより，端子 ab 間の電圧 V は

$$V = \frac{I_S}{G_T} = \frac{172}{8} = 21.5 \text{ V}$$

図 5 (b) に示すように，$V_2 = 21.5 - E_2 = 1.5$ V．したがって，$I = V_2/R_2 = 1.5/10 = 0.15$ A．　　□

上の解法はミルマンの定理の適用と見ることもできる．また，適用できる他の定理としてキルヒホッフの定理（ループ電流法），重ね合せの定理，テブナンの定理などが候補としてあげられる．種々の解き方を試すことも回路のセンスを高めることにつながる．

3 補償定理

補償定理（compensation theorem）は，素子の変化の影響を調べるときに有用である．この内容を図6に示す．

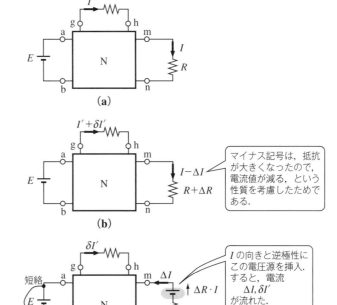

(a) 電圧 E をかけたとき
　　端子 mn 間に電流 I
　　端子 gh 間に電流 I'
　　が流れたとする．

(b) 抵抗が ΔR だけ変化すると電流も変化する．この変化を
　　$I \Rightarrow I - \Delta I$
　　$I' \Rightarrow I' + \delta I'$
　　で表したとき，この変化分
　　ΔI と $\delta I'$
　　の計算法を示したのが補償定理である．

(c) 計算法：図 (c) のように電圧源は短絡にして，次の特性を持つ電圧源（網掛け部分）
　　大きさ： $\Delta R \cdot I$
　　極性　： I と逆方向
　　を挿入する．挿入したときに流れる電流が求める解 $\Delta I, \delta I'$ である．

図6　補償定理

　この定理の目的は，図6(b)に示すように，ある一つの抵抗 R が変化したとき，各枝路に流れる電流の変化を調べることにある．この定理の基本的考え方は，抵抗の変化分 ΔR での電圧降下を打ち消す（補償する）極性の電圧源を図6(c)のように挿入すれば（他の電源は短絡だから，mn 間の電圧源のみが存在），重ね合せの定理により，電流の変化分だけが各枝路に流れることがいえる，というものである．この証明の詳細は他の成書を参照されたい．ここでは，定理の使い方を説明するため，次の例題を考える．

【例題3】 図7(a)の回路において，$R = 12\,\Omega$ のとき $I_1 = 1.5\,\mathrm{A}$，また，$8\,\Omega$ の抵抗に電流 I_2 が流れていた．R を $2\,\Omega$ に変化させたとき，I_1 と I_2 がどのように変化するかを補償定理を用いて求めよ．

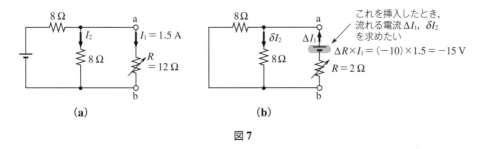

図7

4　他の回路網解析手法

〈解法〉 図7(a)の電源を短絡し，代わりの電圧源を端子ab間に挿入した図7(b)の回路を考える．このとき，抵抗 R の変化は $12 \to 2\,\Omega$ に減少したのだから，$\Delta R = -10\,\Omega$ となることに注意されたい．したがって，図7(b)に挿入されている電圧源の極性は図6の説明に合わせて上向きにしてあるが，実際は，下向きである．このことは，抵抗 R の値が減ったのだから，電流は増加する，という定性的事実と合致する．

次に，図7(b)の回路において，電圧源から見た合成抵抗 R_T は

$$R_T = 2 + \frac{8 \times 8}{8+8} = 6\,\Omega$$

より

$$\Delta I_1 = \frac{-15}{R_T} = \frac{-15}{6} = -2.5\,\text{A}$$

これより，$I_1 \to 1.5 - (-2.5) = 4\,\text{A}$ に変化する．次に，R が変化する前，端子ab間の電圧は $12 \times 1.5 = 18\,\text{V}$ であったから $I_2 = 18/8 = 2.25\,\text{A}$ が下向きに流れていた．一方，ΔI_1 の流れは，二つの $8\,\Omega$ の抵抗で等しく分流されるから，δI_2 の大きさは $1.25\,\text{A}$ である．ΔI_1 の方向および図7(b)に示す δI_2 に注意すると $I_2 \to 2.25 - 1.25 = 1\,\text{A}$ に変化する．

□

演習問題

【1】 図P1の回路において，各抵抗器に流れる電流 I_1, I_2, I_3 を求めよ．ただし，電流の方向を明らかにすること．

【2】 図P2の回路において，R_2 の抵抗器には $25\,\text{mA}$ の電流が流れている．抵抗 R_2 および ab 間の電位差 V_{ab} を求めよ．

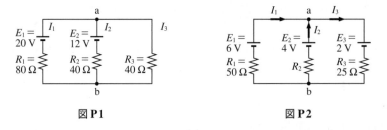

図 P1　　　　　図 P2

【3】 図P3に示す回路を考える．この回路において，(ⅰ) V_1 はいくらか，(ⅱ) I, I_1, I_2 はいくらか，(ⅲ) V_2 はいくらか，(ⅳ) 抵抗 R_1 の値を求めよ．

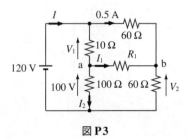

図 P3

【4】 図P4に示すようにループ電流を定めるとき，各閉回路（Ⅰ），（Ⅱ），（Ⅲ）に対するキルヒホッフの電圧に関する式を立てよ．

【5】 重ね合せの定理を用いて，図P5(a)に示す回路の各枝に流れる電流 I_1, I_2, I_3，および図P5(b)に示す回路の電流 I を求めよ．

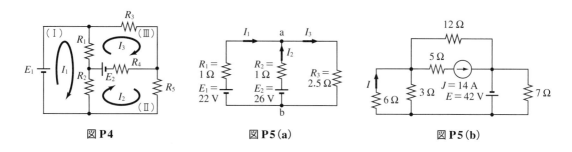

図P4　　　　図P5(a)　　　　図P5(b)

【6】 図P6(a)〜(c)の回路において，テブナンの定理を用いて電流 I を求めよ．

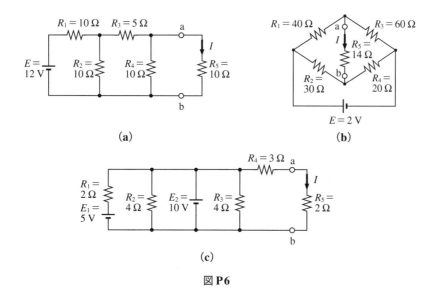

図P6

【7】 図P7の回路において，SWを入れないときの V_{ab} を求めよ．次に，SWを入れたときの V'_{ab} を求めよ．

【8】 図P8(a), (b)の回路において，それぞれ端子abから見た合成抵抗を求めよ．

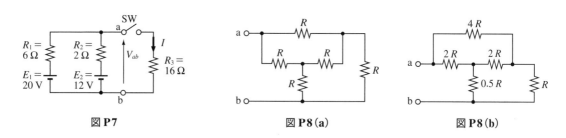

図P7　　　　図P8(a)　　　　図P8(b)

【9】 図P9の回路において，ab間の合成抵抗および各抵抗器に流れる電流を求めよ．

【10】 図P10の回路において，電流 I を求めよ．

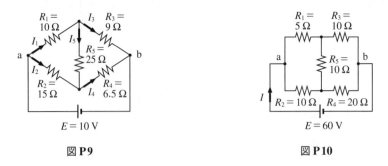

図P9　　　　　　　　図P10

【11】 図P11の回路において，R_4の抵抗器に流れる電流 I を求めよ．

【12】 図P12の回路において，SWを入れたときの電圧 V_{ab} をノルトンの定理を用いて求めよ．

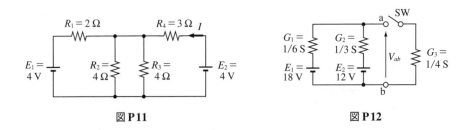

図P11　　　　　　　　図P12

【13】 前問と同じ内容で，ミルマンの定理を用いて，G_3の抵抗器に流れる電流を求めよ．（ヒント：G_3と同じ枝に $E_3 = 0$ の電圧源を挿入すると，定理を適用できる）

【14】 図P13の回路において，R_4の抵抗器に流れる電流を補償の定理を用いて求めよ．

【15】 図P14の回路において，R_1 が $1\,\Omega$ から $1+\Delta R\,[\Omega]$ に変化したとき，R_L の抵抗器の両端に現れる電圧 V_{cd} を求めよ．

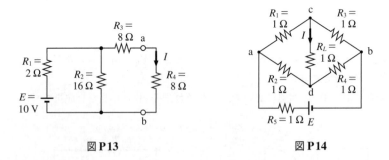

図P13　　　　　　　　図P14

96　2章　直流回路網解析

3章 正弦波交流

1 正弦波交流の発生
2 交流波形の表現
3 複素ベクトル表現
　演習問題

1 正弦波交流の発生

> ▼ 要 点
>
> **1 交流とは**
> ▶ 交流とは，電流の方向が一定期間ごとに逆向きになるもの
>
> **2 発生原理**
> ▶ 交流起電力の発生はコイルの回転に起因する ⇒ 正弦波となる
>
> **3 角度と角周波数**
> ▶ 交流起電力 $e = E_m \sin \omega t$ 〔V〕，角周波数 ω〔rad/s〕，周波数 f〔Hz〕，$\omega = 2\pi f$

1 交流とは

本節より，回路の電源を交流起電力にする．初めに，交流の性質について見てみよう．図 1 (a) に示す回路の端子 ab 間の電圧をオシロスコープ（oscilloscope）で観測した波形は図 1 (b) のようになる．図 1 (c) は，回路に流れる電流 i のイメージ図である．

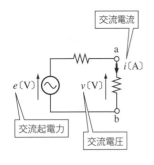 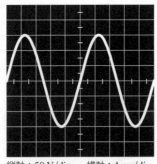 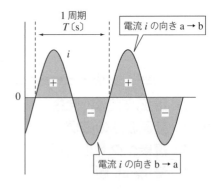

(a) 交流起電力　　(b) v のオシロスコープによる観測　　(c) 交流波形 i の説明

図 1　交流波形の観測

図 1 (b)，(c) の波形を見ると

　　ある一定期間　　図 1 (a) で a 点の電位は b 点より高い ⇒ 電流は a→b に流れる．
　　次のある一定期間　図 1 (a) で b 点の電位は a 点より高い ⇒ 電流は b→a に流れる．

であることがわかる．このように，**電流**の流れる方向が**交替**し続ける．このような状態を**交流**（**AC, alternating current**）という．これに対する言葉が**直流**（**DC, direct current**）である．

図 1 (a) において，交流起電力，電圧，電流をそれぞれ e, v, i と表記している．本書では，小文字で表現された記号は時間とともに変化するもの（これを時間関数，または瞬時値表現と称する）を意味する．他書では，時間関数を陽に表現するため，$e(t), v(t), i(t)$ と表記する場合があるが，本書では簡略表現を採用し "(t)" を省略する．

2 発生原理

図2(a)に示すように，一様な磁界中にコイルを配置し，これを何らかの方法で回転させたとしよう．

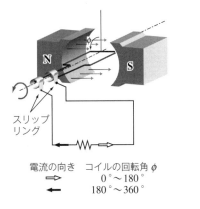

(a) 発電機の原理図

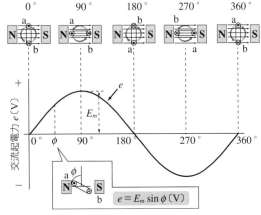

(b) 正弦波起電力の発生過程

図2 正弦波交流起電力の発生原理

このとき，図2(b)に示すように，フレミングの右手の法則に従う向きに起電力がコイルに発生し，この起電力は，コイルの回転角が ϕ のとき，磁束密度 B [T]，コイル長 l [m]，コイルが磁束を切る速度 v [m/s] から，次式で与えられる（この詳細は，電磁気学，電気機器学など他の成書を参照されたい）．

$$e = 2Blv\sin\phi = E_m\sin\phi \text{ [V]} \tag{1}$$

ここに，$E_m = 2Blv$ とおいた．この値は交流起電力の最大値であり，添字の m は最大（maximum）を意味する．また，ϕ [rad] はコイルの面と磁界に垂直な面との角度である．

式(1)で注目する点は，発電機の場合 B, l, v が一定であるため E_m が一定値であること，発生する起電力の波形が**正弦波**（**sine wave**）をなすこと，この2点である．多くの発電機の構造原理は図2のようであるから，身の回りで観測される交流は正弦波である．

3 角度と角周波数

発電機のコイルは，一定角速度で回転するから，直進運動において距離 x [m] が速度 v [m/s] と時間 t [s] の積で表現されるように，式(1)の ϕ [rad] は**角周波数**（**angular frequency**）ω [rad/s] と時間 t [s] の積で表現できる．すなわち

$$\phi = \omega t \quad ([\text{rad}] = [\text{rad/s}][\text{s}]) \tag{2}$$

式(1), (2)より次式を得る．

$$e = E_m\sin\omega t \text{ [V]} \tag{3}$$

式(1)～(3)において，角度は全て弧度法で表現されている．弧度法とは，円を1周する角度を360°の代わりに 2π [rad] で表現するものであった（0章3節参照）．

電気回路論では，交流波形を表現する要素は大別して位相（角周波数×時間，位相角など）と振幅（最大値，実効値など）がある．これらは，全て式(3)の見方であり，技術の現場において重要な用語である．次節では，これらについて言及する．

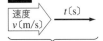

2 交流波形の表現

▼要点

1 正弦波の表現項目
▶ 交流波形 $A \sin(\omega t + \theta)$ の見方：位相 $(\omega t + \theta)$ と振幅 A

2 位 相
▶ 周期 T〔s〕，周波数 f〔Hz〕，角周波数 ω〔rad/s〕：$f = 1/T$, $\omega = 2\pi f$
▶ 位相とは，ある時間 t_0 における $\omega t_0 + \theta$〔rad〕をいう．位相角は $t = 0$ のときの θ〔rad〕を指す．位相差 $\theta_1 - \theta_2$〔rad〕

3 振 幅
▶ 最大値（ピーク値）A，ピークピーク値 $2A$，実効値 $A/\sqrt{2}$，平均値 $2A/\pi$

1 正弦波の表現項目

電気回路論における正弦波の表現について，次の正弦関数を例にとって説明する．

$$A \sin(\omega t + \theta) = A \sin(2\pi f t + \theta) \tag{1}$$

これがどのような正弦波であるかを表現する用語を図1の網掛けで示す．

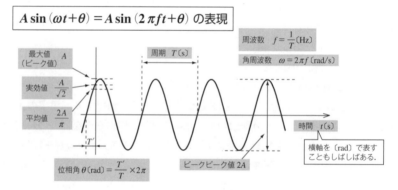

図1 電気回路における正弦波の表現項目

図に示す用語を大別すると"位相"に関するものと"振幅"に関するものとの二つにグループ分けされる．

位相（phase）	： 周波数，周期，角周波数，位相角，時間
振幅（amplitude）：	最大値（ピーク値ともいう），ピークピーク値，実効値，平均値

位相という語は理解しにくいようであるが，電気回路論の骨子を成す複素ベクトル表現を理解するために重要な概念であるので，位相に対して親近感を抱いてほしい．

2 位 相

位相は，電気工学において，同じ周波数の正弦波を比較するために用いられる．位相を知るために，初めに周波数と周期を説明し，この後に位相と周波数（または角周波数）との関係，位相角の順に解説する．

▶ **周期，周波数と角周波数**　図2(a)に示すように，$0, E_m, 0, -E_m, 0$ の点を通る曲線で一つの波ができる．これを **1サイクル**（**cycle**），または，**1周波**ともいう．このとき，次の用語がある．

　周期 T（period）：1サイクルが要する時間．単位は [s] である．

　周波数 f（frequency）：1秒ごとのサイクルの数．単位は [Hz]（**ヘルツ**）である．

　　本来は，1秒ごとの意味であるから [s^{-1}] である．しかし，電波の存在を確認したヘルツ（Heinrich Hertz, 独, 1857〜1894）の頭文字をとり，インダクタンスの単位である [H] と区別して [Hz] を用いる．Hz は，英語読みでハーツと聞こえる．

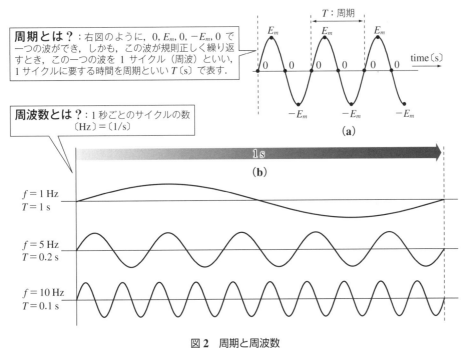

図2　周期と周波数

上記の定義より，周期と周波数には次の関係がある．

$$f = \frac{1}{T} \, [\text{Hz}] \qquad T = \frac{1}{f} \, [\text{s}] \tag{2}$$

なお，身近に観測される周波数とその用途を表1に示す．

表1　周波数帯と用途

周波数	用途
50，60 Hz	商用電圧電源（東日本，西日本）
20〜20 000 Hz	オーディオ装置
531〜1602 kHz	日本の AM ラジオ（9 kHz 間隔で 9 の倍数）
30〜300 MHz	VHF（very high frequency）．主に，日本の FM ラジオ（76.1〜94.9 MHz），業務用移動通信など
300 MHz〜3 GHz	UHF（ultra high frequency）．主に，携帯電話，無線 LAN（2.4 GHz 帯）など
3 GHz〜30 GHz	SHF（super high frequency）．主に，TV，BS や CS の衛星放送，無線 LAN（5 GHz 帯），ETC など
30 GHz〜300 GHz	EHF（extremely high frequency）．主に，無線通信，車載レーダなど．電波の直進性は高いが降雨で減衰が大きく光ファイバ伝送路もよく用いられる．

次に，弧度法は（0章3節4項参照），円弧の長さ l〔m〕を角度 θ〔rad〕と半径 r〔m〕の積で表現するものであり，角度の単位は〔rad〕（radian）を用いる（図3）．

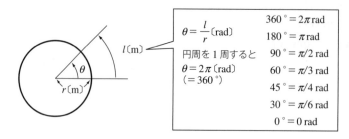

図3　弧度法

これを踏まえて，正弦波の1サイクルは円周上の1回転（360°＝2π〔rad〕）に相当することに注意されたい（図4）．

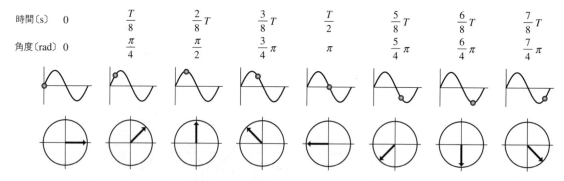

図4　角度に対する正弦波の値と円周上の位置との関係

もともと，〔Hz〕は1秒ごと（〔s^{-1}〕）を意味するものであったから，周波数が f〔Hz〕ということは，図4に示す矢印が1秒間に円を f 回ぐるぐると回転することに等しい．この回転する周波数が角周波数 ω〔rad/s〕である．

これまでの説明より，1Hz ならば $1\times 2\pi$〔rad/s〕，3Hz ならば $3\times 2\pi$〔rad/s〕の角周波数に相当するから，周波数と角周波数との間には次の関係がある．

$$\omega = 2\pi f \text{〔rad/s〕} \tag{3}$$

ここで，周波数 f を直接正弦関数の引数にして $\sin(f)$ と表現する誤った例を見掛ける．正弦関数の引数の単位は〔rad〕であるから，周波数 f を引数にするには，式(3)を用いて f〔Hz〕を ω〔rad/s〕に変換し，さらに t〔s〕を乗じて ωt〔rad〕としなければならない．

ところで，周波数が高いほど（周波数が大きいとはいわない）周期が短くなる（逆も然り）．一方，正弦波の1周期を角度で見ると 2π〔rad〕であり，この値は周波数（角速度）に関係しない．このため，図5に示すように，横軸が時間 t〔s〕で観測された正弦波の周波数が幾つであろうが，その1周期は 2π〔rad〕なのだから，横軸を〔rad〕とするグラフに変換してみれば，周波数を意識しなくてもすむ．後に示す複素数を用いた回路解析では，**動きを表す周波数（または角周波数）を除いて，止まって見える位相（角度）関係のみを考える**ので，これは役に立つ見方である．

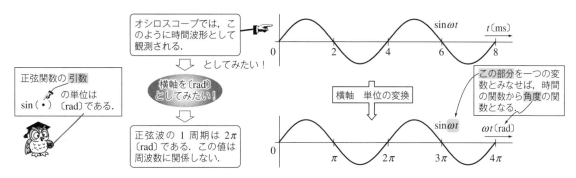

図5 正弦波の見方における横軸の取り方

▶ **位相角，位相と位相差** 電気工学では，角度を表す語として偏角と位相角という語を用いる．偏角は，後の複素ベクトル表現のときに用いられ，位相角は主に時間 t が関係する場合に用いられる．ここでは，角度，偏角，位相角の用語が持つ意味の差異を図6に説明する．

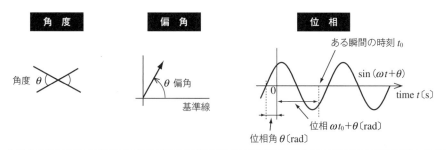

角度（angle）：線・面が交わってできる**角**の大きさの度合いを意味する．角度は偏角，位相角両方を包含する広い意味での角を意味するため，工学で用いるにはあいまいすぎる．このため，角度という言葉の代わりに，どのような角度であるかを明白にしている偏角か位相角が用いられる．

偏角（argument）：ある基準線からどれだけ**偏**っているかの**角度**を意味する．したがって，偏角という用語を用いるときには，必ず基準線が必要である．

位相（phase）：初めに，**相**という語は外に表れる状態を意味する．この意味を踏まえて，位相という用語は，周期運動においてある瞬間の位置での状態（すなわち**相**）を意味する．したがって，相は時間因子（ここでは t を指す）を含むことになる．

図6 角度，偏角，位相

図6に示す三つの θ の単位はすべて〔rad〕であることに留意されたい．次に，図6の位相角を説明する．図に示す正弦関数を見て，ある時刻 t_0 で瞬間的に時間を止めて観測したとする．このとき，角度（$=\omega t_0 + \theta$）は定まった状態となる．この状態が相に相当する．これより $\sin(\omega t + \theta)$ について次の用語が定義されている（図7）．

◇ **位相** ある時刻 t における $\omega t + \theta$〔rad〕を指す（必ず時間 t を指定すること）
◇ **位相角** $t = 0$ における位相（図6に示す θ〔rad〕）を特に位相角という

図7にこれらの説明を要約して示す．

線形回路を対象とした交流回路論において，ωt は各電圧，電流を表す正弦波において共通なものであるから，これを除外して，各正弦波の θ のみで比較することが多い．このため，θ を位相と称することもあり，位相と位相角を厳密に区別していない場合もある．

2 交流波形の表現 103

図7 正弦関数の位相

一方，私達は角度の単位として〔°〕の方が直感的に認識しやすい．したがって，正弦関数の引数に〔°〕を付けて表現することがある（図8）．この場合，ωt の単位も〔°〕でなければならず，ω の単位は〔°/s〕であることも明記すべきであるが，本書では単に ωt と表示しておく．なお，電卓では，角度の単位を〔rad〕または〔°〕のどちらでも計算できるが，コンピュータ用プログラム言語の三角関数は単位を〔rad〕に定めているのが一般的である．

> 異なる単位の物理量の加算はできない．
> → 0章2節参照

図8 正弦関数の引数の単位の相違

次に，**位相差**（**phase difference**）という用語は次で定義される．

◇ **位相差** 同一周波数の二つの交流の位相角の差を示し，その単位は〔rad〕である．角度（または時間）の前後関係より，**進み**（**lead**）と**遅れ**（**lag**）および**同相**（**in-phase**）の表現がある．

例えば，図9に示す v_0, v_1 と v_2 の位相差を比較するために，まず，比較の基準となる波を決めなければならない．図9の例では，v_0 を基準として考えている．

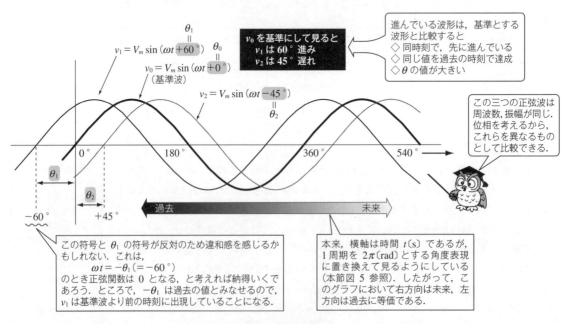

図9 位相差の説明

104   3章 正弦波交流

位相差を比較するとき，見るべき点は
(i) 波形で比較する
(ii) 式で比較する

の2通りが考えられる．両者それぞれの観点から図9を見てみよう．

(i)の観点から考えるとき，図9を見ると基準となるv_0よりv_1の方が前の時刻（横軸の左方向が過去となる）において同じ値を**過去の時刻に達成**している．したがって，v_1はv_0より60°進んでいることがわかる．次に，(ii)の観点に立ち，次の2式の比較を行う．

$$v_0 = V_m \sin(\omega t + \theta_0)$$
$$v_1 = V_m \sin(\omega t + \theta_1)$$

v_0を基準にするならば，

$$\text{位相差} = \text{比較したい位相角} - \text{基準とする位相角} = \theta_1 - \theta_0 \,[\text{rad}] \quad (4)$$

を考えればよい．図9の例で，この計算は$+60°$となり，v_1の方がv_0より進んでいるという．同様の考え方により，v_2はv_0よりも45°遅れていることがわかる．また，式(4)に示す位相差が0のときは同相である．

【例題1】 $T = 20$ ms の正弦波の周波数，角周波数を求めよ．ただし，単位をつけること．

答 $f = 50$ Hz, $\omega = 100\pi$ [rad/s]

【例題2】 $20\sin(500t + 40°)$の周波数と位相角を求めよ．次に，$t = 30$ ms における位相を求めよ．ただし，角度の単位は[°]とする．

答 $f = 250/\pi$ [Hz], $\theta = 40°$, 位相 $= 55°$

【例題3】 周期が同じである二つの正弦波を比べて，どちらが何[rad]進んでいるのかを考える．式(5)の例と図10の例，それぞれに答えよ．

$$\begin{cases} v_1 = \sin(100t + 10) \\ v_2 = \sin(100t + 18°) \end{cases} \quad (5)$$

〈解法〉 式(5)において，位相角の単位が両者異なっていることに注意．題意は[rad]を要求しているから，v_2の位相角は0.1π[rad]．したがって，v_1の方が$10 - 0.1\pi \approx 9.69$ rad 進んでいる．次に，図10の正弦波の周期は20 ms である．1周期は2π[rad]に相当するのだから，求める位相差xは次の

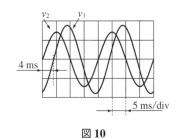

図10

計算，20 ms : 2π[rad] = 4 ms : x[rad] より，$x = 0.4\pi$[rad] を得る．これより，v_2の方が0.4π[rad] 進む．

□

3 振 幅

電気回路に現れる正弦波の振幅値表現には，**最大値**（maximum value，または**ピーク値**（peak value）），**ピークピーク値**（peak-to-peak value），**実効値**（effective value），**平均値**（mean value）が用いられる．このうち，最大値とピークピーク値は図1に示すとおりで，オシロスコープなどで観測したとき視覚的に認識しやすい値である．実効値と平均値の計算には，電気工学独特の考え方が用いられている．

▶ **実効値**　**実効**（**effective**）という語は，**実際の効力**を意味する．電気工学における実効値とは次のとおりである．

図11（a）に示す直流回路において，抵抗 R に直流電流 I が流れたとする．このとき，抵抗で消費する電力 P_D（添字の D は，DC の意味）は I^2R である．次に，図11（b）に示す交流回路において，同じ抵抗に交流電流を流す．このとき消費する電力（正確には，1周期にわたる時間に関する平均電力）P_A（添字の A は，AC の意味）が P_D と同じになるには，交流電流の最大値が直流電流 I の何倍であればよいか？ ということを考える．

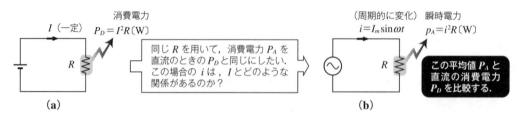

図11　実効値を定める方針

交流の**瞬時電力**（**instantaneous power**）p_A は次式で表現される．

$$p_A = i^2R = RI_m^2 \sin^2 \omega t$$
$$= \frac{1}{2}I_m^2R(1-\cos 2\omega t) = \frac{1}{2}I_m^2R - \frac{1}{2}I_m^2R\cos 2\omega t \tag{6}$$

この式を図示したのが図12（b）である．

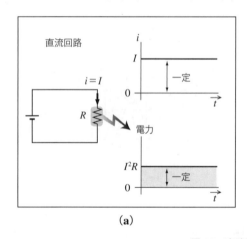
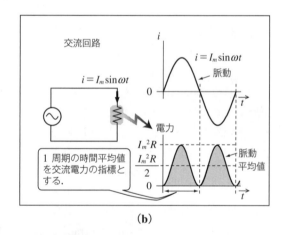

図12　直流回路と交流回路の電力

この図を見ると交流電力 p_A は周期的に変化していることがわかる．このため，P_D と同じに考えたいため，p_A の1周期（i の半周期に相当）の平均値 P_A を求めることとする．この平均値は，式（6）の最終式の右辺第2項の平均値がゼロであるから，直ちに

$$P_A = \frac{1}{2}I_m^2R \tag{7}$$

を得る．この値と P_D を等しいとおくと，次の結果が得られる．

$$\frac{1}{2}I_m^2 = I^2 \quad \therefore \quad I_m = \sqrt{2}I \tag{8}$$

これは，交流電流の最大値を直流電流の $\sqrt{2}$ 倍にすると，時間に関する平均電力の観点から，直流電流での消費電力と**実効的に等しい**ことを意味する．そこで，次の表現を用いた．
$$i = \sqrt{2}\, I \sin \omega t \tag{10}$$
この表現における I を実効値と称する．これで，実効値の正体は電力が同じという観点から見た大きさであることがわかった．

実効値は，電流のみならず，電圧に対しても使われる．これらをまとめて次に示す．

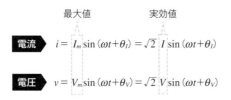

図 13 最大値と実効値の表現の比較

交流回路では，**特に指定がなければ，慣習上，値は実効値を意味する**．例えば，家庭のコンセントの AC 100 V の電圧といえば，これは実効値を指しており，最大値は $\sqrt{2} \times 100 \approx 141.42$ V である．

▶**平均値**　正弦波は正負対称であるから，1 周期を平均すると 0 となる（数学など他の分野では，正弦波の平均は 0 とすることが多い）．このため，電気工学では図 14 のように，半周期区間について平均をとる．この値を平均値といい，I_a（a は average）で表し，電圧の場合は V_a で表すものとする．

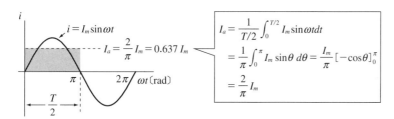

図 14 平均値の考え方

【例題 4】　最大値が 100 V の正弦波のピークピーク値，実効値と平均値を求めよ．
　　　　　ピークピーク値 200 V，実効値 $100/\sqrt{2}$〔V〕，平均値 $200/\pi$〔V〕

ここまでの説明から，位相と振幅の取扱いの違いを次に指摘しておく．
☞ 位相の値は時間 t に関係して変化するので，位相を見るときは時間 t を止めて考える．
☞ 電気回路で取り扱う振幅は，時間 t に依存しない表現を用いる．

=== ☕ *Tea break* ===

なぜ，交流か？　交流は変圧器によって簡単に電圧変換できる．一方，直流の電圧変換は複雑な機器を必要とする．このため，変圧器の開発に伴い交流が主流を占めるようになった．1890 年ごろ，当時の電気技術者達が，交流（ウェスティングハウス社とテスラ（N. Tesla，ユーゴスラビア，1865～1943，磁束密度の単位に名を残す）派）か直流（エジソン派）かをめぐって論争した．

3 複素ベクトル表現

> **▼要点**
>
> **1 正弦波とベクトル表現**
> ▶ ベクトルの大きさ＝正弦波の実効値，ベクトルの偏角＝正弦波の位相角
>
> **2 表現方法の演算比較**
> ▶ 瞬時値表現，複素ベクトル，複素数の演算比較．どれが便利か？

1 正弦波とベクトル表現

電気回路の解析において，正弦波を複素ベクトルで表現すれば，簡単な代数計算（加減乗除）で解析が行えることがスタインメッツ（米，1865～1923）により提唱され，これにより回路解析が飛躍的に進歩した．この恩恵を授かるため，ここでは，正弦波の複素ベクトル表現について学ぶ．

正弦波は図1(c)に示すように，時間 t とともに変化し，かつ，扱いが複雑である正弦関数で表現される．これと異なる正弦波の表現を考えるため，角周波数 ω を除いて，大きさと位相（位相角，位相差）のみに注目する．そして，次の約束を持つようなベクトルを考える．

$$\text{ベクトルの大きさ} = \text{正弦波の実効値（本節から，絶対値記号}|\cdot|\text{で表す）}$$
$$\text{ベクトルの偏角} = \text{正弦波の位相角}$$

この約束に基づいたベクトル V と I を図1(b)に示す（この図の平面が何であるかはまだ考えない）．

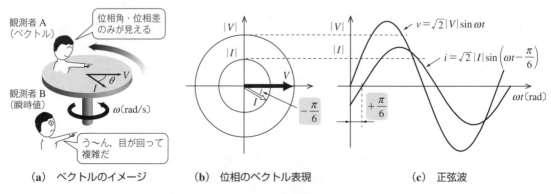

(a) ベクトルのイメージ　　(b) 位相のベクトル表現　　(c) 正弦波

図1　正弦波からベクトル表現への変換イメージ

このような表現の利点は，図1(a)のイメージ図のように，あたかも観測者 A が角周波数 ω で回転するターンテーブルに乗って観測したとすると，ベクトル V, I とも同じ角周波数なのだから，角周波数を意識することなく，時間によらず不変な位相関係（または位相差）のみがはっきりと見える．

このベクトルは，位相関係を表すのだから**フェーザ**（**phasor**）という名称が与えられている．フェーザという用語は，phase vector（位相を伴うベクトル）の合成語であり，

電気工学の分野では例えば $V = 100 \angle 30°$ 〔V〕のように，大きさと位相を表現する形式を指す．これは，0章で示した複素ベクトルの極形式にほかならないから，フェーザと極形式を同一視できるので，本書では，極形式という用語を用いることとする．また，複素ベクトルを単にベクトルと称することとする．さらに，複素平面上で図として考えるときは主にベクトルという語を用い，式で考えるときは複素数という語を用いるが，この両者を同一視してもかまわない．

ここで，図1(b)に示すベクトルは，ベクトル同士の四則演算が可能であり（0章4節参照），かつベクトルが存在する平面は複素平面であることに留意されたい．また，表現に関する名称として，瞬時値，複素数としての極形式と直交形式がある（図2）．各変数の変換関係は0章4節を参照されたい．

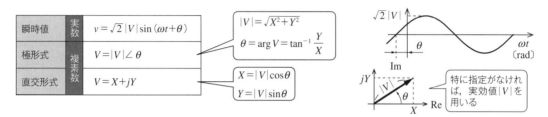

図2 表現の種類；瞬時値，極形式，直交形式

【例題1】 $V = 100 \angle 30°$ 〔V〕の瞬時値表現を示せ．ただし，$f = 5$ kHz とする．

答 $v = \sqrt{2}\,100 \sin(10^4 \pi t + \pi/6)$ 〔V〕

2 表現方法の演算比較

各表現の加算の労力の比較を行う．例えば，次の二つの瞬時値の加算を考える．

$$\begin{cases} v_1 = \sqrt{2}\,|V_1|\sin(\omega t + \theta_1) \\ v_2 = \sqrt{2}\,|V_2|\sin(\omega t + \theta_2) \end{cases} \quad (1)$$

この加算は次となる．

$$\begin{aligned}
v_1 + v_2 &= \sqrt{2}\,\{|V_1|(\sin\omega t \cdot \cos\theta_1 + \sin\theta_1 \cdot \cos\omega t) + |V_2|(\sin\omega t \cdot \cos\theta_2 + \sin\theta_2 \cdot \cos\omega t)\} \\
&= \sqrt{2}\,\{\underbrace{(|V_1|\cos\theta_1 + |V_2|\cos\theta_2)}_{a}\sin\omega t + \underbrace{(|V_1|\sin\theta_1 + |V_2|\sin\theta_2)}_{b}\cos\omega t\} \\
&= \sqrt{2}\,(a\sin\omega t + b\cos\omega t) \\
&= \sqrt{2}\,\sqrt{a^2+b^2}\left(\underbrace{\frac{a}{\sqrt{a^2+b^2}}}_{\cos\varphi}\sin\omega t + \underbrace{\frac{b}{\sqrt{a^2+b^2}}}_{\sin\varphi}\cos\omega t\right) \\
&= \sqrt{2}\,\sqrt{a^2+b^2}\,\sin(\omega t + \varphi),\quad \varphi = \tan^{-1}\frac{b}{a} \quad (2)
\end{aligned}$$

（φ：ファイと発音する）

これより，実効値は $\sqrt{a^2+b^2}$，位相角は $\varphi\,(=\tan^{-1}b/a)$ である．この結果，角周波数が同じであるならば，振幅，位相が異なっていても二つの正弦波の加算はやはり正弦波となる．この実例を図3に示す．

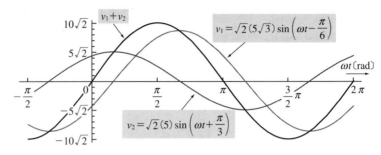

図3　二つの正弦波の加算

一方，これと同じことを複素数で考える．v_1, v_2 の複素数表現をそれぞれ

$$\begin{cases} V_1 = |V_1|\angle\theta_1 \\ V_2 = |V_2|\angle\theta_2 \end{cases} \tag{3}$$

とおくと

$$V_1 + V_2 = |V_1|(\cos\theta_1 + j\sin\theta_1) + |V_2|(\cos\theta_2 + j\sin\theta_2) \quad \leftarrow \{\text{複素数の加算は直交形式で}\}$$

$$= \underbrace{(|V_1|\cos\theta_1 + |V_2|\cos\theta_2)}_{a} + j\underbrace{(|V_1|\sin\theta_1 + |V_2|\sin\theta_2)}_{b} \quad \leftarrow \{(\text{実部})+j(\text{虚部})\}$$

$$= \sqrt{a^2 + b^2} \angle \tan^{-1}\frac{b}{a}$$

これは，瞬時値表現での計算と同じ結果である．これより次の指摘がされる．

☞ 同一周波数の正弦波の和は，複素数表現して和を求めてもよい．

☞ 演算過程を比較すると，瞬時値表現より複素数での演算の方が計算ステップ数が少なく，さらに三角関数に関する加法定理などの公式を用いなくてすむ，という利点がある（もし，V_1, V_2 が初めから直交形式表現されているならば，さらに計算ステップは少ない）．

三つの表現としての瞬時値，ベクトル，複素数，それぞれによる加算の仕方の比較を表1に示す．

表1　各形式の演算過程の比較

	瞬時値による加算	ベクトルによる加算	複素数による加算
方法	$v = v_1 + v_2$ $= \sqrt{2}(5\sqrt{3})\sin\left(\omega t - \dfrac{\pi}{6}\right)$ $+ \sqrt{2}(5)\sin\left(\omega t + \dfrac{\pi}{3}\right)$ （＝面倒な式が続く） $= 10\sqrt{2}\sin(\omega t + 0°)$	（図：Im-Re平面上のベクトル図，5, 10, $5\sqrt{3}$）	$V = V_1 + V_2$ $= 5\sqrt{3}\angle\left(-\dfrac{\pi}{6}\right) + 5\angle\dfrac{\pi}{3}$ $= 5\sqrt{3}\left\{\cos\left(-\dfrac{\pi}{6}\right) + j\sin\left(-\dfrac{\pi}{6}\right)\right\} + 5\left\{\cos\left(\dfrac{\pi}{3}\right) + j\sin\left(\dfrac{\pi}{3}\right)\right\}$ $= 10\angle 0$
コメント	三角関数に関する公式を駆使する．	作図により求めることができる．結果の概観は直感的に認識しやすい．	演算部分は代数的（この場合，加減算のみ）に求まるため，簡単かつ機械的に計算できる．もちろん，解は厳密である．

この表からもわかるように，複素数（ベクトル）表現による加算は瞬時値表現を用いるよりもはるかに簡単である．他の演算（減算，乗除算）の比較については0章4節に述べてあるので参照されたい．

【例題 2】 図 4 において，$e_1 = 10\sqrt{2} \sin \omega t$ [V]，$e_2 = 8\cos(\omega t - 45°)$ [V] である．このとき，（ⅰ）e の直交形式，（ⅱ）e の実効値と位相角，（ⅲ）e の瞬時値形式を求めよ．

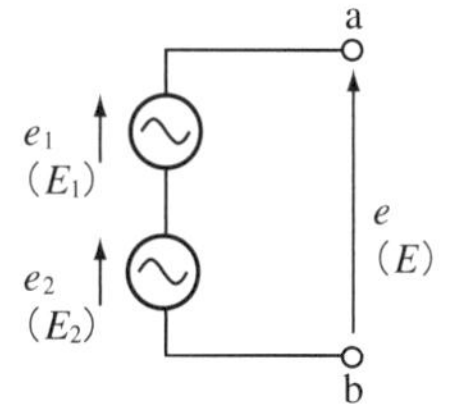

〈解法〉 図 4 における e または E は，次のような加算により求まる．
$$e = e_1 + e_2$$
$$E = E_1 + E_2$$
したがって，解を得るための方針は，e_1, e_2 の極形式を求め，これを直交形式 E_1, E_2 に変換する．この後，$E_1 + E_2$ が求めたい結果である．この直交形式の大きさと偏角が（ⅱ）の実効値と位相角となる．最後に e の瞬時値形式に変換すればよい．

余弦関数は正弦関数より位相が 90°進んでいる（$\cos\phi = \sin(\phi + 90°)$）ことに注意して，上記の方針に従うと

$$E_1 = 10\angle 0° = 10$$
$$E_2 = \frac{8}{\sqrt{2}} \angle (90° - 45°) = \frac{8}{\sqrt{2}} \angle 45° = \frac{8}{\sqrt{2}}(\cos 45° + j\sin 45°) = 4 + j4$$
$$\therefore\ E = 14 + j4 \quad \rightarrow \quad （ⅰ）の解$$
$$e\text{ の実効値} = |E| = \sqrt{14^2 + 4^2} = 2\sqrt{53} \approx 14.56 \quad \rightarrow \quad （ⅱ）の解$$
$$e\text{ の位相角} = \theta = \tan^{-1}\frac{4}{14} \approx 15.95° \quad \rightarrow \quad （ⅱ）の解$$

以上の結果より，e の瞬時値形式は次となる．
$$e = 14.56\sqrt{2} \sin(\omega t + 15.95°)$$

□

小文字は瞬時値，大文字は複素数表現．

図 4

上の結果において，交流の場合，e の実効値は e_1, e_2 の実効値を単純に加算した値にならないことに注意されたい．

【例題 3】 二つの交流電源 E_1, E_2 を交流電圧計で計測すると，それぞれ 100 V，60 V であった．これらを図 5 に示すように直列接続して，交流電圧計で端子 ab 間の電圧 E を計測したところ 140 V であった．このとき，E_1 を基準とした E の位相を求めよ．ただし，$\arg E_2 > \arg E_1$ とする．ここに，関数 $\arg E$ は E の偏角（argument）を表し，E の位相に相当する．

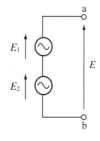

図 5

〈解法〉 100 V と 60 V を足して 160 V になるのでは，と疑問に思うようでは 0 章の複素数および本章の 1 節から見直してほしい．E_1 と E_2 の位相が一致したときのみ 160 V になる．この例では位相差があることを考えなければならない．

解を得るには，ベクトル図を描きながら考えると容易である．初めに，E_1 を基準ベクトルにとったときの E の位相を ϕ とする．E_2 の位相が E_1 の位相より進んでいるのだから，各電圧の位相関係は図 6(a) のようになる．図 6(b) に解説しているように，E_2 から考え出される直角三角形を E の先端に合わせるよう移動する．すると，図 6(c) に示すように，薄い実線で囲った直角三角形を考えることができる．この直角三角形から θ を求めることができる．θ がわかったならば，図 6(c) を見るとわかるように，E の位相 ϕ がわかる．

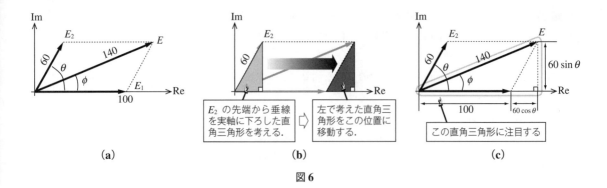

図6

この方針に従って考える．図6(c)に示す直角三角形に対し，三平方の定理を適用して

$$140^2 = (100+60\cos\theta)^2 + (60\sin\theta)^2$$
$$= 10^4 + 12\times 10^3 \cos\theta + 60^2(\cos^2\theta + \sin^2\theta)$$
$$= 13\,600 + 12\times 10^3 \cos\theta$$

を得る．これより

$$\cos\theta = \frac{1}{2}$$

$$\therefore\ \theta = 60°$$

この θ を図6(c)に当てはめて考えると，求める解は次となる．

$$\phi = \tan^{-1}\left(\frac{60\sin\theta}{100+60\cos\theta}\right) = \tan^{-1}\left(\frac{30\sqrt{3}}{130}\right) \approx 21.8°$$

□

備考　複素数表現において，ω はどこに消えたのであろうか？　電気回路論において，回路が線形であるならば，回路中の電圧，電流の角周波数は全て ω であることがわかっている．したがって，全てに共通な ω はわかっているものとして除外する，という考え方である．次に，複素数を用いたほうが計算が簡単，というのは ω が同じである，という条件を必要とする．もし，ω が異なる場合には，複素表現を用いることはできず，正弦関数を扱うしかない．

 Tea break

交流理論の開祖　スタインメッツ（K.A.R. Steinmetz, 1865〜1923）　ドイツのシレジア（現在のポーランド）生まれ，大学時代はドイツが農業国ということもあり，電気工学の講義を受けていなかった．在学中に反政府運動を行ったことから卒業後スイスに亡命，この1年後にアメリカへ移民として渡った．ここで，アイチマイヤーが経営する工場で働きながら，強磁性体のヒステリシス損失が最大磁束密度の1.6乗に比例する法則を発見．その後，GE社に移り，1893年，複素数を用いて交流回路を直流回路と同じように簡単に計算（代数計算を主とした計算）できることを見出し，高性能電力機器設計を簡単に計算する手法の道を開いた．

演習問題

【1】 $v = 200\sin(100\pi t - \pi/6)$ [V] について，最大値，ピークピーク値，実効値，平均値，周波数，角周波数，位相角，$t=12.5$ [s] のときの位相を求めよ．ただし，角度については全て [rad] で表現すること．

【2】 $e = 100\sin(\omega t + 30°)$ [V] を直交形式と極形式（複素数），$I = 100\angle(-5\pi/12)$ [A] を瞬時値形式で表現せよ．

【3】 $v = 10\sin(100\pi t + \pi/6)$ [V]，$i = 5\sin(100\pi t + \pi/4)$ [A] を時間軸を横軸としたグラフに描け．また，どちらが何 [rad] 進んでいるか．

【4】 図 P1 の v_1, v_2 を瞬時値形式で表せ．ただし，v_1 の位相角を $0°$ とする．

【5】 図 P2 の i_1, i_2 の周波数は 200 Hz である．位相差は何 [ms] に相当するか．

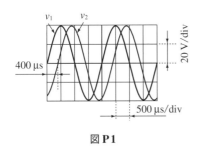

図 P1

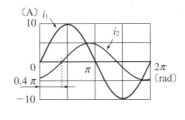

図 P2

【6】 位相差が $15°$ の二つの正弦波がある．一方が最大値に達した後に他方が最大値に達するまでの時間は，次の各周波数の場合において何 [ms] か．
（i） $f = 50$ Hz　　（ii） $f = 60$ Hz　　（iii） $f = 1$ kHz

【7】 基準電圧より $30°$ 進んだ実効値 100 V の電圧を，瞬時値形式，極形式，直交形式で表現せよ．

【8】 $I = 5\sqrt{3} + j5$ [A] を瞬時値形式で表せ．ただし，周波数は 50 Hz とする．

【9】 $V = 50 + j50\sqrt{3}$ [V] を $30°$，$45°$，$90°$，$120°$ 進ませたものを極形式で表現せよ．

【10】 次の（i）～（iv）において，電圧を基準としたときの電流の位相差を [°] で表現せよ．

（i） $v = \sqrt{2}E\sin(\omega t + 45°)$ [V]，　$i = \sqrt{2}I\sin(\omega t + \pi/4)$ [A]

（ii） $v = 200\cos\left(\omega t - \dfrac{\pi}{2}\right)$ [V]，　$i = 5\sin\left(\omega t + \dfrac{\pi}{6}\right)$ [A]

（iii） $V = 20\sqrt{3} + j20$ [V]，　$I = 1 - j$ [A]

（iv） $V = 50\angle 50°$ [V]，　$I = 2\angle(-10°)$ [A]

【11】 図 P3 において，電圧 e_1 と e_2 は次の値とする．

$$e_1 = 100\sqrt{3}\sin\left(\omega t + \frac{\pi}{6}\right), \quad e_2 = 50\sin\left(\omega t - \frac{\pi}{3}\right)$$

このとき，e を瞬時値形式で示せ．

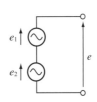

図 P3

【12】 図 P4 において，電流 i と i_1 は次の値をとるとする．
$$i = 10\sqrt{2}\sin\omega t, \quad i_1 = 20\sin\left(\omega t - \frac{\pi}{4}\right)$$
i_2 の複素数表現を I_2 とするとき，これを極形式で示せ．

【13】 図 P5 に示す回路において，交流電流計 A_1, A_2, A_3 の指示はそれぞれ 10 A，8 A，15.6205 A であった．I_1 を基準とした I の位相を求めよ．ただし，$\arg I_1 > \arg I_2$ とする．

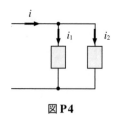

図 P4

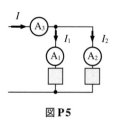

図 P5

4章 交流回路素子

1 *RLC* 素子とその性質
2 インピーダンスとアドミタンス
3 $V = ZI$, $I = YV$ の複素数計算
  演習問題

1 RLC素子とその性質

▼ 要点

1 交流回路素子の名称と記号

2 RLC素子の電圧・電流特性

▶ インダクタ ⎍⎍⎍ , インダクタンス L〔H〕, i は v より 90°遅れる $V = j\omega L I$

▶ キャパシタ ─╂─ , キャパシタンス C〔F〕, i は v より 90°進む $V = -j\dfrac{1}{\omega C}I$

▶ 抵抗器 ⎍⋀⎍ , 抵抗 R〔Ω〕, i と v は同相 $V = RI$

1 交流回路素子の名称と記号

交流回路で用いられる抵抗器，インダクタ，キャパシタ，それぞれの記号，値，単位，呼び方を表1に示す．

表1 交流回路素子の名称と記号

素子名	素子の記号	値	値の記号	単 位	呼び方
抵抗器（resistor）	⎍⋀⎍	抵抗（resistance）	R	〔Ω〕	オーム（ohm）
インダクタ（inductor）	⎍⎍⎍	インダクタンス（inductance）	L	〔H〕	ヘンリー（henry）
キャパシタ（capacitor）	─╂─	キャパシタンス（capacitance）	C	〔F〕	ファラド（farad）

抵抗器については，2章ですでに述べた．インダクタは図1(a)に示すように導線を巻いたもので，磁束を発生し磁気エネルギーを蓄えたり放出したりする．キャパシタは二つの電極を平行に配置して図1(b)に示すようにセラミックやポリエステルなどで覆ったもので，電荷を蓄えて静電エネルギーを蓄えたり放出したりする．

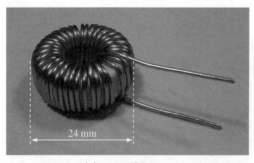

(a) インダクタ

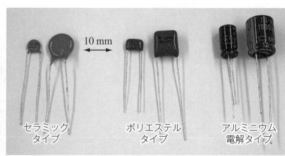

(b) キャパシタ

図1 インダクタとキャパシタ

これらの説明を行う前に，邦書ではこれらに対し複数の名称が用いられている．本書は，正式名称を用いることとし，他の名称との差異を明らかにしておけば，他の成書を読むときに混乱が生じないように，という配慮から名称に関する説明を表2に示す．

表2　交流回路素子の名称

インダクタそれともコイル？

　導線をぐるぐる巻いたものをコイル（coil）またはソレノイド（solenoid）という．coil は，ぐるぐる巻く，という動詞の意味があり，The vine coils around the post（つるは柱に巻きついている）などという用いられ方をする．ソレノイドはコイルの細長いものを指し，日本語訳では線輪筒，筒形コイルと称される．ソレノイドの接頭語の solen- は導管，管，管状の意味でありギリシャ語の solen（筒，tube という意味）が語源である．他の電気工学関連の成書では，コイルという名称を代表させているものがある．しかし，日本では，コイルとソレノイドを厳密に区別して使用していないので，本書では両方を指し示すインダクタという名称を用いる．また，L を指すインダクタンスは英語圏のみならず日本においても一般的な呼称である．

キャパシタそれともコンデンサ？

　電荷を蓄える機器を蓄電器という．このことを日本では，コンデンサと称することが多い．コンデンサ（condenser）は，condense（圧縮する，濃縮する，凝縮する，集光する）が語源でコンデンスミルク（濃縮牛乳）という用いられ方をする．物理分野においてコンデンサというと，集光レンズ，復水器*という意味が一般的である．これらと区別するため，現在では，蓄電器の正式呼称を capacity（容量，容積）を語源とするキャパシタ（capacitor）*とする．英語圏ではこの語が一般的である．また，C を指す静電容量（電気容量とも称する）という語は capacitance または electrostatic capacity の訳である．他の成書では C のことを静電容量と称するものもあるが，本書ではインダクタンスというカタカナ語の使用に合わせてキャパシタンスという語を用いる．
（*は，学術用語集電気工学編（増訂 2 版），文部省・（社）電気学会，コロナ社より）

名称の使い分け

　インダクタとキャパシタ，またはインダクタンスとキャパシタンスというカタカナ表記の名称を本書で用いながら，抵抗器，抵抗に関しては漢字表記である．この理由は，抵抗という名称が我が国の電気工学であまりにも標準的に使われていること，また，レジスタンス（resistance）という語から妨害，抵抗組織という意味，レジスタからコンビニエンスストア（この語は和製英語）などの金銭登録機器（レジと略称されるもの．このレジの正式名称は register であり，resistor とはスペルも発音も異なる）を誤ってイメージする人が多くいるため，本書では，漢字表現である抵抗器と抵抗を用いることとする．ここに，抵抗器，インダクタ，キャパシタは素子という物質を指すのであり，抵抗，インダクタンス，キャパシタンスは比例係数という数を指すものであることをあらためて留意されたい．ただし，便宜上，素子のことを R 素子や RLC 素子と称したり，各素子の値のことを R, L, C というように記号で称することもある．

——タンスは何？

　電気工学では，R, L, C などの素子の電気的性質を表す語の接尾語がタンス（——tance）であることが多い．これは，"——の性質を持つもの"という意味である．例えば，リアクタンス（reactance）は react（反作用を与える）＋tance（という性質を持つ）を意味する度合い（ものではなく係数という数）である．

2 RLCの素子の電圧・電流特性

▶インダクタ 図2(a), (b)に示すように，インダクタの方向に磁石を近づけたり遠ざけたりすると，インダクタの両端に電圧が発生し，SWを閉じていると電流は図に示す向きに流れる．

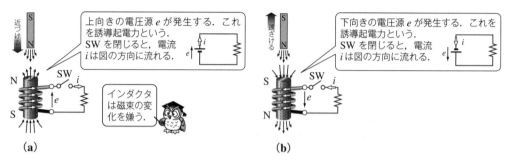

図2 電磁誘導と誘導起電力

磁石を近づけたり遠ざけたりすると"インダクタは磁束の変化を嫌う"という性質を持つため，次の現象を示す．

○外部からインダクタを通る磁束を増やそうとする ⇒ 増やさないように逆向きの磁束を発生（図2(a)）
○外部からインダクタを通る磁束を減らそうとする ⇒ 減らさないように同じ向きの磁束を発生（図2(b)）

SWを閉じると，インダクタ自身が発生する磁束の方向と右ねじの法則（図3）に基づき，インダクタに流れる電流の方向は図2に示すように定まる．さらに，次の性質もある．

○インダクタに発生する電圧は，インダクタを貫く磁束の変化速度に比例する．

図3 右ねじの法則

この電圧は，誘導されて発生したのだから**誘導起電力**（**induced electromotive force**，または単に**起電力；electromotive force, e.m.f.** と略する）といわれる．この現象は，1831年ファラデー（M. Faraday，英国の科学者，1791～1867）により発見され，その電圧の向きについてまとめ上げたのが1834年のレンツ（H.F.E. Lenz，ドイツの物理学者，1804～1865）の論文であった．

右ねじの法則を英語圏では右手の法則（**right-hand rule**）といい，右手を軽く握って親指を立てると，親指の指す方向がN極で，他の4本の指先が電流の回転方向に指す．

インダクタの上記に述べた性質を表す電圧・電流の式について説明する．インダクタの導線の巻数をnとおき，インダクタに電流iを流したとき，発生する磁束ϕとの関係は次のようになることが実験的に知られている．

$$n\phi = Li \tag{1}$$

ここに，Lはインダクタンスであり，単位はこの誘導を1832年に発見したヘンリー（J. Henry，米国の物理学者，1797～1878）にちなんで〔H〕（ヘンリー，henry）である．

インダクタに発生する電圧eは，**ファラデーの法則**（**Faraday's law**）により，次式で与えられる．

$$e = -n\frac{d\phi}{dt} \tag{2}$$

式(1), (2)より，次式を得る．

$$e = -L\frac{di}{dt} \tag{3}$$

次に，図4(a)のように，電源をつないでインダクタに電流 i を通す．

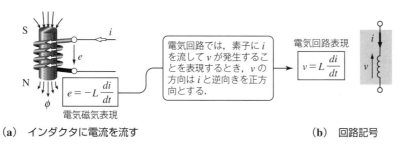

(a) インダクタに電流を流す　　　　　　　　　　(b) 回路記号

図4　インダクタの回路記号

このとき，インダクタは磁石と同じように N 極と S 極を持った磁界を作り，磁束 ϕ の向きは，電流の向きと右ねじの法則に従って定まる．この ϕ（の変化）を打ち消すように，式(3)と同様の e が発生する．インダクタを素子として見たとき，電気回路としての表現は，一般に，素子に流れる電流 i と電圧降下 v の関係として表すので，インダクタの場合もこれにならい図4(b)のように表現する（1章の抵抗器の電圧降下を参照）．すなわち

$$v = L\frac{di}{dt} \tag{4}$$

電気回路の解析において必要なのは式(4)であり，これを複素数で扱えるようにする．いま，電流 $i = \sqrt{2}\,|I|\sin\omega t$ をインダクタに流したとすると，式(4)より

$$\begin{aligned}v &= L\frac{d}{dt}(\sqrt{2}\,|I|\sin\omega t) = \sqrt{2}\,\omega L |I|\cos\omega t \\ &= \sqrt{2}\,\omega L |I|\sin(\omega t + 90°)\end{aligned} \tag{5}$$

となる．これを複素数表現すると

$$V = \omega L I \angle 90° = j\underbrace{\omega L}_{X_L}I = jX_L I \tag{6}$$

ここに，90°位相を進めることは j を乗じることに等しいという事実を用いている（0章参照）．また，式(6)の ωL は，次のように称される．

誘導性リアクタンス（inductive reactance）　$X_L = \omega L \,[\Omega]$

式(6)を見てわかるように，リアクタンスは電圧と電流の振幅比に相当する．すなわち

$$|V| = \omega L |I| = X_L |I| \tag{7}$$

以上のことより，次のことが指摘される．

☞　V の大きさは電流 I の ωL 倍

☞　V の位相は I より90°進む（∵ I に j を乗じている）

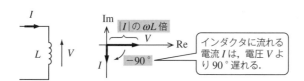

図5　インダクタの電圧と電流ベクトル

> リアクタンスは，react（反応する）を語源とする．また，誘導性という語は，後に説明する容量性と対比するものである．

1　*RLC* 素子とその性質

【例題1】 $L = 10$ mH のインダクタに $f = 10$ kHz で 5 A の電流が流れているものとする．リアクタンス，インダクタの両端に発生する電圧の大きさを示せ．

答 リアクタンス：約 $628.3\,\Omega$，電圧の大きさ：約 3.142 kV

【例題2】 インダクタに位相角が 20°の電圧がかかっているとき，流れる電流の位相角は何〔°〕か．

答 $-70°$

▶ **キャパシタ** 図6のように，誘電体を挟んで2枚の導体板を向き合わせたものをキャパシタといい，電源から流出した電荷 Q〔C〕が蓄えられる．

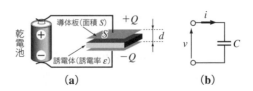

図6 キャパシタの原理

図6(a)のように直流の場合，電圧と電荷との比例関係が次のように成り立つ．

$$Q = CV \tag{8}$$

ここに，C はキャパシタンス（電気容量，または単に容量と称する）といい，導体板の面積を S，導体板間の距離を d，誘電体の誘電率を ε とすると，容量 C は次式で与えられる．

$$C = \varepsilon \frac{S}{d} \tag{9}$$

図6(b)の回路において，キャパシタの両端に $v = \sqrt{2}\,|V|\sin\omega t$ の正弦波交流電圧をかけたとき，電荷 q も式(8)の関係を保ちながら時間的に変化する．すなわち

$$q = \sqrt{2}\,C\,|V|\sin\omega t \tag{10}$$

で表される．ここで，1秒間に1Cの電荷の移動が1Aの電流であるから（0章2節参照），q と電流 i との関係は $i = dq/dt$ である．これより

$$i = \frac{dq}{dt} = \omega C\sqrt{2}\,|V|\cos\omega t = \omega C\sqrt{2}\,|V|\sin\left(\omega t + \frac{\pi}{2}\right) \tag{11}$$

したがって，キャパシタに流れる電流は，電圧より90°進み，その大きさは電圧の ωC 倍である．式(11)より，キャパシタに関する電圧と電流の関係（位相と振幅）を複素数で表現し，かつ交流のオームの法則に適合できるようにすると次を得る．

$$V = \frac{1}{\omega C} I \angle (-90°) = \frac{1}{j}\underbrace{\frac{1}{\omega C}}_{X_C} I = -jX_C I \tag{12}$$

ここに，90°位相を遅らせることは j で割ることに等しいという事実を用いている（0章参照）．また，式(12)の $1/(\omega C)$ は，次のように称される．

容量性リアクタンス（capacitive reactance） $X_C = \dfrac{1}{\omega C}$ 〔Ω〕

式(12)を見てわかるように，リアクタンスは電圧と電流の振幅比に相当する．すなわち

キャパシタの電圧と電流の関係を導くのに

$$v = \frac{1}{C}\int i\,dt$$

を用いる考え方がある．この場合，厳密に考えると，積分区間の取り方（特に区間の開始時間）と初期条件を定義する必要があり，説明が若干複雑になるため，本書では，右のような導出を行った．

本書では触れていないが，$Z = jX$ の X をリアクタンスと定義すると，容量性リアクタンスは $-1/\omega C$ となる．しかし，現場ではマイナス符号を付けて称する慣習がないことから，本書では，符号なしの $1/\omega C$ を採用する．インダクタ，キャパシタの両方を含む回路を論ずるときは，$Z = jX$ で定義される X をリアクタンスと考えたほうがよい．

$$|V| = \frac{1}{\omega C}|I| = X_C|I| \tag{13}$$

以上のことより，次のことが指摘できる．
- 電圧 V の大きさは電流 I の $1/(\omega C)$ 倍
- 電圧 V の位相は電流 I より 90°遅れる（∵ I を j で除算している）

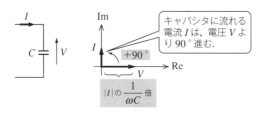

図7　キャパシタの電圧と電流ベクトル

【例題3】 $C = 0.47\,\mu F$ のキャパシタに $f = 500\,kHz$ で 2 A の電流が流れているものとする．リアクタンス，キャパシタの両端に発生する電圧の大きさを示せ．

　　　　　　　　　　　答　リアクタンス：約 0.677 Ω，電圧の大きさ：約 1.35 V

【例題4】 キャパシタに位相角が 75°の電流が流れているとき，キャパシタ両端の電圧の位相角は何〔°〕か．

　　　　　　　　　　　　　　　　　　　　　　　　　　　　答　−15°

▶ **抵抗器**　交流電圧を抵抗 R の抵抗器にかけたときに流れる電流は，直流回路のときと同様に

$$v = Ri \tag{14}$$

である．R は実数であるから（j を含んでいない），電流と電圧は同相である．この複素数表現は

$$V = RI \tag{15}$$

となる．これらより抵抗器については次が指摘される．
- 電圧 V の大きさは電流 I の R 倍
- 電圧 V の位相と電流 I の位相は同じ　⇒　同相

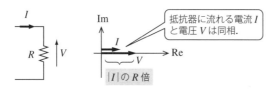

図8　抵抗器の電圧と電流

 Tea break

ろうそくの科学　マイケル・ファラデー（Michael Faraday，英，1791〜1867）はロンドン郊外の鍛冶屋で生まれ，家の生活は貧しかった．独学と恩師デービー（化学者）との出会いをきっかけに，化学，電気磁気学で多くの業績をあげ，34歳で王立研究所実験主任となる．ファラデーは，王立学会長の座を断るなど，名誉や地位よりも研究に専念することを選んだ．また，毎年，クリスマスには子供達のために，やさしい科学の話を行った．この催しは，現代に至るまで，著名な学者達により引き継がれている．そして，子供向けの著書「ろうそくの科学」は今でも全世界に読み継がれている．

2 インピーダンスとアドミタンス

▼要点

1 インピーダンスとは
- 振幅比と位相差の表現 ⇒ $V = ZI$, $I = YV$, Z はインピーダンス, Y はアドミタンス.
  V, I, Z, Y は複素数
- RLC 素子の電気的性質を表す用語
  レジスタンス（抵抗），コンダクタンス，リアクタンス，サセプタンス ⇒ **実数**
  インピーダンス，アドミタンス ⇒ **複素数**

2 直列接続と並列接続

▶ 直列接続
合成インピーダンス
$$Z = Z_1 + Z_2 + \cdots + Z_n = \sum_{i=1}^{n} Z_i$$

合成アドミタンス
$$\frac{1}{Y} = \frac{1}{Y_1} + \frac{1}{Y_2} + \cdots + \frac{1}{Y_n} = \sum_{i=1}^{n} \frac{1}{Y_i}$$

▶ 並列接続
合成インピーダンス
$$\frac{1}{Z} = \frac{1}{Z_1} + \frac{1}{Z_2} + \cdots + \frac{1}{Z_n} = \sum_{i=1}^{n} \frac{1}{Z_i}$$

合成アドミタンス
$$Y = Y_1 + Y_2 + \cdots + Y_n = \sum_{i=1}^{n} Y_i$$

1 インピーダンスとは

　直流回路で学んだオームの法則は，電圧と電流の振幅比のみを考え，この比を実数 R とおいた．これに対し，交流回路ではインダクタ，キャパシタに交流電圧を加えたとき，前節で説明したように，その電圧と電流の関係には振幅比のほかに位相差が生じる（図1）.

（素子の名称については，本章1節を参照．）

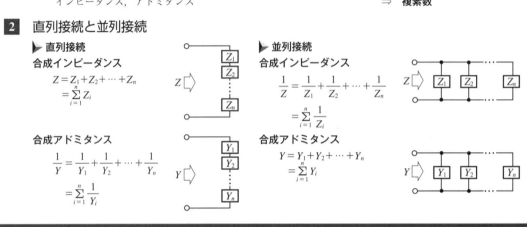

素子名	抵抗器 (resistor)	インダクタ (inductor)	キャパシタ (capacitor)
値	抵抗 (resistance) R [Ω]	インダクタンス (inductance) L [H]	キャパシタンス (capacitance) C [F]
位相の関係	電圧と電流は同相	電流は電圧より $\pi/2$ [rad] 遅れる	電流は電圧より $\pi/2$ [rad] 進む

図1 RLC 素子の電圧・電流特性

　したがって，交流回路の場合，振幅比と位相差を同時に表現できる形式が求められる．振幅比と位相差を同時に表現するには，複素数を導入すればよい（0章4節参照）．この

ため，次式に示す交流回路におけるオームの法則ともいうべき表現が導入される．
$$V = ZI \quad (1)$$
ここに，V, Z, I は全て複素数であり，Z は**インピーダンス**（**impedance**）と呼ばれ，その単位は抵抗と同じ〔Ω〕である（図2）．

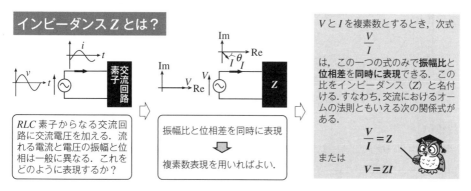

図2　インピーダンスとは

1節の説明も踏まえ，LC 素子のインピーダンスの特徴を次の指摘および図3に示す．

- インダクタの場合，電流の位相は電圧より 90°遅れる（逆に，電圧は電流より進む）ため，そのインピーダンスに j がある．振幅比はリアクタンスの ωL〔Ω〕に等しい．
- キャパシタの場合，電流の位相は電圧より 90°進む（逆に，電圧は電流より遅れる）ため，そのインピーダンスに $1/j$ がある．振幅比はリアクタンスの $1/(\omega C)$〔Ω〕に等しい．
- インダクタとキャパシタのインピーダンス（またはリアクタンス）は周波数 f（または角周波数 ω）に依存する．例えば，

$f = 0$（直流の場合）：インダクタのインピーダンスは 0（**短絡状態**），キャパシタのインピーダンスは ∞（**開放状態**）となる．

$f \to \infty$ の場合：インダクタのインピーダンスは ∞（**開放状態**），キャパシタのインピーダンスは 0（**短絡状態**）となる．

位相（偏角）の 90°進み遅れが j の乗除で表現できるという話は，0章4節を参照．

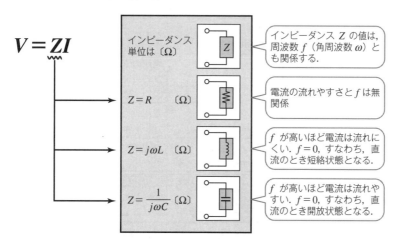

図3　RLC 素子のインピーダンス表現

2　インピーダンスとアドミタンス

インダクタとキャパシタの電気的特性を考えるとき，どの量を考えるかで，その値の名称および数の種類（実数か複素数か）が異なる．この違いをあらためて図4に示す．

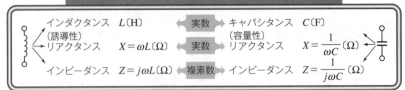

図4　LC の値に関する表現の名称

【例題1】
（i）$f = 50$ Hz のとき，$L = 100$ mH のリアクタンスとインピーダンスを求めよ．
（ii）$f = 10$ kHz のとき，$C = 33$ pF のリアクタンスとインピーダンスを求めよ．

答　（i）$31.4\,\Omega$，$j31.4\,\Omega$　（ii）$482\,\mathrm{k}\Omega$，$-j482\,\mathrm{k}\Omega$

インピーダンスの逆数を**アドミタンス**（**admittance**）といい，次式で定義される．

$$Y = \frac{1}{Z}\ [\mathrm{S}] \tag{2}$$

ここに，アドミタンスの単位は大文字のSで表記する〔S〕(siemens) であり，1章1節2項で述べたコンダクタンスの単位と同じである．

アドミタンス表現を用いると，電流を表現するのに次式のように分数を用いずに表すことができる．

$$I = YV \tag{3}$$

この表現は，各素子にかかる電圧が同じ，すなわち，並列回路の場合によく用いられる．

RLC 素子の数値表現の用語はインピーダンス，アドミタンスのほかに幾つかある．これらを記号とともに表1に掲載するので図4とともに用語の使い分けに留意されたい．

> アドミタンスの単位は，過去には，〔Ω〕の逆だからという理由で〔℧〕(mho, オームの逆でモーと発音）が用いられていたが，現在では用いられない．

表1　RLC 素子の電気的特性を表現する用語と記号

名　称	数値の種類	名称（英語）	記号	単位	意味
レジスタンス	実数	resistance	R	Ω (ohm, オーム)	電流の流れを妨げる度合い．
コンダクタンス	実数	conductance	G ($=1/R$)	S (siemens, ジーメンス)	電流の流しやすさの度合い．オーケストラの指揮者 conductor と同じ語源で導くという意味．
リアクタンス	実数	reactance	X	Ω (ohm, オーム)	電流の流れに反作用を与える度合い．反作用 reaction と同じ語源．
サセプタンス	実数	susceptance	B ($=1/X$)	S (siemens, ジーメンス)	電流の流れを受け入れる度合い．受け入れやすい susceptible と同じ語源．
インピーダンス	複素数	impedance	Z	Ω (ohm, オーム)	交流回路における電圧と電流との比．抵抗に相当し，交流抵抗ともいうべきもの．妨げる impede と同じ語源．
アドミタンス	複素数	admittance	Y ($=1/Z$)	S (siemens, ジーメンス)	交流電流の流れやすさの度合い．No admittance は入場お断りという意味．

2 直列接続と並列接続

ここでは，インピーダンス（またはアドミタンス）の直列接続，並列接続したときの合成インピーダンス（または合成アドミタンス）を説明する．合成インピーダンスまたは合成アドミタンスの求め方は，直流回路における合成抵抗（合成サセプタンス）とまったく同じであり，単に変数が実数から複素数に変わるだけである．

▶ **直列接続** 例えば，図 5 に示すような R-L 直列回路を考える．

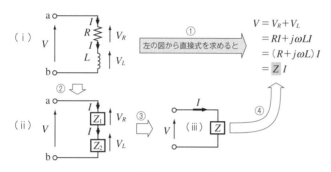

図 5 R-L 直列回路のインピーダンス

図 5（ⅰ）において，R と L それぞれに流れる電流 I は，どの瞬時時刻においても同じであるから，それぞれの電圧降下は

$$V_R = RI$$
$$V_L = j\omega L I$$

である．したがって，端子 ab 間で見た電圧 V と電流 I の関係は

$$V = V_R + V_L = (R + j\omega L)I$$

を得る．上式の括弧をひとくくりに見て，これを V と I の関係を表す合成インピーダンス Z とみなすものとする．ここまでの説明過程が図 5 の①に示す矢印が相当する．

一方，R と L のインピーダンスをそれぞれ Z_1，Z_2 とおくと

$$Z_1 = R, \quad Z_2 = j\omega L$$

であった．図 5 の①の矢印が示す結果を考慮すると，Z_1 と Z_2 を加算したものが合成インピーダンス Z であることがわかる．すなわち

$$Z = Z_1 + Z_2$$

を得る．この考えは，図 5 の②〜④に相当する．

以上の考えを拡張すると，n 個のインピーダンスが直列接続されている場合，全てのインピーダンスに流れる電流 I はどの時刻においても同じである．これより次式を得る．

$$V = V_1 + V_2 + \cdots + V_n$$
$$= (Z_1 + Z_2 + \cdots + Z_n)I$$

上式の括弧をまとめて合成インピーダンス Z とおけば，合成インピーダンスを求める式は次式となることがわかる．

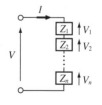

$$Z = \sum_{i=1}^{n} Z_i \tag{4}$$

ここで，図 5 の $V_R + V_L$ という表現について，両方とも複素数であり，その位相は異

なる．このことに注意を払うため，次の例題を考える．

【例題 2】 図 5 の回路において，$R=1\,\Omega$, $\omega L=0.3\,\Omega$ のときの合成インピーダンス Z を求め，そのベクトル図を描け．

〈解法〉 $Z=R+j\omega L=1+j0.3\,[\Omega]$，この大きさと偏角はそれぞれ

$$|Z|=\sqrt{R^2+(\omega L)^2}\approx 1.04$$

$$\theta=\arg Z=\tan^{-1}\frac{\omega L}{R}\approx 16.7°$$

となる．これらの値を用いた Z のベクトル図を下図に示す．

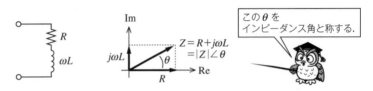

この例題の解答図にあるように，Z の位相角 $\theta=\arg Z$ を**インピーダンス角**（**impedance angle**）と称する．

▶ 並列接続　例えば，図 6 に示すような R-L 並列回路を考える．

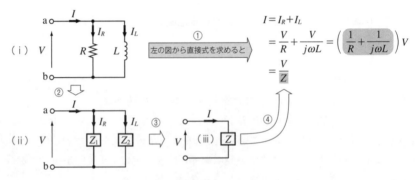

図 6　R-L 並列回路のインピーダンス

図 6(ⅰ)を見て，R と L にかかる電圧 V はどの瞬時時刻においても同じである．しかし，電流は異なる．RL 素子に流れる電流の総和は，キルヒホッフの法則より，回路全体の電流 I に等しい．すなわち，次式が導かれる．

$$I=I_R+I_L$$
$$=\frac{V}{R}+\frac{V}{j\omega L}=\left(\frac{1}{R}+\frac{V}{j\omega L}\right)V=\frac{V}{Z}$$

上式の第 2 式にある括弧は合成インピーダンスの逆数 $1/Z$ とみなすことができる．

一方，R と L のインピーダンスをそれぞれ Z_1, Z_2 とおくと，図 6 の②〜④に示す考え方より，Z_1, Z_2 のそれぞれの逆数の和が逆数 $1/Z$ に等しい．すなわち

$$\frac{1}{Z}=\frac{1}{Z_1}+\frac{1}{Z_2}$$

がいえる．

以上の考えを拡張すると，n 個並列接続されたインピーダンスの合成インピーダンス

は次式で計算される．

$$I = I_1 + I_2 + \cdots + I_n$$
$$= \left(\frac{1}{Z_1} + \frac{1}{Z_2} + \cdots + \frac{1}{Z_n}\right)V$$

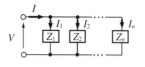

上式より，並列接続の合成インピーダンスは次式で計算される．

$$\frac{1}{Z} = \frac{1}{Z_1} + \frac{1}{Z_2} + \cdots + \frac{1}{Z_n} = \sum_{i=1}^{n}\frac{1}{Z_i} \tag{5}$$

> 式(5)で $n=2$ の場合
> $$Z = \frac{Z_1 Z_2}{Z_1 + Z_2}$$
> これを"和分の積"と覚えておくと便利．

並列回路の場合，Z で考えるよりも，その逆数であるアドミタンス Y を用いたほうが考えやすい場合がある．例えば，図7のような並列回路の場合を考える．

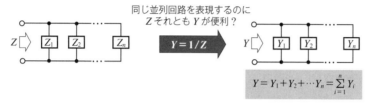

図7 並列回路におけるアドミタンス

この合成アドミタンスは，各素子のアドミタンスを単に加算すればよく，合成インピーダンスの計算のときのように除算を行う，という手間が省ける．すなわち，次式で計算できる．

$$Y = Y_1 + Y_2 + \cdots + Y_n = \sum_{i=1}^{n} Y_i \tag{6}$$

$$I = YV \tag{7}$$

さらに，上式からわかるように，V がわかれば回路電流 I を単に Y との乗算で求めることができる．これと同じことをインピーダンス Z を用いて行うことを考えると，除算を行わなければならず，計算は比較的に面倒である．

【例題3】 下図の各回路の端子 ab 間について，(a), (c), (d) では合成インピーダンス，(b), (e) では合成アドミタンスを求めよ．

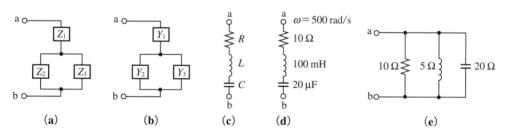

〈解法〉 (a) $Z_1 + \dfrac{Z_2 Z_3}{Z_2 + Z_3}$ 〔Ω〕 (b) $Y' = Y_2 + Y_3$ とおくと $\dfrac{Y' Y_1}{Y' + Y_1}$ 〔S〕

(c) $R + j\left(\omega L - \dfrac{1}{\omega C}\right)$ 〔Ω〕 (d) $10 - j50$ 〔Ω〕 (e) C のアドミタンスが $j/20$，L のアドミタンスが $-j/5$ であることに注意して $0.1 - j0.15$ 〔S〕

□

3 $V=ZI$, $I=YV$ の複素数計算

> ### ▼要点
>
> **1 数式とベクトル図からの解法**
> ▶ ベクトル図からの解法 ⇒ 位相関係が直感的にわかりやすい.
> ▶ 数式を用いた解法 ⇒ 複雑な回路を厳密に解く場合に用いられる.
> ▶ 進み電流：回路にかかる電圧より電流の位相が進んでいる.
>   遅れ電流：回路にかかる電圧より電流の位相が遅れている.

1 数式とベクトル図からの解法

交流回路において，前節までの説明より，電圧と電流の関係を表したのがインピーダンス Z またはアドミタンス Y であり，次のように表された．

$$V = ZI \tag{1}$$
$$I = YV \tag{2}$$

上式に基づき数式を駆使した解法のみに頼るのでは，電気回路に対する物理的洞察力を養いにくい．一方，複素ベクトル図（以下，**ベクトル図**と略称）を用いた解法は直感的な洞察を与えるため，これを学ぶことは工学者を目指す人にとって大切である．そこで，ベクトル図による解法を修得するウォーミングアップとして，幾つかの例題を示す．

【例題 1】 図 1 の回路において，V と I の位相関係を表すベクトル図を描け．

〈解法〉 図 1 では，I の具体的値が与えられていないから，V_R や V_L の大きさはわからない．そこで，位相のみに注目して考える．

初めに数式を用いた解法を示す．この場合，次の重要な考えを用いる．

図 1

☞ V を基準とした V と I の位相関係は，除算 V/I または I/V により求まる．なぜならば，複素数を除算した答え Z の偏角は V と I の偏角の差（位相差）を表すためである．

除算 V/I は回路のインピーダンス Z にほかならない．すなわち，Z がわかれば V と I の位相関係がわかる，という考え方である．図 1 に示す回路の Z は次の直交形式

$$Z = R + j\omega L$$

で与えられるから，これを極形式に変換する．

$$Z = |Z| \angle \theta$$

ここに，$|Z| = \sqrt{R^2 + (\omega L)^2}$，$\theta = \tan^{-1} \dfrac{\omega L}{R} > 0$ である（$\theta > 0$ となるのは，$\omega, L, R > 0$ より）．

したがって，除算 $V/I = Z = |Z| \angle \theta$ は I を基準とした位相差が得られるから，V は I よりインピーダンス角 θ だけ位相が進む．逆の言い方では，I は V よりも位相 θ だけ遅れる．

上記の解法を直ちに理解できれば，電気回路における複素数演算解法の意味をかなり理解できている，といっても過言でない．しかし，理解しがたい場合には，次のベクト

ル図の作図による解法と，その理解の容易さに注目されたい．

ベクトル図の作図において，初めに次のことを考えなければならない．

☞ 基準ベクトル（実軸上，右向き）にどれを選ぶか？ 多くの場合，各素子に共通のもの（電圧か電流）を候補とする．

この指摘に従うならば，RL 直列接続であるから，電流 I を基準ベクトルに選ぶ．もし，電圧 V を基準ベクトルに選ぶならば，非常に考えにくいであろう．

次に

☞ I を基準として，各素子を分離して考え，各素子に発生する電圧降下をそれぞれ考える．

この方針に従い，題意に対する解答を得るまでの解法を図2に示す．

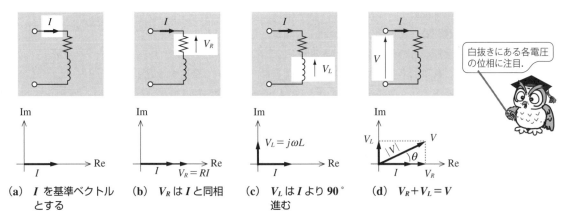

図2 ベクトル図作図による例題1の解法

図2のように，ベクトル図による解法では，位相を作図しながら解を求めるため直感的にわかりやすい．例題1の問題文は，具体的な数値を与えていないので，解答はここまでである．しかし，図2(d) から，大きさ $|V|$ と位相差 θ の求め方を容易に見い出せるであろう．すなわち，次式で計算される．

$$|V|=|V_R+V_L|=\sqrt{R^2|I|^2+(\omega L)^2|I|^2}=\sqrt{R^2+(\omega L)^2}\,|I|$$

$$\theta=\tan^{-1}\frac{\omega L}{R}$$

□

ここまでの説明からいえることは，V と I の関係，特に位相の関係をイメージとして認識するには，ベクトル図による解法のほうが優れている．このため，回路に対する直感的な見通しを立てるにはベクトル図による解法のほうが容易であることが多い．しかし，複雑な回路では，数式を用いるほうがはるかに容易に解を得られることがあるので，両方の解法を駆使できるようにされたい．

なお，電気回路に対する物理的洞察力を養う意味で，例題1の結果に関連して次の指摘を示す．

☞ R 素子と L 素子のみからなる回路網（直列，並列問わず）の端子に流入する回路電流は，端子電圧より位相が遅れる．

☞ 電圧と電流に位相差が生じる原因はインピーダンス角による．位相差の大きさはインピーダンス角に一致し，その符号は，電圧または電流のいずれかを基準に考えるかで判断しなければならない．

この2番目の指摘に関連して，次の例題を考える．

【例題2】 図1の例において，$V = 100\,\text{V}$，$R = 10\sqrt{3}\,\Omega$，$\omega L = 10\,\Omega$ とする．このとき，電流 I の位相とインピーダンス角を求めよ．

〈解法〉 簡単な計算により，$Z = 20\angle 30°$ が求まるから，インピーダンス角は $+30°$ である．一方，$I = V/Z = 100/20\angle 30° = 5\angle(-30°)$ より，電流は $30°$ 遅れる（$= -30°$）．この大きさは，インピーダンス角に相当する（大きさは符号を考えない）．

□

【例題3】 図3の回路において，V の大きさと I に対する位相差を求めよ．

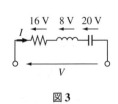

図3

〈解法〉 この問題は，例題1と類似した内容である．各素子に共通なものは，電流 I であるから，これを基準ベクトルとする．これに引き続いて，図4に示すように，各素子で発生する電圧降下のベクトルを個別に考え（図4(a)〜(c)の白抜きの部分），これらを最後に合成する．この考え方の図的説明を図4に示す．

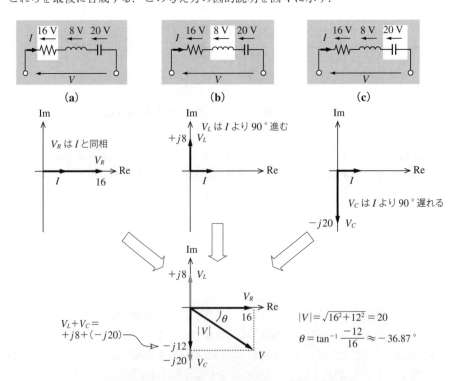

図4 例題3に対するベクトル図を用いた解法の図的説明

□

この例題では，インピーダンスを直接求めなくとも，ベクトル図から解が求められる例である．もし，これをインピーダンスの式から解を導出することを考えるならば，その労力は，大変であろう．

【例題 4】 図 5 (a) の回路において，I を求めよ（表現は直交，極形式どちらでもよい）．

〈解法〉 この問題では，インピーダンスよりアドミタンスを用いたほうが簡単に計算できる．アドミタンスは

$$Y = \frac{1}{20} + j\frac{1}{10}$$

であるから

$$I = YV = \left(\frac{1}{20} + j\frac{1}{10}\right)50 = 2.5 + j5$$

を得る．この式は，V を基準ベクトル（V の位相が $0°$）とおいているから，電流は進んでいることがわかる（図 5 (b)）．この表現を**進み電流**（**leading current**）と称することがある． □

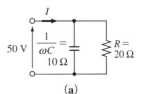

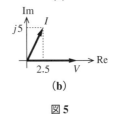

図 5

【例題 5】 図 6 の回路において，$|I_R| = 4$ A，$|I_C| = 3$ A，$|I_L| = 6$ A のとき，I を求めよ．

〈解法〉 絶対値表現，例えば $|I_R|$ は大きさのみをいってるのであって，その位相は明示されていない．したがって，この点を考えることが重要である．初めに，基準ベクトルの選定を考える．共通となりうるものは，並列回路であるから，端子 ab 間の電圧 V_{ab} を基準ベクトルとする．以下は，ベクトル図の作成による解法を図 7 に示す．

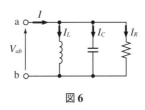

図 6

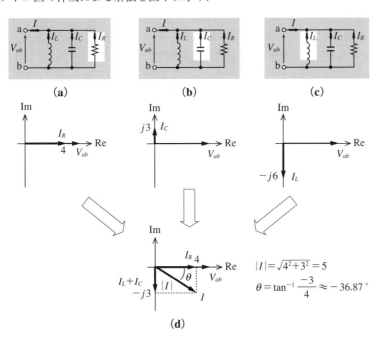

図 7　例題 5 に対するベクトル図を用いた解法の図的説明

この例題は，ベクトル図による解法の集大成であるから，よく習熟してもらいたい．このため，図 7 に対する説明を次に示す．

　　図 7 (a)：I_R は V_{ab} と同相．

　　図 7 (b)：I_C は V_{ab} より $90°$ 進む．

図7(c)：I_L は V_{ab} より 90°遅れる．

図7(d)：I_R, I_L, I_C の三つのベクトルの和を求める．まず，位相がちょうど 180°逆向きの I_L と I_C のベクトル和を考える．この和は $j3 + (-j6) = -j3$ である．これと I_R とのベクトル和を作図する．この図から，直ちに $|I|$ と θ を求められる．この結果，I は V_{ab} より遅れ位相であることがわかる．これを**遅れ電流**（lagging current）と称することがある．

上記の解法を見ても，ベクトル図からの考察は直感的にわかりやすい．結果を瞬時値で表現したものを図 8 に示す．この時間関数で表現した図は，図 7(d) に示すベクトル図と同じ状態を意味しており，現実に観測されるものである．したがって，計算を複素平面上（または複素数の式）で行った場合，その結果（式またはベクトル図）から図 8 に示す瞬時値波形のイメージがわくことは，実際の回路作成・波形解析を行う上で大事である．

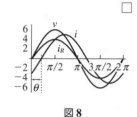

図8

【例題6】 図 9 の回路において，I_R を基準ベクトルとしたとき V_r は進んでいるか遅れているかを示せ．

〈解法〉 I_R を基準ベクトルとおいたとき，解を得るまでの解法の過程は幾つかあるが，次に示す過程が自然であろう．

（1） R と L は並列であるから，その両端の電圧は等しい．これを V_2 とおくと，これは I_R と同相である（図 10(a)）．

（2） I_L は V_2 より 90°遅れる（図 10(b)）．

（3） $I = I_R + I_L$ であるから，I をベクトル和にて作図する（図 10(c)）．

（4） V_r は I と同相である（図 10(d)）．この図より，I_R を基準としたとき V_r は遅れていることがわかる．

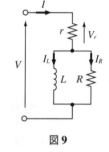

図9

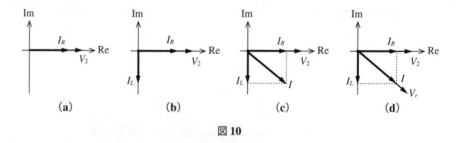

図10

注意：たまに，r と R は抵抗だから電流と電圧が同相である，したがって I と I_R も同相，という解答が見受けられる．これは，同相というキーワードに陥ったもので，文言からだけの記憶に頼った解答であり，もちろん，誤った考え方である．

【例題7】 図 11 の回路において，V を基準ベクトルとしたとき I_R の大きさと位相を求めよ．ただし，$V = 100$ V とする．

〈解法〉 初めに，例題文で "$V = 100$ V" という表記は，実効値が 100 V で位相が 0°の交流電圧を意味することに注意されたい．

考え方は3通り考えられる．そうめいな読者はほかの考え方を見い出されよ．

考え方1：回路全体の合成インピーダンス Z を求めて，次に回路電流 I を計算する考え方．これから，さらに考え方は2通り（考え方1-1，考え方1-2）に分岐する．

考え方1-1：I を用いて L の両端の電圧 V_L を求める．次に，V から V_L を差し引けば R の両端の電圧が求まる．これより，I_R が求まる．

考え方1-2：I は C と R に分流するのだから，分流の考え方から直ちに I_R が求まる．

考え方2：回路電流 I を求めることなしに求める考え方で，二つのインピーダンスが直列接続しているとみなし，分圧の考え方から R の両端の電圧を求め，これから I_R を求める．

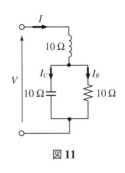

図11

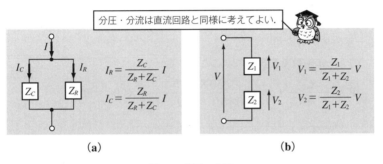

(a)   (b)

図12 分圧・分流

ここでは，考え方1-2と考え方2について説明する．

考え方1-2に基づけば，合成インピーダンスは

$$Z = j10 + \frac{10(-j10)}{10+(-j10)} = 5+j5$$

であるから，回路電流は次式で求まる．

$$I = \frac{V}{Z} = \frac{100}{5+j5} = 10-j10$$

分流の考え方は，直流回路のときとまったく同じで，図12(a)のように二つのインピーダンスの並列とみなせば，I_R は次式より求まる．

$$I_R = \frac{Z_C}{Z_R+Z_C}I = \frac{-j10}{10+(-j10)} \times (10-j10) = -j10$$

この結果，I_R の大きさは 10 A，位相は V より 90°遅れることがわかった．

次に，考え方2に基づいた解法の過程を示す．

ステップ1：図12(b)に示すように，L を Z_1，C と R からなる並列回路の合成インピーダンスを Z_2 とおく．

ステップ2：V, Z_1, Z_2 がわかっているのだから，Z_2 の両端の電圧は図12(b)に示すように分圧式から V_2 が求まる．

ステップ3：V_2 が求まれば，これは R の両端電圧にほかならないから，直ちに I_R が求まる．

上記の解法の過程に基づいて

$$Z_2 = \frac{10(-j10)}{10+(-j10)} = 5-j5$$

であるから

$$V_2 = \frac{Z_2}{Z_1+Z_2}V = \frac{5-j5}{j10+(5-j5)} \times 100 = -j100$$

となる．したがって，

$$I_R = \frac{V_2}{R} = \frac{-j100}{10} = -j10 \,\text{[A]}$$

を得る．当然ながら，これは，考え方 1-2 で得られた結果に等しい．

【例題 8】 図 13 に示す回路において V_1 を求めよ．ただし，$E = 200\,\text{V}$，$C_1 = 150\,\mu\text{F}$，$C_2 = 50\,\mu\text{F}$ である．

〈解法〉 周波数を知らなくても解は得られる．図 12 で説明している分圧の考え方を用いれば（C のインピーダンスは $1/(j\omega C)$ のように逆数で表現されることに注意）

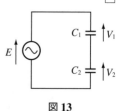

図 13

$$V_1 = \frac{C_2}{C_1+C_2}E = \frac{50 \times 10^{-6}}{150 \times 10^{-6} + 50 \times 10^{-6}} \times 200 = 50\,\text{V}$$

【例題 9】 図 14 に示す回路において cd 間の電圧（端子 d を基準とした端子 c との電位差）を求めよ．

〈解法〉 解を求める一つの考え方を次に示す．

ステップ 1：V を基準ベクトルにとって，図中の I_1, I_2 を求める．

ステップ 2：端子 b の電位を基準として，R_1 と X_C の両端の電圧を求める．これらは，端子 b を基準とした端子 c および d の電位であり，それぞれを V_c, V_d とする．

ステップ 3：題意では端子 d を基準としていることから，$V_c - V_d$ の式より答えが求まる．

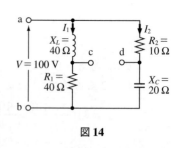

図 14

上記の考えに基づいて計算すると，初めに

$$I_1 = \frac{5}{4} - j\frac{5}{4}, \quad I_2 = 2+j4$$

が求まる．これより，R_1 と X_C の両端の電圧はそれぞれ

$$V_c = R_1 I_1 = 50 - j50$$
$$V_d = -jX_C I_2 = 80 - j40$$

となる．したがって，次の解を得る．

$$V_{cd} = V_c - V_d = -30 - j10 \,\text{[V]}$$

【例題 10】 図 15 に示す回路電流 I を求めよ．

〈解法〉 RLC 素子が具体的に明示されていないが，要は，合成インピーダンスを算出すれば I を求めることができる．合成インピーダンス Z は

$$Z = \{10\cos(-60°) + 10\cos 30°\} + j\{10\sin(-60°) + 10\sin 30°\}$$
$$= (5+5\sqrt{3}) + j(5-5\sqrt{3}) \text{ [Ω]}$$

であるから

$$I = \frac{V}{Z} = \frac{5}{2}\{(1+\sqrt{3}) - j(1-\sqrt{3})\} \text{ [A]}$$

を得る．

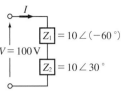

図 15

【例題 11】 図 16 に示す回路電流 I を求めよ．

〈解法〉 この例題では，アドミタンスの足し算を考えればよい．

$$Y = Y_1 + Y_2 = 0.8 + j0.041 \text{ [S]}$$

であるから，解は次式で計算できる．

$$I = YV = 80 + j4.1 \text{ [A]}$$

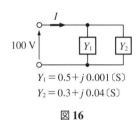

図 16

演習問題

【1】 図 P1 に示す回路を考える．周波数が $f_1 = 500/\pi$ [Hz], $f_2 = 2500/\pi$ [Hz] それぞれのときの端子 ab 間のインピーダンス Z [Ω]，大きさ $|Z|$ [Ω]，インピーダンス角 θ [°] を求めよ．

【2】 図 P2 (a)～(c) に示す回路について，(a) と (b) については端子 ab 間のインピーダンス，(c) については端子 ab 間のアドミタンスを求めよ．

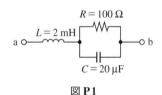

図 P1

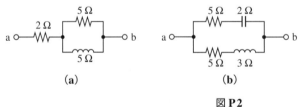

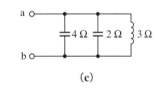

(a)　　　　　　　(b)　　　　　　　(c)

図 P2

【3】 インピーダンスが $Z = 9 + j12$ [Ω] の回路に $I = 4 + j3$ [A] の電流が流れている．このとき，回路にかかっている電圧 V [V] を直交形式で表せ．また，V は I よりも何 [°] 進んでいるか，または遅れているか．

【4】 ある回路に $100\angle(-30°)$ [V] の電圧をかけたところ，$I = 5 + j5$ [A] の電流が流れた．インピーダンス Z を極形式で表せ．

【5】 図 P3 に示す回路を考える．次の各設問に答えよ．
 (i) I_1, I_2 を求めてから I を求めよ．
 (ii) 回路のアドミタンス Y を求めてから I を表せ．この後に分流の考え方を適用して I_1, I_2 を求めよ．

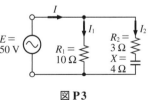

図 P3

【6】 図P4に示す回路において，$|I_1|=15$ A，$|I_2|=10$ A，$|I_3|=2$ A である．このとき，端子 ab 間の電圧 V_{ab} を基準ベクトルとして電流 I を直交形式で表し，その大きさ $|I|$ を求めよ．また，端子 ab 間から見た回路の力率を求めよ．

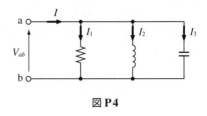

図 P4

【7】 図P5(a), (b) に示す回路の端子 ab に $E=100$ V の電圧をかける．このとき，端子 cd 間の電圧 V を直交形式で表せ．また，E との位相差はいくらか．

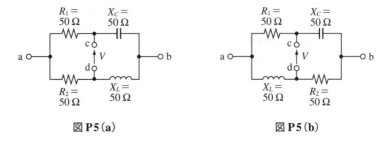

図 P5(a)　　　　　　図 P5(b)

【8】 図P6に示す回路の端子 ab に現れる電圧 V_{ab} を求めよ．

【9】 図P7に示す回路において，$|I_R|=1$ A である．V_R を基準ベクトルとして，V を極形式で表せ．また，I_R, I_L, I_C, I, V のベクトル図を描け．

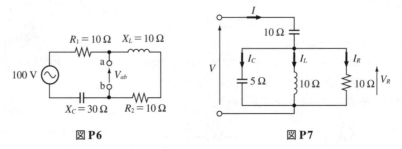

図 P6　　　　　　図 P7

【10】 図P8に示す回路において，E を基準ベクトルとしたとき，V を極形式で表せ．また，I_R, I_C のベクトル図を描け．

【11】 図P9に示す回路において，端子 ab 間のアドミタンス Y を求め，これを用いて I を極形式で表せ．

【12】 図P10に示す回路において，$V=200$ V である．電流 I_R, I_C および電圧 E のベクトル図を描け（大きさ，位相の値もグラフに記入すること）．

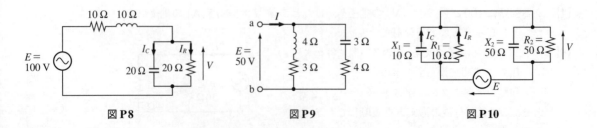

図 P8　　　　　　図 P9　　　　　　図 P10

136　4章　交流回路素子

5章
交流回路の基礎技術

1 電力と力率
2 共振回路と Q
3 交流ブリッジ回路
　演 習 問 題

1 電力と力率

> ▼ 要 点

1 各種電力と力率
▶ 有効電力（消費電力，または単に電力と称する），無効電力，皮相電力，複素電力，力率，無効率

2 電力量と力率改善
▶ 電力×時間＝電力量〔W·s〕＝仕事〔J〕，　$1\,\text{W·h} = 60\,\text{W·min} = 3600\,\text{W·s}$
▶ 力率改善キャパシタの並列接続

3 デシベル
電力 P_1, P_2 の比較はデシベル〔dB〕を用いる．電圧，電流を用いるときには 20 倍
ベル〔B〕→ $\log \dfrac{P_2}{P_1}$，　デシベル〔dB〕→ $10\log \dfrac{P_2}{P_1}$，　電圧・電流の振幅比較→ $20\log \dfrac{|V_2|}{|V_1|}$ または $20\log \dfrac{|I_2|}{|I_1|}$

1 各種電力と力率

エネルギー変換（電動機：電気エネルギー→機械エネルギー，ドライヤー：電気エネルギー→熱エネルギーなど），**エネルギー制御**（モータの速度・位置制御，照明など），**情報の伝達・変換・制御**（携帯電話，テレビ，コンピュータ，自動改札口など）を担当する回路を作成するとき，実際の設計では単位時間当たりのエネルギー，すなわち電力を問題にする．このように，電力は交流回路の基礎技術としてあらゆるテクノロジーにかかわるため，以下では，電力および力率などについて説明する．

図 1 (a) に示すように，インピーダンス Z の負荷にかかっている電圧 V と，負荷に流れる電流 I との位相差を θ〔rad〕とする（図 1 (b)）．

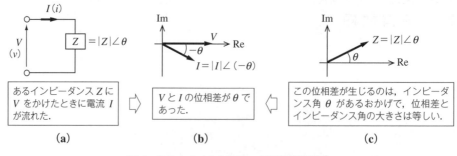

図1　V, I と θ（小文字の v, i は瞬時値表現）

このとき，負荷にかかわる各種電力の全てと力率，無効率をまとめて掲げる．

◇ **有効電力**（**effective power**）　　$P = |V||I|\cos\theta$　　　　　〔W〕
◇ **無効電力**（**reactive power**）　　$Q = |V||I|\sin\theta$　　　　　〔var〕
◇ **皮相電力**（**apparent power**）　　$S = |V||I|$　　　　　　　　〔V·A〕
◇ **複素電力**（**complex power**）　　$P_C = P - jQ = \overline{V}I$　　　〔V·A〕
◇ **力率**（**power factor：p.f.**）　　$\cos\theta = \dfrac{P}{S}$　　　　　無次元または〔%〕

◇ **無効率**（reactive factor：r.f.） $\sin\theta = \dfrac{Q}{S}$ 　　　無次元または〔%〕

◇ **力率角**（power angle factor）　θ 　　　　　　　　　　〔rad〕
（V と I の位相差，インピーダンス角と同類）

これらの説明を以下に行う．

▶ **有効電力と無効電力の意味**　　図2は，RLC 素子それぞれの交流回路において，電圧 v を加えたとき流れる電流 i の位相差，および瞬時値 v と i の積 p（$=vi$，これを瞬時電力という）を描いたものである．この p の式展開は後ほど解説するとして，初めに直感的認識力を高めるため図2に示す波形を見ながらの図的解説を行う．このため，しばらく振幅値を気にせず，各波形の位相差に注目されたい．

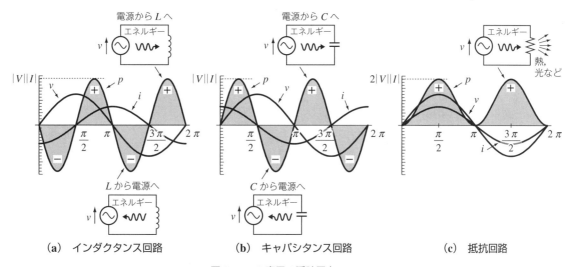

(a) インダクタンス回路　　　　(b) キャパシタンス回路　　　　(c) 抵抗回路

図2　RLC 素子の瞬時電力 $p=vi$

三つの素子のそれぞれの p は次のように比較される．

インダクタンス回路とキャパシタンス回路（図2(a),(b)）　どちらも，v と i の位相差が $\pi/2$〔rad〕であるから，p は正負の値をとる．また，その周期は $T/2$ である．p が正負の値をとるということは，図中"＋"記号が示す期間では，電源から供給される電気エネルギーはインダクタンス（キャパシタンス）に電磁エネルギー（静電エネルギー）として蓄えられる．この後，図中"－"記号が示す期間で蓄えられたエネルギーは電源に還る．このサイクルにおいてエネルギー消費はない．

抵抗回路（図2(c)）　p は周期 $T/2$ で脈動し，**常に正の値をとる．常に正の値**ということは，電源から抵抗に供給される電気エネルギーは，抵抗器において熱エネルギーや光エネルギーに変換され，**常に消費される**ことを意味する．

上記の説明によると，図3に示す並列回路において LC 素子は電源とエネルギーのやりとりを行うだけでエネルギー消費はまったくないため，熱は発生しない．一方，R 素子の場合は供給された電気エネルギーを全て消費し熱を発生する（厳密には，全て熱に変換されるのではなく一部光などに変換される）．

1　電力と力率　　139

図3 *RLC* 並列回路の電力消費の状況

effective〔形〕
有効な

抵抗器で電気エネルギーが他のエネルギーに**有効**に変換される（または消費される）ことから，抵抗に供給される電力を **effective power** という．日本語訳では，これを**有効電力**，**消費電力**，**実効電力**または単に**電力**と称する．その単位は，直流回路での電力と同じで〔W〕である（1章5節）．一方，電源から LC 素子に供給する時間当たりのエネルギーは，電源に戻ることから reactive power または wattless power と称される．日本語訳では，有効の反対語として**無効電力**という名称が与えられているだけで，決して電力が無効になるという意味ではない．その単位は〔var〕（**volt ampere reactive** の略，**バール**）が与えられている．

reactive〔形〕
反応の，反動的な

▶ 有効電力と無効電力の式による表現　　ここまで波形に基づく視覚的理解を求める説明を行ってきたが，厳密に考えるには式での立証が必要である．

図1(a)に示す回路において，$v=\sqrt{2}|V|\sin\omega t$〔V〕を加えたとき電流 $i=\sqrt{2}|I|\times\sin(\omega t-\theta)$〔A〕が流れたとする．このとき瞬時電力 p の式は次のように計算される．

$$\begin{aligned}
p &= vi \\
&= 2|V||I|\sin\omega t\sin(\omega t-\theta) = 2|V||I|\{\sin\omega t(\sin\omega t\cos\theta-\cos\omega t\sin\theta)\} \\
&= 2|V||I|(\sin^2\omega t\cos\theta-\sin\omega t\cos\omega t\sin\theta) \\
&= |V||I|\{(1-\cos 2\omega t)\cos\theta-\sin 2\omega t\sin\theta\} \\
&= |V||I|\{\cos\theta-\cos(2\omega t-\theta)\} \qquad (1)
\end{aligned}$$

上式において $\cos(2\omega t-\theta)$ の1周期の平均は0であるから，瞬時電力の平均は

$$P=|V||I|\cos\theta \text{〔W〕} \qquad (2)$$

$\theta=0$ ならば，DC 回路の電力と同じ

となる．これが有効電力であり，**1秒ごとに消費する平均の電気エネルギー**（〔W〕=〔J/s〕）を表す．また，$\cos\theta$ は力率と称されるもので，後に詳しく解説される．

次に，式(2)を複素ベクトルの観点から眺めてみる．すなわち，次のようにおく．

$$v=\sqrt{2}|V|\sin\omega t \quad \Rightarrow V=|V|$$
$$i=\sqrt{2}|I|\sin(\omega t-\theta) \Rightarrow I=|I|\angle(-\theta)$$

これらは異なる方向を向いているので，単に V と I を乗じても何ら意味がない．そこで，V と同じ方向の成分 $|I|\cos\theta$ を V に乗じると式(2)と同じになる（図4(a)）．これは，あたかも図4(b)に示すように，同じ方向に力を向けないと綱引きが適切にできないようなものである（違う方向に引っ張ると荷物はどの方向に進むのか？）．実は，物理学によると式(2)はベクトルの内積（inner product）であり，内積は仕事に相当することが知られている．電気回路では，単位時間での仕事として考えているので電力（〔W〕=〔J〕/〔s〕）が相当する．

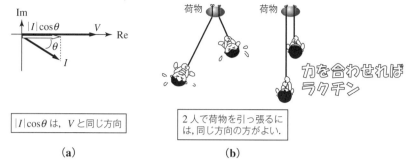

図4 ベクトルから見た有効電力

式 (2) において，$\cos\theta$ の代わりに $\sin\theta$（無効率，後に解説される）を乗じた次式

$$Q = |V||I|\sin\theta \ [\mathrm{var}] \tag{3}$$

が**無効電力**を表す．これは，電源と負荷との間で互いに授受する電力を表し，消費されないものである．なぜならば，式 (1) は次のように変形される．

$$p = \underbrace{|V||I|\cos\theta}_{P} - \underbrace{|V||I|\cos\theta}_{P}\cos 2\omega t - \underbrace{|V||I|\sin\theta}_{Q}\sin 2\omega t$$
$$= \underbrace{P - P\cos 2\omega t}_{\text{有効電力の瞬時値}} - \underbrace{Q\sin 2\omega t}_{\text{無効電力の瞬時値}} \tag{4}$$

この式より，有効電力の瞬時値の平均値は P となるが，無効電力の瞬時値の平均は必ず 0 になる（図5参照）．0 ということはエネルギーを消費しない，すなわち，ある期間に電源から供給された無効電力は次の期間に再び電源へ戻ることを意味する．これは，図2, 3の現象と合致する．

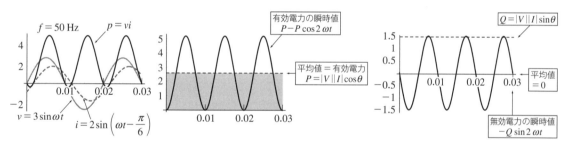

図5 有効電力，無効電力の瞬時値と平均値の例（$v = 3\sin\omega t$，$i = 2\sin(\omega t - \pi/6)$ の場合）

▶ **他の電力**　電圧の大きさと電流の大きさを掛けた電力を**皮相電力**といい，次で表す．

$$S = |V||I| \ [\mathrm{V \cdot A}] \tag{5}$$

皮相電力の単位は〔V・A〕（ボルト・アンペア）である．これは，電気機器において，電圧何ボルトをかけたとき何アンペアの電流が流せるかを知るのに便利であり，**電気機器の容量**を表すのに用いられ，流れる電流の最大値を知りたいときの指標となる．例えば，リアクタンスのみの回路に 100 V をかけたとき，力率（後述）は 0 % だから $P = 0$ である．しかし，電流は流れるのだから，配線設計では，この電流に耐えうるようにしなけ

ればならない．もし，100 V の電源に接続する機器の皮相電力が 1 kV・A であると事前にわかっていれば，流れる電流値が最大でも 10 A とわかり，配線設計の指針となる．

式 (2), (3), (5) より，有効電力，無効電力，皮相電力の間に次の関係を指摘できる．
$$S = \sqrt{P^2 + Q^2} \tag{6}$$

これらをベクトル図で表現すると図 6 のようになる．図 6 に示すベクトル P_C は**複素電力**と称され，ベクトル図に合わせて次で表現される．
$$P_C = P - jQ = \overline{V}I \tag{7}$$
$$|P_C| = S \tag{8}$$

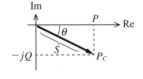

図 6 複素平面上での各電力の関係

式 (7) において，電圧ベクトルの共役（$\overline{V}$）と電流ベクトルとの積が複素電力を表す理由は次のとおりである．
いま，電圧ベクトルと電流ベクトルをそれぞれ次のようにおく．
$$V = |V|\angle\theta_V, \quad I = |I|\angle\theta_I$$
位相差を $\theta = \theta_V - \theta_I$ とおくと
$$\begin{aligned}\overline{V}I &= |V||I|\angle\{-(\theta_V-\theta_I)\} = |V||I|\angle(-\theta) \\ &= |V||I|(\cos\theta - j\sin\theta) \\ &= P - jQ \end{aligned} \tag{9}$$

を得る．この式から，電圧ベクトルの共役をとる理由がわかるであろう．なぜならば，共役をとったベクトルの偏角は負となるから，二つのベクトルの乗算は位相差を求めることになる．さらに，$|V|$ と $|I|$ の積を求めること，これも含めて同時に計算できる，という利点が複素ベクトル演算にはある．また，式 (9) は有効電力と無効電力を同時に求めるのにも使えることがわかるとともに，次の指摘がある．

☞ Q **の符号がマイナスならば誘導性負荷（遅れ力率），プラスならば容量性負荷（進み力率）である．**

これは，$\theta_I > 0$ として，誘導性負荷ならば $I = |I|\angle(-\theta_I)$，容量性負荷ならば $I = |I|\angle(+\theta_I)$ とおいて式 (9) を考えれば導かれる．また，この指摘において，Q そのものが負になるということではなく，その符号に注目していることに留意されたい．

【例題 1】 電圧 200 V，進み位相 30°で 20 A の電流が流れている負荷がある．この負荷の有効電力，無効電力，皮相電力はいくらか．

☞ 答 $P = 2000\sqrt{3}$ W, $Q = 2000$ var, $S = 4000$ V・A

【例題 2】 電圧ベクトルと電流ベクトルが $V = 110 + j80$ [V], $I = 30\sqrt{3} + j30$ [A] のとき，有効電力，無効電力，皮相電力を求めよ．

〈解法〉 電圧の共役ベクトルを $\overline{V}$ とおくと
$$P_C = \overline{V}I = (110 - j80)(30\sqrt{3} + j30) \approx 8116 - j857$$
この式の実部が有効電力，虚部が無効電力を示す．つまり，$P = 8.116$ kW, $Q = 0.857$ kvar である．また，皮相電力は $S = \sqrt{P^2 + Q^2} \approx 8.161$ kV・A である．
□

> 他の本では，$P_C = \overline{V}I = P + jQ$ と表現し，jQ が "+" 符号より，P_C を表す矢印は右上を指す，という解説がある．本書では，本文中の指摘の内容（Q の符号で負荷が誘導性か容量性かがわかる）を優先して考えて式およびベクトル図を表現した．

【**例題3**】 図7の回路で600 Vの電圧をかけたとき，電流の大きさ$|I|$が25 A，消費電力は9 kWであった．RとXを求めよ．

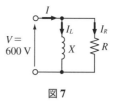

図7

〈**解法**〉 消費電力だからといって，$P=|V||I|\cos\theta$を使うようでは，この問題は解きにくい．電力の消費はRのみで行われるのであって，Xでの電力消費は0であることに注意されたい．したがって，考え方のステップは次のとおりである．

（ⅰ） 9 kWはすべてRで消費され，かつRにかかる電圧がわかっているから，Rとこれに流れる電流$|I_R|$がわかる．

（ⅱ） $|I|=25$ Aおよび$|I|=\sqrt{|I_R|^2+|I_L|^2}$の関係から$|I_L|$が求まる．

（ⅲ） $|V|=X|I_L|$よりXが求まる．

このステップに従うと，ステップ（ⅰ）より

$$P=\frac{V^2}{R} \quad \therefore \quad R=\frac{V^2}{P}=\frac{600\times 600}{9000}=40\ \Omega$$

$$|I_R|=\frac{V}{R}=\frac{600}{40}=15\ \text{A}$$

ステップ（ⅱ）より

$$|I|^2=|I_R|^2+|I_L|^2 \quad \therefore \quad |I_L|=\sqrt{|I|^2-|I_R|^2}=\sqrt{25^2-15^2}=20\ \text{A}$$

ステップ（ⅲ）より

$$X=\frac{V}{|I_L|}=\frac{600}{20}=30\ \Omega$$

□

▶**力率と無効率** 式(2)で表された有効電力を次に再掲する．

$$P=|V||I|\cos\theta\ [\text{W}] \tag{2}$$

これは，$|V|$と$|I|$の積にさらに$\cos\theta$を乗じている．この$\cos\theta$を**力率**という．力率の意味は次のとおりである．

上式に表れるθは，図1に示すVとIの位相差であり，電気回路では$-90°\leq\theta\leq 90°$の範囲をとる．例えば，もし，負荷が抵抗回路ならば位相差は生じないから$\theta=0°$である．したがって，抵抗値をRとおくと式(2)は

$$P=|V||I|=|I|^2 R \tag{10}$$

となり，これは直流回路の章で学んだ結果と同じである．一方，同じ$|V|$と$|I|$であっても，リアクタンスだけの負荷の場合，$\theta=\pm 90°$であるから

$$P=0 \tag{11}$$

となる．つまり，負荷に対する電圧値$|V|$と電流値$|I|$が同じであっても，$\cos\theta$の値によって有効電力の値が異なるということから$\cos\theta$を電**力**を表す**率**，という意味で力率という．電気回路ではθのとりうる範囲は$-90°\leq\theta\leq 90°$であるから，力率は$0\leq\cos\theta\leq 1$の値をとる．この値は小数点の小さな数となるので，これを読みやすくするために100倍してパーセント（%）表示を用いることもある．

世の中にある電気機器の力率はおおよそ表1に示すとおりで，85％以上が良い力率とされる．

表 1　電気機器の力率

機器名	白熱電球・電気ストーブ	蛍光灯	冷蔵庫	洗濯機	電子レンジ
力率〔%〕	100	80～90	70～80	60～80	50～60

力率と対称的な考え方により定められているのが，式(3)の**無効率** $\sin\theta$ であり，これは無効電力を表す率として用いられる．

力率の求め方は種々ある．式(2)または図6に従い，次のような求め方もある．

$$\cos\theta = \frac{P}{|V||I|} = \frac{P}{S} = \frac{P}{\sqrt{P^2+Q^2}} \tag{12}$$

この θ は，電圧と電流の位相差 θ と同じものであり，ひいては負荷のインピーダンス角 θ にほかならないわけだから，負荷のインピーダンスを $Z = R+jX$ とおけば，力率は次からでも求めることができる．

$$\cos\theta = \frac{\mathrm{Re}[Z]}{|Z|} = \frac{R}{\sqrt{R^2+X^2}} \tag{13}$$

力率は $0 \leq \cos\theta \leq 1$ の範囲でしか値をとらない．それでも，力率には遅れと進みがあり，次のように定義される．

◇ **進み力率**　負荷のリアクタンス $X<0$ または 進み電流のとき
◇ **遅れ力率**　負荷のリアクタンス $X>0$ または 遅れ電流のとき

【例題 4】 RLC 直列回路において，$R=1.411\,\Omega$，$L=0.1\,\mathrm{H}$，$C=0.1\,\mathrm{F}$ とする．$\omega=1\,\mathrm{rad/s}$ のときと $\omega=100\,\mathrm{rad/s}$ のときの力率を求めよ．

〈解法〉　インピーダンスは $Z=R+j(\omega L - 1/\omega C)$ であるから，力率は次式で計算される．

$$\cos\theta = \frac{R}{|Z|} \tag{14}$$

この式に，各値を代入して計算すると，$\omega=1\,\mathrm{rad/s}$，$100\,\mathrm{rad/s}$ ともに $\cos\theta \approx 0.141$ となる．

□

この例題で，負荷は $\omega=1\,\mathrm{rad/s}$ のとき容量性，$\omega=100\,\mathrm{rad/s}$ のとき誘導性となる．ここで，力率角 θ は電圧と電流の位相差であり，正負の値をとる．また，θ は負荷のインピーダンス角に相当する．一方，コサイン関数には $\cos\theta = \cos(-\theta)$ の性質があるから，力率そのものに正負はない．このように，力率が同じでも容量性なのか誘導性なのかをはっきり区別したいときには，インピーダンス角を調べるか，電圧と電流の位相差を見ればよい．

【例題 5】 $R=4\,\Omega$ の抵抗と $L\,[\mathrm{H}]$ のインダクタンスを直列接続した負荷がある．これに周波数が $50/\pi\,[\mathrm{Hz}]$ の交流電圧をかけたときの力率は 80% であった．周波数が $200/\pi\,[\mathrm{Hz}]$ のときの力率を求めよ．

〈解法〉　力率角はインピーダンス角で定まることに留意すれば，この問題は解ける．この力率は

$$\cos\theta = \frac{R}{\sqrt{R^2+(2\pi fL)^2}}$$

で与えられるから，この式より L を算出することが可能である．すなわち

$$0.8 = \frac{4}{\sqrt{4^2 + 100^2 L^2}} \quad \text{より} \quad 100^2 L^2 = \frac{4^2}{0.8^2} - 4^2$$

$$\therefore \quad L = \sqrt{\frac{25 - 16}{100^2}} = 0.03 = 30 \text{ mH}$$

よって，$f = 200/\pi$ [Hz] のときの力率は

$$\cos\theta = \frac{R}{\sqrt{R^2 + (2\pi f L)^2}}$$

$$= \frac{4}{\sqrt{4^2 + \left(2\pi \times \dfrac{200}{\pi} \times 0.03\right)^2}} \approx 0.316 = 31.6\%$$

この例では，周波数が高くなるとリアクタンス値が大きくなり力率は低下する．

□

【例題6】 R [Ω] の抵抗と X [Ω] のインダクタンスが直列接続されている．これに直流電圧 100 V をかけたときの消費電力は 500 W であり，交流電圧 200 V をかけたときの消費電力は 1600 W であった．R と X を求めよ．

〈解法〉 直流電源のとき，周波数 f（または角周波数 ω）$= 0$，すなわち $X = 0$ である．したがって，考え方のステップは

（ⅰ） 直流電源のとき，R を求められる．
（ⅱ） 交流電源のとき，$P = |V||I|\cos\theta$, $|I| = |V|/|Z|$, $|Z| = \sqrt{R^2 + X^2}$ より X を求める．

このステップに従うと，ステップ（ⅰ）より $R = 100^2/500 = 20$ Ω, ステップ（ⅱ）より

$$P = |V||I|\cos\theta = |V|\frac{|V|}{|Z|}\frac{R}{\sqrt{R^2 + X^2}} = \frac{|V|^2 R}{R^2 + X^2}$$

$$\therefore \quad X = \sqrt{\frac{|V|^2 R}{P} - R^2} = \sqrt{\frac{200^2 \times 20}{1600} - 20^2} = \sqrt{100} = 10 \text{ Ω}$$

□

【例題7】 図8の回路において消費電力は $P = 200$ W である．この回路の力率を求めよ．

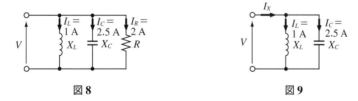

図8　　　　　　　　　図9

〈解法〉 考え方は三つある（他の考え方は読者に委ねる）．一つは，回路のインピーダンス Z を求めてから式(13)を計算する．二つ目は $P = |V||I|\cos\theta$ において $P, |V|, |I|$ を求めてから $\cos\theta$ を計算する．三つ目は，Q が求まれば式(12)を用いて力率を計算できる．ここでは，三つ目の考え方で解いてみよう．

初めに，次の事実

☞ 消費電力は抵抗のみ，無効電力はリアクタンスのみが関係する．

このことに留意する．消費電力に注目すると電圧 V を求めることができる．すなわち

$$P = VI \quad \therefore \quad V = \frac{200}{2} = 100 \text{ V}$$

次に，無効電力を考える．無効電力を考えるとき，抵抗は無視して考えてもよいので，図8の回路のインダクタンス，キャパシタンスだけを考えた図9を見る．この図において，インダクタンス，キャパシタンスに流れる電流の位相は正反対であるから，合成リアクタンスに流れ込む電流 I_X の大きさは 1.5 A である．また，力率角は 90°（インピーダンス角が 90° より）であるから

$$Q = |V||I|\sin 90° = 100 \times 1.5 = 150 \text{ var}$$

したがって，求める力率は次のとおりである．

$$\cos\theta = \frac{P}{\sqrt{P^2 + Q^2}} = \frac{200}{\sqrt{200^2 + 150^2}} = \frac{200}{250} = 0.8$$

□

この例題において，三つ目の考え方は，RLC 素子の値を求めずに解を得ることができたことに留意されたい．一方，一つ目，二つ目の考え方に従うと，RLC 素子の値を求めてから，並列回路のインピーダンスを求めるために複素数の分数計算という手間がかかる．ちなみに，図8の回路のインピーダンスは $Z = 32 - j24$ 〔Ω〕である．

2 電力量と力率改善

電力会社は，電力の量を売買の対象にしている．例えば，800 W のドライヤーを 100 s 使用した場合と，30 W の電球を 24 時間使用した場合とでは，後者の方が電気料金が高い．このように，電気料金は電力そのものの値ではなく，どれだけ電力の量を使ったかに応じて定まる．この電力の量が**電力量**（electric energy）である．

電力量は次で定められる．

> **電力量〔W·s〕= 消費電力〔W〕× 時間〔s〕**　　　　　(15)

これに類似して，無効電力量は次で定められる．

> **無効電力量〔var·s〕= 無効電力〔var〕× 時間〔s〕**　　　(16)

ここで，1章5節でも述べたように，有効電力は 1 秒ごとに消費される電気エネルギーのことである．これを単位で表現すると

$$[\text{W}] = \frac{[\text{J}]}{[\text{s}]} \tag{17}$$

であった．この式と式(15)より，次の指摘ができる．

☞ 電力量とは仕事（エネルギー）のことである．

結局，電気料金とは仕事の量に応じた料金を意味する．実用上は電力量の単位として〔J〕よりも，電力をどれだけ使ったかが直感的に認識しやすい〔W·s〕を用いる．また，一般家庭や工場での電力消費量を〔W·s〕で表現すると膨大な数値となるため，次の単位がよく用いられる（1章5節参照）．

〔W·h〕（ワット時）　　　= 3600 W·s

〔kW·h〕（キロワット時）= $10^3 \times 3600$ W·s

> 一般家庭における実際の電力料金は，契約アンペアに応じた基本料金と使用電力量で定まる．ただし，使用電力量に対する課金は単純比例でなく，ある量を境に段階的にその単価が上がる仕組みになっている．

【例題 8】 定格電圧をかけたとき，電力 900 kW，力率 80 % の負荷がある．40 分間使用したときの電力量，無効電力量を求めよ．

答 600 kW·h, 450 var·h

【例題 9】 ある負荷における電力量が 500 kW·h，無効電力量が 71.246 kvar·h であった．この負荷の力率はいくらか．

答 0.99

　電力を供給する立場から考えると，負荷の力率の善しあしは料金や電線の保全などに関して重要な要素となる．例として，次のように電圧，電流は同じであるが力率の異なる A 家と B 家があったとする．

表2　力率と電気料金（1 kW·h を 20 円に換算）

	電圧〔V〕	電流〔A〕	力率〔%〕	電力〔kW〕	時　間	電力量〔kW·h〕	電気料金〔円〕
A 家	100	20	100	2	10	20	400
B 家	100	20	50	1	10	10	200

　この表に示すように，電力が異なるから，電力量も異なり，電気料金に差が出る．電力会社から見れば，電圧・電流とも同じ値を供給しているにもかかわらず，B 家からは A 家の半分の料金しか徴収できないことになる．

　次の例として，消費電力は同じ P〔W〕であるが，力率が 100 % と 50 % の負荷を考える．同じ電圧をかけても，力率 50 % の負荷は 100 % の負荷より 2 倍の電流値が流れることになる．電力供給側から見ると，消費電力と電圧は同じでも，力率が低い負荷には大きな電流を供給することになる．これは，電線での送電損失が増えて低効率な送電につながる．

　一般に力率 85 % 以上が良い力率とされる．工場ではコンプレッサやモータを多く使うため，工場の力率は低い．このため，工場側は力率をある一定以上に改善するという契約を電力会社と結ぶのが普通である．この力率改善の例を次の例題を通して説明する．

【例題 10】 図 10 (a) に示す負荷は，消費電力 1200 W，遅れ力率 80 % の誘導性負荷である．これに 120 V の電圧をかけたときに流れる電流の大きさ $|I_{80}|$ を求めよ．次に，図 10 (b) に示すように，この負荷に並列にキャパシタを挿入して力率を 100 % にする C〔F〕を求めよ．ただし，$\omega = 377$ rad/s とする．また，このとき流れる電流の大きさを求めよ．

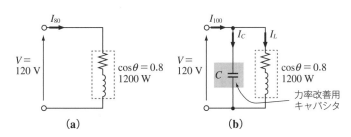

図 10　力率改善の例

⟨解法⟩ 力率が 80 % のときの電流の大きさは次で求まる．

$$|I_{80}| = \frac{P}{|V|\cos\theta} = \frac{1200}{120 \times 0.8} = 12.5\,\text{A}$$

力率を 100 % にする C の値を求める考え方は，次の 2 通りが考えられる．

（ⅰ） アドミタンス Y を求める．力率が 100 % ということは，$\text{Im}[Y] = 0$ であるから，この式から C を求める．

（ⅱ） キャパシタンスには進み電流が流れ，負荷には遅れ電流が流れる．この二つの電流の和が電圧と同相になればよい．このため，ベクトルを描いて図式的に求める．

考え方（ⅰ）による解法は読者に委ねるものとし，ここでは，考え方（ⅱ）による解法を示す．

図 10(a) の I_{80} のベクトル図を図 11(a) に示す．この I_{80} の縦成分 $|I_{80}|\sin\theta$（虚部）と図 10(b) の I_C は，位相が正反対であるから，I_C の大きさを $|I_{80}|\sin\theta$ と同じにすれば，これらは相殺されることに注目されたい．このことを説明したのが図 11(b) である．

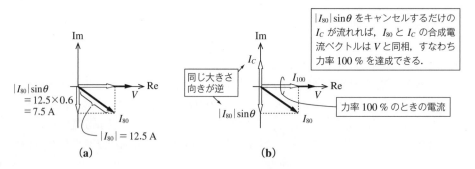

図 11　力率改善の説明

図 11 に基づき，C のリアクタンス値は $X = |V|/|I| = 120/7.5 = 16\,\Omega$ となる．これより，$C = 1/(\omega X) = 1/(377 \times 16) \approx 166\,\mu\text{F}$ を得る．このとき流れる電流 $|I_{100}|$ は $|I_{80}|\cos\theta$ に等しく，その値は 10 A である．

□

3　デシベル

電気工学では，二つの電力の大きさの比が 10^n であるとき，そのままであると認識しにくいので対数を用いた指標がある．これは，例えば，二つの電力を P_1, P_2 とするとき次の指標を考える．

$$\log \frac{P_1}{P_2}\,[\text{B}] \quad (\text{ベルと発音})$$

したがって，その比が 10^6 倍であるとき 6 ベルとなる．ベルは，電話の発明に貢献した A.G. Bell（英，1847〜1922）に由来する．このままでは，ベルの値が小さいという理由で，10 倍してデシベル（dB；decibel）という単位で表す．

$$10\log\frac{P_1}{P_2}\,[\text{dB}]$$

この指標を用いると，10^6 倍の比があるとき 60 デシベルとなる．

電圧や電流の比を表す場合，電力での比と相違がないようにしなければならない．このため，抵抗 R に電圧 V を加えると，消費電力は

$$P = I^2 R = \frac{V^2}{R}$$

で表されるから

$$10 \log \frac{P_1}{P_2} = 10 \log \frac{I_2^2 R}{I_1^2 R} = 20 \log \frac{I_2}{I_1}$$

$$= 10 \log \frac{V_2^2/R}{V_1^2/R} = 20 \log \frac{V_2}{V_1}$$

となる．よく用いられる対応数値例を表3に示す．

表3　デシベルの対応数値表

デシベル (dB)	電力比	電圧・電流比
-30	$1/1000$	$1/\sqrt{10^3} \approx 0.0316$
-20	$1/100$	$1/10$
-10	$1/10$	$1/\sqrt{10} \approx 0.316$
-6	$\approx 1/4$	$\approx 1/2$
-3	$\approx 1/2$	$\approx 1/\sqrt{2}$
0	1	1
3	≈ 2	$\approx \sqrt{2}$
6	≈ 4	≈ 2
10	10	$\sqrt{10} \approx 3.16$
20	100	10
30	1000	$\sqrt{10^3} \approx 31.6$

 Tea break

異なる単位の加算　0章2節で，異なる単位の物理量の加減算はできない，と説明した．これは，物理学の一般ルールである．一方，本章1節で複素電力を $P_C = P - jQ$ と表現した．P と Q の単位は異なるのに，この減算は許されるのだろうか？　もちろん，単純な減算 $P - Q$ ができないことは明白である．複素数ならば認められるのか？　というと，ちょっと不思議な感じがする．このことを読者はどのように考えるのだろうか？

日本の電力系統の周波数　明治21（1888）年ごろまでは，東京は直流，大阪は交流を支持していたため混乱していた．明治22年に大阪電灯は 125 Hz 交流発電機を輸入，営業していたようである．東京電灯は明治28年，ドイツ AEG 社製 50 Hz 三相交流発電機を輸入した．一方，大阪，神戸，京都，名古屋の各電灯会社は米国 GE 社製 60 Hz 交流発電機を採用した．これが，現在，日本の商用電源周波数が，富士川を境に東日本は 50 Hz，西日本は 60 Hz となっている出発点となった．

ベルと電話　Alexander Graham Bell（英国エジンバラ，1847～1922）が電話機を発明したとき，もう一人シカゴのグレーという街の発明家が異なる形式の電話機を発明していた．ベルもグレーも1876年2月14日に米国特許庁に特許申請を提出したが，ベルの提出のほうが2時間ほど早かったため，ベルが特許権を得た．この後，1877年にエジソンが発明した別方式の電話機の使用を主張するウェスタン・ユニオン社との間で特許権問題の争いが起こった．大発明には特許権争いはつきものか？　この後，1878年ベル電話会社を設立，これは後に世界最大の通信会社 AT & T となる．ベルは，祖父，父の影響を受けて，晩年ろうあ者の教育に尽くす．

1　電力と力率　　149

2 共振回路と Q

▼要点

1 共振現象とは
▶ 共振回路と共振周波数 f_r

	2 直列共振	3 並列共振
主要な式とベクトル図	$Z = R + j\left(\omega L - \dfrac{1}{\omega C}\right)$ $I = \dfrac{E}{Z}$ 大きさ $\Rightarrow$ $|I| = \dfrac{|E|}{|Z|}$ リアクタンス $\omega L = \dfrac{1}{\omega C}$ のとき $|Z|$ は最小($=R$) ∴ $|I|$ は最大 共振角周波数 ω_r 共振周波数 $f_r = \dfrac{1}{2\pi\sqrt{LC}}$	$Y = \dfrac{1}{R} + j\left(\omega C - \dfrac{1}{\omega L}\right)$ $I = YE$ 大きさ $\Rightarrow$ $|I| = |Y||E|$ サセプタンス $\omega C = \dfrac{1}{\omega L}$ のとき $|Y|$ は最小$\left(=\dfrac{1}{R}\right)$ ∴ $|I|$ は最小 共振角周波数 ω_r 共振周波数 $f_r = \dfrac{1}{2\pi\sqrt{LC}}$
共振時の状態	▷ $V_R = E$ ▷ $V_L = -V_C$ となる. 　大きさは同じ,位相が $180°$ 反転 　$|V_L|, |V_C|$ を $|E|$ より大きくすることが可能	▷ $I_R = I$ ▷ $I_L = -I_C$ となる. 　大きさは同じ,位相が $180°$ 反転 　$|I_L|, |I_C|$ を $|I|$ より大きくすることが可能
共振曲線の鋭さ	$Q = \dfrac{f_r}{f_2 - f_1} = \left\|\dfrac{V_L}{E}\right\|_{f=f_r} = \dfrac{\omega_r L}{R} = \left\|\dfrac{V_C}{E}\right\|_{\omega=\omega_r}$ $= \dfrac{1}{\omega_r CR} = \dfrac{1}{R}\sqrt{\dfrac{L}{C}}$	$Q = \dfrac{f_r}{f_2 - f_1} = \left\|\dfrac{I_L}{I}\right\|_{f=f_r} = \dfrac{R}{\omega_r L} = \left\|\dfrac{I_C}{I}\right\|_{\omega=\omega_r}$ $= \omega_r CR = R\sqrt{\dfrac{C}{L}}$
その他	用途:ラジオ,TV の選局,発振回路など	悪影響:電力系統の火災など

4 回路素子の良さ Q
▶ 回路素子の良さ Q:Q の値が高いほど素子の程度は良い.
▶ インダクタの Q:$Q_L = \dfrac{X_L}{R} = \dfrac{\omega L}{R}$ ▶ キャパシタの Q:$Q_C = \dfrac{X_C}{G} = \dfrac{\omega C}{G}$

この節の Q は無効電力の Q と別物.

1 共振現象とは

共振現象(**resonance phenomena**)は,図 1 に示すように,ラジオや TV の選局に

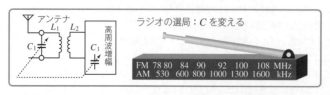

図 1 生活にかかわる共振現象

有効利用されている．一方，電流値が大きい電力系統で共振現象が生じると，ビル火災が生じることがあり避けなければならない現象である．このように，共振現象は，私達の生活にかかわるため，交流回路の基礎技術として扱われる．

図2は，一定電圧Eの交流電圧源に接続された回路において，電源の周波数fを変えていくとき，抵抗Rの両端の電圧V_Rを観測し，その実効値をプロットしたものである．図2(c)に示すように，RLC直列回路では，電流値I（V_Rを観測すればIがわかる）が最大となる周波数が存在する．また，図3は，周波数を変えて，V_Rを観測したときの波形のイメージ図である．

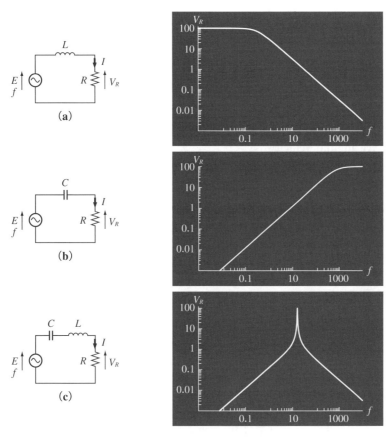

図2 RLC素子の電圧・電流特性

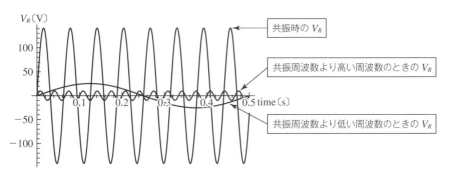

図3 RLC直列回路の各周波数に対するV_Rの実効値

V_R は R 素子の両端電圧であるから，V_R を回路電流 I と同じ波形（振幅が異なるが同相である）とみなすと，図 2 の現象を観察した結果，次のことがいえる．

☞ 図 2(a) より，インダクタは，低周波数のとき電流を通しやすく，高周波数になるにつれて電流を通しにくくなる．これは，インダクタのインピーダンスが $Z = j\omega L$ であることから説明がつく．すなわち，$f \to$ 大のとき $|Z| \to$ 大である．

☞ 図 2(b) より，キャパシタは，低周波数のとき電流を通しにくく，高周波数になるにつれて電流を通しやすくなる．これは，キャパシタのインピーダンスが $Z = 1/j\omega C$ であることから説明がつく．例えば，$f \to$ 大のとき $|Z| \to$ 小である．

☞ 図 2(c) より，インダクタ，キャパシタおよび抵抗器が直列接続の場合，電流が最大となる f が存在する．

図 2(c) に示すように，周波数 f（後述するように L や C の値と関係する）が変化することにより，回路の電圧・電流が大きく変わる現象を**共振現象**（resonance phenomena）といい，そのような現象を示す回路を**共振回路**（resonance circuit）という．共振現象を示しているときの周波数 f_r および角周波数 ω_r をそれぞれ**共振周波数**（resonance frequency），**共振角周波数**（resonance angular frequency）または**共振角速度**（**resonance angular velocity**）という．添字の r は resonance の頭文字である．

図 2(c) または図 3 に示すように，共振現象のとき V_R の振幅 $|V_R|$ は最大となる（すなわち，$|I|$ も最大）．このときの周波数より低くとも高くとも $|V_R|$ は小さくなり，最大振幅との比は数倍〜数千倍にもなることがある．この現象を利用して，電子・通信分野ではテレビ，ラジオの選局に有効利用され，電力分野では火災の原因となるため共振が生じないような対策が施されるなど，我々の生活への影響は大である．次節では，共振現象が生じるメカニズムおよび用途などについて説明する．

2 直列共振

図 4(a) に示す RLC 直列回路の共振現象について説明する．

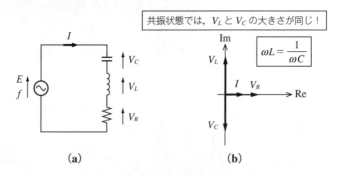

図 4　RLC 直列共振回路

RLC 直列回路のインピーダンスおよびその大きさは次式で与えられる．

$$Z = R + j\left(\omega L - \frac{1}{\omega C}\right), \quad |Z| = \sqrt{R^2 + \left(\omega L - \frac{1}{\omega C}\right)^2} \tag{1}$$

これより，回路に流れる電流 I の大きさ $|I|$ は次で求まる．

$$|I| = \frac{|V|}{|Z|} = \frac{|V|}{\sqrt{R^2 + \left(\omega L - \frac{1}{\omega C}\right)^2}} \tag{2}$$

この式を見て，電圧一定の条件の下で，$|I|$ が最大となるのは分母が最小になる場合である．分母を見ると，R^2 は一定なのだから（　）^{2} が 0 となると分母は最小となる．これより，リアクタンスが次の条件

$$\omega L = \frac{1}{\omega C} \tag{3}$$

を満たすとき共振現象を示す．上式をもう少し整理すると

$$\omega_r = \frac{1}{\sqrt{LC}}, \quad f_r = \frac{1}{2\pi\sqrt{LC}} \tag{4}$$

が共振条件の別の表現であり，それぞれ共振角周波数，共振周波数である．共振状態のとき，$|I|$ は最大値をとり，V_R と E が等しくなる．すなわち

$$I_r = \frac{E}{R} \,[\text{A}], \quad V_R = E \,[\text{V}] \tag{5}$$

また，共振時の V_L, V_C は次となる．

$$\begin{cases} V_L = j\omega L \times I = j\omega L \dfrac{E}{R} \\ V_C = \dfrac{1}{j\omega C} \times I = -j\dfrac{1}{\omega C}\dfrac{E}{R} = -V_L \end{cases} \left(\because \omega L = \frac{1}{\omega C}\right) \tag{6}$$

この式は，V_L と V_C の位相がちょうど 180°反転し，$|V_L|=|V_C|$ であるから，互いに打ち消し合うことを意味する．このことは，電源電圧よりも大きな値をとる電圧拡大作用が生じる可能性を示している．これを次の例題を通して確認する．

【例題 1】 図 4(a) において，$R=2\,\Omega$，$C=2.5\,\mu\text{F}$，$L=40\,\text{H}$，$E=100\,\text{V}$ とする．共振周波数 f_r を求めよ．次に，$f=1, 2, 10, 20, 100, 200$ および f_r のときの，$|Z|,|I|,|V_R|,|V_L|,|V_C|$ を求めよ．

〈解法〉 式 (4) より，$f_r = 15.9155\,\text{Hz}$ である．また，各大きさを表 1 に示す．

表 1　例題 1 の解

f [Hz]	$|Z|$ [Ω]	$|I|$ [A]	$|V_R|$ [V]	$|V_L|$ [V]	$|V_C|$ [V]
1	1585.27	0.0630808	0.126162	0.396349	100.396
2	783.211	0.12768	0.255359	1.60447	101.604
10	96.3439	1.03795	2.0759	65.2163	165.195
15.9155	2	50	100	5000	5000
20	46.1296	2.1678	4.33561	272.414	172.508
100	612.406	0.16329	0.326581	102.598	2.59885
200	1248.68	0.0800845	0.160169	100.637	0.637292

この表から，共振時において次のことがいえる．

○ $|I|$ は最大
○ $|V_R|$ と E と同じ大きさである．
○ $|V_L|=|V_C|$ となり，この大きさは E の 50 倍である．

あたかも，この回路から L と C が消え，R だけの回路になったように見える．ちょっと不思議な感じ．

この例題のように，$|V_L|, |V_C|$ が $|E|$ より常に大きくなるとは限らないが，L, C および f を適切に選定すれば，この例のように電圧拡大作用を生じさせることができる．

共振現象では，L 素子と C 素子がキャッチボールを行うようにお互いにエネルギーを授受し，電源からはあたかも R 素子のみに見える，という状態になる．このように LC 素子が**共**にエネルギーの授受を**振**動的に行うような様子に見えることから共振という語が与えられた．同類語で音の場合は**共鳴**，また，共振を利用して特定周波数を選択する（ラジオ，TV などの）場合には**同調**（**調**子を**同**じにする）という．

▶ **フィルタの原理**　　共振状態の影響は我々の生活にどのように役立つ（または有害となる）のであろうか？　電力系統にある電気機器には，数十～数百 A の大電流が流れている．このため，共振状態を生じると数千 A の電流が流れ，電線や電気機器の火災につながるため，この共振状態は避けなければならない．反対に，もっと身近な例で有益に利用されているのが，ラジオや TV の選局である．この原理を次の例を通して見てみよう．

【例題 2】　例題 1 と同じ値の RLC 直列回路を用いて図 5 (b) に示すように，振幅値は同じであるが異なる周波数 10，$f_r (= 15.9155)$，20 Hz の電圧源を接続する．このとき，R の両端の電圧 v の波形を描け．

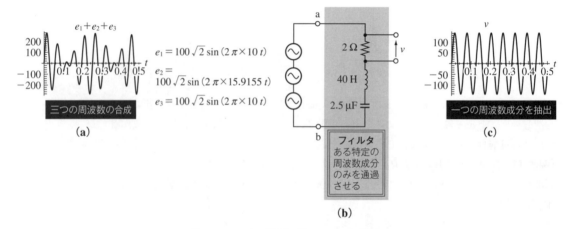

図 5　RLC 直列共振回路のフィルタ効果

〈解法〉　端子 ab 間の電圧（負荷にかかる電圧）は，単に加算した $e_1 + e_2 + e_3$ となる．この波形を図 5 (a) に示す．

厳密な考え方は，重ね合せの定理に従い，各電源単独のときの電流を個別に求める．各電流に R を乗じると，各周波数に対する三つの v が求まるので，この三つを単純に加算すれば答えが得られる．これに対する近似的な求め方を示す．表 1 より，共振周波数 f_r のときの $|I|$ は，10 Hz のときの 48 倍，20 Hz のときの 23 倍であるから，グラフで表現すると f_r 以外の場合の電流値は視認できないほど小さい．したがって，f_r 単独の場合の v の波形を描いても現実的にはよいとみなされる．事実，図 5 (c) は厳密な計算を行った解をグラフ表示しているが，この波形は f_r 単独の場合と視覚的には何ら変わらない．

□

この例題のように，複数の周波数成分から，特定の周波数成分だけを通過させる回路を**フィルタ**（**filter**）と称する．この原理を用いれば，ラジオや TV などの電波受信機器

において，特定の局のみを選局できる．この場合，式(3)または式(4)を見てわかるように，特定のfを抽出するため，LまたはCを変化させて共振現象を生じさせる．LC素子の値を変化させて共振状態を作ることを**同調をとる**という．

▶ **Q, 共振曲線の鋭さ** RLC直列回路において，$E=1\mathrm{V}, L=1\mathrm{H}, C=1\mathrm{F}$とし，$R=0.1\,\Omega$と$0.2\,\Omega$の2通りの場合において，$f$に対する$|I|$を描いたのが図6である．

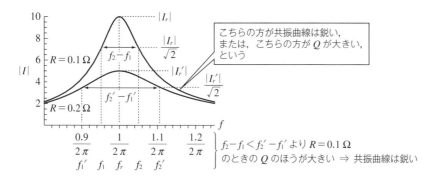

図6 RLC直列共振回路の共振曲線の鋭さ

この図で，どちらの曲線も共振周波数は同じ$1/2\pi$[Hz]であるが，その形状は異なる．この形状を区別する量として次のQという量を定義する．

$$Q = \frac{f_r}{f_2 - f_1} \tag{7}$$

ここに，f_1, f_2は$|I_r|$の$1/\sqrt{2}$倍となる電流値が生じるときの周波数である．この定義（図6参照）と式(7)より，f_rを中心としてf_2-f_1が小さくなれば共振曲線が鋭い，すなわちQの値が大きくなる．共振回路としては，フィルタの観点からQの値が大きいほうがよいとされる．

共振曲線の鋭さを表す指標（式(7)）とは別の観点として，共振時の$|V_L|$または$|V_C|$と電源電圧$|E|$との比，すなわち電圧拡大率を考える．この拡大率は式(6)より次式で定義される．

$$Q = \left|\frac{V_L}{E}\right|_{f=f_r} = \left|\frac{V_C}{E}\right|_{\omega=\omega_r} = \frac{\omega_r L}{R} = \frac{1}{\omega_r CR} = \frac{1}{R}\sqrt{\frac{L}{C}} \tag{8}$$

このQも，共振回路としては大きいほうがよいとされる．例えば，Rが小さいほど共振曲線は鋭くなる．実は，式(7)と式(8)のQは等価である．この証明は本節の最後に示す．

式(8)に示すQは共振回路の良さを表す量としてquality factorの頭文字が当てられている．さらに，このQは，後述するようにL素子やC素子の良さを表す指標とも一致する．

【例題3】 図6に示す二つの共振曲線に対するQを求めよ．

答 $R=0.1\,\Omega$のとき$Q=10$, $R=0.2\,\Omega$のとき$Q=5$

【例題4】 図4(a)に示すRLC直列回路が共振状態にあるとき，$|E|=10\mathrm{V}, |V_L|=100\mathrm{V}, R=2\,\Omega, \omega=100\,\mathrm{rad/s}$であった．$L$の値を求めよ．

答 $L=200\,\mathrm{mH}$

3 並列共振

図7(a) に示す RLC 並列回路の共振現象は，直列回路の場合とほぼ同様に説明できる．

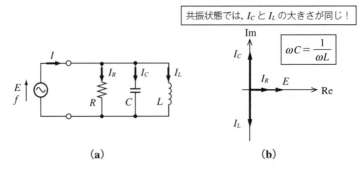

図7　RLC 並列回路

図7の回路のアドミタンスは

$$Y = \frac{1}{R} + j\left(\omega C - \frac{1}{\omega L}\right), \quad |Y| = \sqrt{\left(\frac{1}{R}\right)^2 + \left(\omega C - \frac{1}{\omega L}\right)^2} \tag{9}$$

であり，電流 $|I|$ は

$$|I| = |Y||E| = \sqrt{\left(\frac{1}{R}\right)^2 + \left(\omega C - \frac{1}{\omega L}\right)^2}|E| \tag{10}$$

である．この式より，サセプタンスが次の条件

$$\omega C = \frac{1}{\omega L} \tag{11}$$

を満たすとき，$|Y|$ は最小となり，並列回路での共振状態を示す．この条件式の別の表現は

$$\omega_r = \frac{1}{\sqrt{LC}}, \quad f_r = \frac{1}{2\pi\sqrt{LC}} \tag{12}$$

である．この表現は直列回路のときと同じである．

共振状態のとき，I_R は I と等しくなり，$|I|$ は最小値をとる．すなわち

$$I_R = I, \quad |I| = \frac{|E|}{R} \tag{13}$$

となる．また，I_L と I_C は次となる．

$$I_L = \frac{1}{j\omega L} E$$

$$I_C = j\omega C E = -I_L \quad \left(\because \quad \omega C = \frac{1}{\omega L}\right) \tag{14}$$

この二つは位相が反転し，かつその大きさは等しいので，図7(b) に示すように，お互いに打ち消し合う．

次に，並列共振回路において，R 素子がなく，LC 素子のみの場合，図8に示すように，電源を切り離しても電流が流れる．

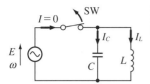

図8 *LC* 並列共振回路

一見不思議に見える現象であるが，いったん，C 素子（または L 素子）にエネルギーが蓄えられたならば，永久に LC 素子同士でエネルギーの授受を行う．この授受が損失なく行われるならば，電源からのエネルギーの供給を不要とする，すなわち電源からの電流が 0 となる．実際には，LC 素子に必ず損失があるので，こういった現象は生じない．

▶ **Q, 共振曲線の鋭さ** RLC 並列回路において，$E=1$ V, $L=1$ H, $C=1$ F とし，$R=100\,\Omega$ と $5\,\Omega$ の 2 通りの場合において，f に対する $|I|$ を描いたのが図9である．

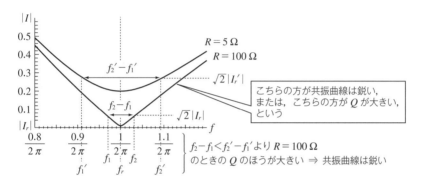

図9 *RLC* 並列共振回路の共振曲線の鋭さ

Q は，直列回路と同様の定義がされており，次のとおりである．

$$Q = \frac{f_r}{f_2 - f_1} = \left|\frac{I_L}{I}\right|_{f=f_r} = \frac{R}{\omega_r L} = \left|\frac{I_C}{I}\right|_{\omega=\omega_r} = \omega_r CR = R\sqrt{\frac{C}{L}} \quad (15)$$

$f = f_r$ と $\omega = \omega_r$ は，共振時を表す，という点で同じ意味と考えてよい．

この式において，例えば R が大きいほど共振曲線は鋭くなる．直列共振回路の場合と異なる点は，電圧拡大率の代わりに電流拡大率 $|I_L/I|$ と $|I_C/I|$ を考えていること，また，リアクタンス比の代わりにサセプタンス比で表されていることである．この証明は本章最後に示す．

4 回路素子の良さ Q

インダクタやキャパシタは，交流電力をまったく消費せず（すなわち，エネルギー消費なし），交流電流の流れを妨げるリアクタンス（$\omega L, 1/\omega C$）としてエネルギーを蓄え，放出することを前に述べた．しかし，実際のインダクタやキャパシタには必ず損失（巻線の導線，電極など）がある．この損失を抵抗で表した等価回路を図10に示す．この図に対応して，回路素子の良さの指標を考える．回路素子の良さは，リアクタンス分に対し相対的に抵抗の損失分が小さければ，それだけ素子が高級という価値を考え，損失分が小さければ価値は高くなるという，回路素子の良さの指標を定義する．この定義を式で表現したのが次式に示す Q である．

図10 *LC*素子の等価回路と*Q*

$$Q = \frac{\omega L}{R} \quad (インダクタのQ) \tag{16}$$

$$Q = \frac{\omega C}{G} \quad (キャパシタのQ) \tag{17}$$

ここに，*Q* は quality factor の頭文字をとったものである．

この *Q* の式を見ると，実は直列・並列共振で述べた式(8), (15) の *Q* と同じである．これは，電圧拡大率，または電流拡大率を定める観点と，共振回路も回路素子の良さを定める観点も物理的に同じことを意味しているため，式も同じとなる．

インダクタの場合の *Q* は，ω に比例しているが，実際は周波数が高くなるにつれて，抵抗 *R* が大きくなる性質がある（高周波抵抗という）ので，*Q* はあまり大きくならない．また，*L* を大きくするため，導線の巻数を増やしても導線の距離に比例して *R* が大きくなるので，やはり *Q* はあまり大きくならない．*Q* を大きくするには，空隙を短くしたり，磁心を用いるなどの工夫がいる．

▶ 式(7)＝式(8)の証明　図4の直列 *RLC* 回路において

$$|I| = \frac{|E|}{\sqrt{R^2 + \left(\omega L - \dfrac{1}{\omega C}\right)^2}} \tag{18}$$

ここで，共振角周波数 ω_r における電流を I_r とおけば，$\omega = \omega_r$ において次が成り立つ．

$$\left(\omega L - \frac{1}{\omega C}\right)^2 = 0, \quad |I_r| = \frac{|E|}{R}$$

次に，$|I_r|$ の $1/\sqrt{2}$ 倍となる電流が流れる周波数を求める．これは，式(18)において

$$R^2 = \left(\omega L - \frac{1}{\omega C}\right)^2$$

が成立すれば電流は $1/\sqrt{2}$ 倍となる．上式より

$$\omega L - \frac{1}{\omega C} = \pm R \tag{19}$$

初めに，右辺が $+R$ の場合を考える．この場合 $\omega^2 LC - \omega CR - 1 = 0$ より

$$\omega = \frac{1}{2}\left\{\frac{R}{L} \pm \sqrt{\left(\frac{R}{L}\right)^2 + \frac{4}{LC}}\right\} \tag{20}$$

この結果において，複号は ＋ だけを採用し，これを ω_2 とおく．

式(19)の右辺が $-R$ の場合を考える．同様にして，$\omega = \omega_1$ とおいて

$$\omega_1 = \frac{1}{2}\left\{-\frac{R}{L} + \sqrt{\left(\frac{R}{L}\right)^2 + \frac{4}{LC}}\right\} \tag{21}$$

式(20), (21) より
$$\omega_2 - \omega_1 = \frac{R}{L}$$
したがって
$$\frac{\omega_r}{\omega_2 - \omega_1} = \frac{\omega_r L}{R}$$
上式の左辺は式(7)の右辺に等しく,かつ上式の右辺は式(8)に等しい.

□

並列回路の場合(式(15))も同様にして証明できる.

備考　時々,見掛ける勘違いとして,
　　　共振状態　→　インピーダンスの大きさ $|Z|$ が最小　→　回路の電流が最大
が,どのような場合でも成り立つと覚え込んでしまっていることがある.RLC 直列回路の場合には正しいが,RLC 並列回路の場合には正しくない.並列回路の場合,最小になるのはアドミタンス $|Y|$ であって,$|Z|$ は最大となる.これを詳しく見ると,周波数に対するベクトル Z が描く軌跡は円となり,原点から最遠点までの距離が共振時の $|Z| = 1/R$ となる.本書では省いたが,インピーダンスを幾何の観点から解析するベクトル解析は,周波数特性を調べるのに有用である.

Tea break

　電気工学において,共振現象を避けるのは電力系統やアンプなどにおいてであり,かたや共振現象を積極的に利用(ラジオ,TV,電子回路の発振回路など)することが多い.一方,建築・機械の分野において,共振現象は絶対避けるべきもの,という認識がある.これは,歴史的背景によるものである.共振現象による悪い結果として世界的に有名な事件の一つに,タコマ橋(米国)の破壊がある.この橋は吊り橋で,当時としてはかなり頑丈に造られたにもかかわらず,1940年にわずかな風に共鳴(共振のこと)して,ついには破壊した.この事件の教訓は,どれだけ頑丈に造ったとしても,共振周波数が風(たとえ,そよ風でも)の周波数と同じであるならば,簡単に破壊される,ということである.現在では,かなり高度なコンピュータシミュレーションに基づく設計で,そよ風から超大型台風の風まで共振しないように造られる.なお,タコマ橋の写真,崩落の瞬間のビデオは,インターネットの検索サイトにおいてキーワード "tacoma","narrows" および "bridge" の AND 条件で簡単に探し出せる.

3 交流ブリッジ回路

> ### ▼要点
>
> **1 交流ブリッジ回路と平衡条件**
> ▶平衡条件
> $Z_1 Z_4 = Z_2 Z_3$
>   平衡条件式において，複素数表現であるから，実部と虚部を別々に比較する．
> ▶種々のブリッジ回路
>   ウィーンブリッジ，カレー・フォレスターブリッジ

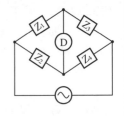

1 交流ブリッジ回路と平衡条件

2章の直流回路網解析においてホイートストンブリッジ回路を学んだ．交流回路においても，交流電源とインピーダンス素子で構成された交流ブリッジ回路がある．この基本形は図1に示すとおりで，ホイートストンブリッジ回路と同様に，検流計Dに電流が流れないよう（これを平衡状態という），各インピーダンスを調整する．

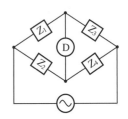

図1 交流ブリッジ回路

▶**平衡条件** 平衡状態となることを平衡条件といい，次式で表される．

$$Z_1 Z_4 = Z_2 Z_3 \tag{1}$$

この証明は，実数を単に複素数に拡張するだけで，ホイートストンブリッジ回路の場合と同じ考え方で導ける．

ホイートストンブリッジ回路の平衡条件式は実数で表現されたが，式(1)は複素数で表現されているので，その等式を考えるときは実部と虚部を別々に考えなければならない．このことを見るため次の例題を考える．

【例題1】 図2の交流ブリッジ回路の平衡条件を求めよ．

〈解法〉 平衡条件より，題意の計算式が求まる．電源の角周波数をω [rad/s]とおくと，平衡条件は次で表される．

$$R_1(R_4 + j\omega L_4) = R_2(R_3 + j\omega L_3) \tag{2}$$

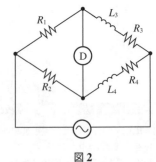

図2

上式で注意されたいのは，等号が成り立つのは，左辺と右辺の実部同士が等しく，かつ虚部同士が等しい場合に限る（図3）．

したがって，式(2)より平衡条件は次の2式である．

実部同士の比較 $\Rightarrow R_1 R_4 = R_2 R_3$ (3)

虚部同士の比較 $\Rightarrow R_1 L_4 = R_2 L_3$ (4)

ブリッジ回路が平衡するには式(3), (4)の2式が同時に成り立たなければならない．

> **複素数の等式**
> $R_1+jX_1=R_2+jX_2$　この等式が成立するには　$\begin{cases}R_1=R_2\text{（実部同士が等しい）}\\X_1=X_2\text{（虚部同士が等しい）}\end{cases}$

図3　複素数の等式における注意点

図2に示す回路は，マクスウェルブリッジといい，標準インダクタンスを用いて未知のインダクタンスを測定するのによく用いられる．

▶ 種々のブリッジ回路

【例題2】 図4の交流ブリッジ回路の平衡条件を求めよ．

〈解法〉 平衡条件より

$$R_3\left(R_2-j\frac{1}{\omega C_2}\right)=R_4\frac{-jR_1\frac{1}{\omega C_1}}{R_1-j\frac{1}{\omega C_1}} \quad (5)$$

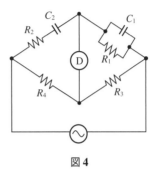

図4

$$\therefore\ R_1R_4=R_2R_3+\frac{C_1}{C_2}R_1R_3+j\left(\omega C_1R_1R_2R_3-\frac{R_3}{\omega C_2}\right) \quad (6)$$

実部，虚部がそれぞれ等しいことが条件であるから

$$R_1R_4=R_2R_3+\frac{C_1}{C_2}R_1R_3,\quad \omega C_1R_1R_2R_3=\frac{R_3}{\omega C_2} \quad (7)$$

□

図4に示す回路はウィーンブリッジと呼ばれ，キャパシタンスおよび可聴周波数の測定によく用いられる．

平衡条件である式(3)と式(7)を比較すると，前者は周波数を含まず後者は含んでいる．これが意味することは，ブリッジが基本波に対して平衡がとれても，高調波に対しては平衡がとれないので検流計に電流が流れる．したがって，電源が完全に正弦波でなければ平衡のとりやすさからの点で図2のブリッジの方が有利である．検流器が基本波のみに応答するような構造であれば，このような問題はなくなる．

【例題3】 図5の交流ブリッジ回路の平衡条件を求めよ．

〈解法〉 図5のブリッジにおいて，相互インダクタンス M がある．これについては，6章を参照されたい．図5は，図6のように変形できるから，平衡条件は

$$R_1\{R_4+j\omega(L\mp M)\}$$
$$=\pm j\omega M\left(R_2-j\frac{1}{\omega C}\right) \quad (8)$$

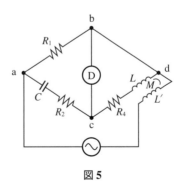

図5

この式を整理すると

$$\pm\frac{M}{C}\pm j\omega MR_2=R_1R_4+j\omega R_1(L\mp M)$$

$$\therefore \quad \pm\frac{M}{C} = R_1 R_4, \quad \pm\frac{MR_2}{R_1} = L \mp M$$

ここで，$R_1 R_4$ が負になりえないので

$$\frac{M}{C} = R_1 R_4, \quad \frac{MR_2}{R_1} = L - M \quad (9)$$

が平衡条件となる．

□

図5の回路はカレー・フォスターブリッジと呼ばれ，M を標準として C を測定するのによく用いられる．

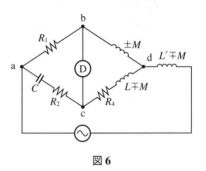

図 6

演習問題

【1】 ある負荷に 100 V の電圧をかけたところ，電流の実効値が 5 A，遅れ位相が 30° であった．この負荷の力率，有効電力，無効電力，皮相電力を求めよ．

【2】 100 V，500 rad/s の電圧を $R = 50\,\Omega$，$L = 0.1\,H$ の RL 直列回路にかけた．力率および有効電力を求めよ．

【3】 100 V，500 rad/s の電圧を $R = 50\,\Omega$，$L = 0.1\,H$ の RL 並列回路にかけた．力率および有効電力を求めよ．

【4】 電力 3.2 kW の負荷に電圧 200 V をかけたところ，20 A の電流が流れた．この負荷の力率，皮相電力を求めよ．

【5】 インピーダンスが $Z = 10\angle 60°\,[\Omega]$ の負荷に電圧 100 V をかけたところ，消費電力は 500 W であった．この負荷に電圧 80 V をかけたときの消費電力はいくらか．

【6】 ある負荷の電圧と電流がそれぞれ $V = 110 + j40\,[V]$，$I = 30 + j52\,[A]$ のとき，有効電力，無効電力，皮相電力，力率を求めよ．

【7】 ある負荷に 100 V の電圧をかけたところ，複素電力が $P_C = 1600 + j1200$ であった．この回路のインピーダンスを求めよ．

【8】 ある回路の消費電力は 500 kW，力率が 86.6% であるという．この回路の無効電力はいくらか．

【9】 図 P1 に示すように，抵抗器と誘導リアクタの並列回路に 600 V の電圧をかけたら，電流 I の大きさが 25 A，電力は 9 kW であった．$R\,[\Omega]$ と $X\,[\Omega]$ を求めよ．

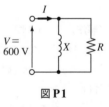

図 P1

【10】 図 P2 に示すような RC 直列回路に 100 V，60 Hz の電圧を加えたとき，有効電力は 3.2 kW，力率は 80% であった．$R\,[\Omega]$ と $C\,[F]$ を求めよ．

【11】 図 P3 に示す回路において，SW を 80 分間だけ閉じた．このときの電力量 [W·h] を求めよ．

【12】 図 P4 に示す回路において，消費するエネルギーが 2 MJ となるのに必要な時間 [h] を求めよ．

図 P2

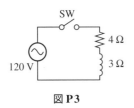

図 P3

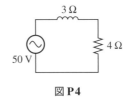

図 P4

【13】 電力 800 kW, 力率 80 % の負荷がある. 45 分間に消費する電力量, 無効電力量を求めよ.

【14】 図 P5 に示す回路において, 負荷 Z_1, Z_2 の力率および消費電力は次であった.

$Z_1 : \cos\theta_1 = 0.8$ (遅れ力率), $P_1 = 240$ W

$Z_2 : \cos\theta_2 = 0.6$ (遅れ力率), $P_2 = 120$ W

このとき, 合成電流 I と合成力率を求めよ.

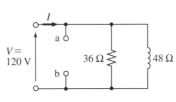

図 P5

【15】 図 P6 に示す回路の力率は, $R = R_1$ のとき 0.8, $R = R_2$ のとき 0.6 であった. このとき, R_1/R_2 の値を求めよ.

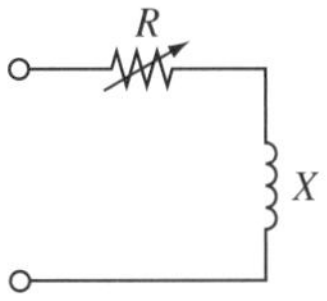

【16】 図 P7 の回路において, 有効電力 P, 無効電力 Q, 皮相電力 S, 力率および回路に流れる電流 I の大きさ $|I|$ はいくらか. 次に, 端子 ab にキャパシタを接続して, 回路の力率を 100 % にしたい. キャパシタのリアクタンスはいくらか. このときの $|I|$ も求めよ.

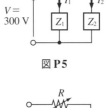

図 P6

【17】 20 000 kV·A, 遅れ力率 60 % の負荷と並列に 11 000 kvar のキャパシタを接続して力率を改善した. このとき, 回路全体の皮相電力 [kV·A] を求めよ.

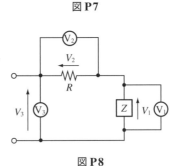

図 P7

【18】 図 P8 のように, 誘導性負荷 Z と抵抗 R [Ω] からなる回路に三つの電圧計を接続した. それぞれの指示値が V_1 [V], V_2 [V], V_3 [V] であるとき, 負荷 Z での消費電力 P は

$$P = \frac{1}{2R}(V_3^2 - V_1^2 - V_2^2)$$

となることを証明せよ (これを単相電力測定における 3 電圧計法という).

【19】 図 P9 のように, 負荷 Z と抵抗 R [Ω] からなる回路に三つの電流計を接続した. それぞれの指示値が I_1 [A], I_2 [A], I_3 [A] であるとき, 負荷 Z での消費電力 P は

$$P = \frac{R}{2}(I_3^2 - I_2^2 - I_1^2)$$

となることを証明せよ (これを単相電力測定における 3 電流計法という).

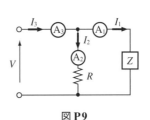

図 P8

図 P9

演習問題 163

【20】 図 P10 の回路について，共振角周波数 ω，共振状態で流れる電流 I の大きさ $|I|$，共振状態における V_C の大きさ（$|V_C|$）を求めよ．

【21】 図 P11 の回路に実効値が 10 V の交流電圧をかけ，周波数を変化させたところ，共振時にインダクタの両端の電圧は 1 000 V になった．共振周波数はいくらか．

【22】 図 P12 の回路の共振周波数 f [Hz] を測定したところ，$C = 20\,\mu\mathrm{F}$ のとき $f = 6$ kHz，$C = 60\,\mu\mathrm{F}$ のとき $f = 4$ kHz であった．C_0 [μF] を求めよ．

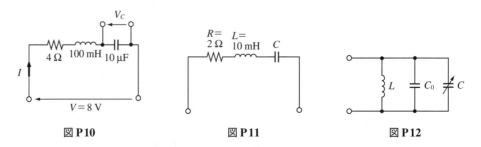

図 P10　　　　　図 P11　　　　　図 P12

【23】 図 P13 に示す回路の共振角周波数 ω [rad/s] を求めよ．

【24】 RLC 直列回路に 10 V の電圧を加え，回路に流れる電流の大きさの周波数特性を測定したところ図 P14 の共振曲線を得た．R, L, C の値を求めよ．

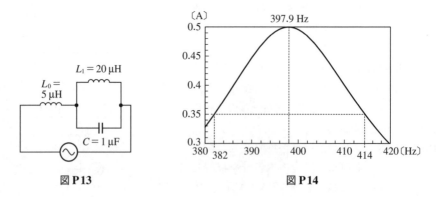

図 P13　　　　　　　　　　図 P14

【25】 図 P15 のブリッジ回路において，平衡状態を利用して X_X を測定したい．この計算式を示せ．

【26】 図 P16 に示すブリッジ回路の平衡条件を求めよ．

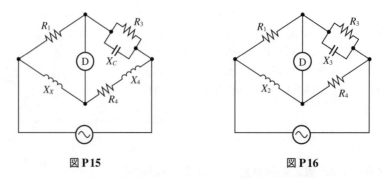

図 P15　　　　　　　　　　図 P16

【27】 電圧を増幅したとき，増幅が何倍かを電圧利得と称することがあり，単位は [dB] を用いることが多い．100 倍に増幅するときの電圧利得は何 [dB] か．

6章 相互インダクタンス回路

1 相互インダクタンス回路の仕組み
2 回路表現
　演習問題

1 相互インダクタンス回路の仕組み

> ▼要点
>
> **1 変成器とは**
> 用途：電圧の振幅を変える（この用途では変圧器という），電気的絶縁，インピーダンス整合など
>
> **2 相互誘導の仕組み**
> ファラデーの法則，レンツの法則，結合係数 $k = M/\sqrt{L_1 L_2}$

1 変成器とは

相互インダクタンス（**mutual inductance**）回路の代表例は**変成器**（**transformer**）である．変成器のうち電圧昇降用のものを**変圧器**と呼ぶ．英語では，この区別がなく両者とも transformer という．

変成器（図1）は，2個のコイルを置き，一方から他方のコイルに電圧を誘起するという電磁誘導を利用した鉄（鉄心）と銅（導線）のかたまりで，電子・電気実装機器の中で，ダウンサイジングしにくく，かつ重量が比較的重いものである．

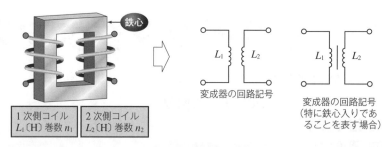

図1 変成器の概要図と回路記号

その主な用途は (1) 電圧の昇圧・降圧，(2) インピーダンス変換，(3) 極性反転，(4) 回路間の電位分離（電気的絶縁），(5) 平衡・不平衡回路の変換，(6) 電力分配，などがある．

身近な例では，図2に示すように，一般家庭の外にある電柱には 6 600 V の交流が配電されている．これを柱上変圧器にて 100 V（または 200 V）に電圧を下げて（降圧），家庭内に引き込む．

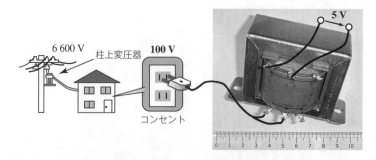

図2 一般家庭での変圧器の利用

一般家庭が有する多くの家庭用機器（TV，パソコンなど）では，変圧器を用いて実効値が 100 V の電圧を例えば実効値 5 V に下げて利用する（図 4 (a) 参照）．また，大・中電力回路と小電力回路との間で信号を授受するときに，回路間の電気的絶縁をしなければならない．これは，小電力回路の破壊からの保護が目的である．この絶縁を行うものとしてパルストランス（図 3）があり，通常，振幅を変えることなく信号を伝達する（図 4 (b)）．

図 3　パルストランス

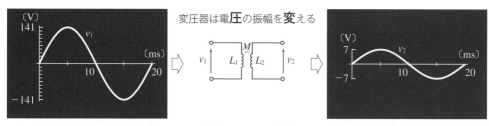

(a)　変圧器の役割

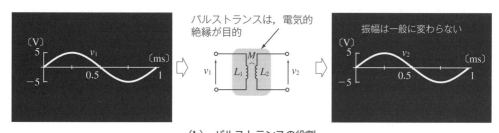

(b)　パルストランスの役割

図 4　変成器（変圧器，パルストランス）の役割

　また，最近の電子機器の小型化に合わせて，電子基板に実装できる小型トランスが市場に多く出回っている．

 Tea break

コンセント？　これは，concentric plug からの和製英語であり，米国では outlet，英国では plug という．

変成器，変圧器，トランス？　教科書により，この三つの言葉が別々に使われている．変圧器は，「電圧を変える」ときに用いられる呼称であり，用途は変成器の一部である．本書は変成器という用語を用いることとする．英語では，変成器，変圧器ともに transformer であり区別はされていない．また，トランスは，transformer からの和製英語である．

1　相互インダクタンス回路の仕組み　　167

2 相互誘導の仕組み

図 5 に示すように，二つのコイル（コイル 1，コイル 2）を配置する．ここに，それぞれのインダクタンスを L_1, L_2，巻数を n_1, n_2 とする．コイル 1 を**一次巻線**（**primary winding**），コイル 2 を**二次巻線**（**secondary winding**）という．

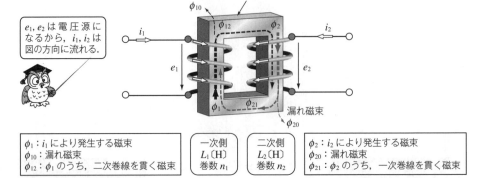

図 5 相互誘導の仕組み

一次電流 i_1 を図の方向に流すとき，巻線の巻き方に注意して，磁束は次のようになる．
　　I_1 が一次巻線を流れる　→　ϕ_1 が図に示す方向で発生
　　　→　この一部 ϕ_{10} が大気中に漏れる．これを**漏れ磁束**（**leakage flux**）という
　　　→　残りの ϕ_{12} が二次巻線を貫く

二次電流 i_2 に対応する磁束も同様である．ここで，一次巻線，二次巻線を貫く磁束のうち ϕ_{12} と ϕ_{21} は，それぞれ，i_1, i_2 により発生し，かつ漏れ磁束分だけ減少しているのだから，次式で表現される．

$$\phi_{12} = k_{12} n_1 i_1, \quad \phi_{21} = k_{21} n_2 i_2 \quad (0 \leq k_{12},\ k_{21} \leq 1) \tag{1}$$

また，一次巻線，二次巻線の自己インダクタンスを次のようにおく（4 章参照）．

$$n_1 \phi_1 = L_1 i_1, \quad n_2 \phi_2 = L_2 i_2 \tag{2}$$

図 5 の例では，磁束は加わり合っているから
　　一次巻線を貫く磁束：$\phi_1 + \phi_{21}$
　　二次巻線を貫く磁束：$\phi_2 + \phi_{12}$
である．これより，式 (1)，(2) を用いて，一次巻線の両端（1-1'）と二次巻線の両端（2-2'）に発生する誘導起電力は e_1, e_2 はファラデーの法則より

$$\begin{aligned}
e_1 &= -n_1 \frac{d(\phi_1 + \phi_{21})}{dt} = -L_1 \frac{di_1}{dt} - k_{21} n_1 n_2 \frac{di_2}{dt} \\
e_2 &= -n_2 \frac{d(\phi_2 + \phi_{12})}{dt} = -L_2 \frac{di_2}{dt} - k_{12} n_1 n_2 \frac{di_1}{dt}
\end{aligned} \tag{3}$$

で表される．
　電気磁気学を参照すると式 (3) にある係数を次のようにおける．

$$M = k_{12} n_1 n_2 = k_{21} n_1 n_2 \tag{4}$$

これを**相互インダクタンス**(**mutual inductance**) と呼ぶ．M の単位は，式(3)を参照して

$$[M] = \left[\frac{e_1}{di_1/dt}\right] = \frac{[\mathrm{V}]}{[\mathrm{A/s}]} = [\Omega \cdot \mathrm{s}] \tag{5}$$

この $[\Omega \cdot \mathrm{s}]$ には $[\mathrm{H}]$ (henry，ヘンリー) という単位名が与えられており，これは，4章1節に登場したインダクタンスの単位と同じである．また，M は次式でも表される．

$$M = k\sqrt{L_1 L_2} \quad (k \leq 1) \tag{6}$$

ここに，k を**結合係数**(**coefficient of coupling**) という．もし，漏れ磁束のない理想的な変成器では $k=1$ である．鉄心入りの変成器はほぼ $k=1$，ラジオなどで用いられる空心コイルは $k=0.01 \sim 0.05$ くらいである．

図5のように電流の向きを定め，この回路の電圧・電流の式を考える．式(3)の誘導起電力 e_1, e_2 を電気回路記号表現としての V_1, V_2 に対応させるならば，その符号を反転させる (符号の反転の理由は，電気回路の表記に従う．4章1節2項参照)．かつ複素数表現により次式と図6になる．

$$\begin{cases} V_1 = j\omega L_1 I_1 + j\omega M I_2 \\ V_2 = j\omega L_2 I_2 + j\omega M I_1 \end{cases} \tag{7}$$

> 式(7)で微分演算子を
> $$\frac{d}{dt} \Rightarrow j\omega$$
> とおいた．この変換はラプラス変換の理論に基づく．

図6　図5に対する変成器の回路記号

二つの電流とも，この図のように巻線に流入する方向を変成器回路表現の基本として考える．

次に，図5の二次巻線の巻き方だけを逆にし，電圧・電流の方向はそのままとする．このとき，一次側と二次側が発生する磁束は互いに減らし合うことになる．この場合，誘導起電力は逆向きに発生するから，式(7)は M の代わりに $-M$ を用いて，次式となる．

$$\begin{cases} V_1 = j\omega L_1 I_1 - j\omega M I_2 \\ V_2 = j\omega L_2 I_2 - j\omega M I_1 \end{cases} \tag{8}$$

磁束が加わったり，減らしたりすることは，変成器の極性と M の符号とも関係する．これらについては，次節で説明する．

備考　◇ **微分・積分演算子と $j\omega$**　式(7)において，微分演算子 d/dt を $j\omega$ に置き換えた．実は，同様に積分演算子 $\int dt$ を $1/j\omega$ に置き換えることができる．これは，フーリエ変換またはラプラス変換の理論のおかげである．このような置き換えた後に，$j\omega$ を単なる記号とみなし，通常の乗除算を行ってもよい，という簡便さが複素数解析の大きなメリットの一つである．

◇ **誘導起電力と逆起電力**　変化する磁束によってインダクタに電圧が発生することを，電磁誘導により誘導起電力または単に起電力が生じた，という．一方，電動機などの電気機器において逆起電力という用語がある．これは誘導起電力の一種で，例えばモータの端子電圧と逆方向に発生するもの，すなわち電圧源と逆の方向に起電力が生じることから逆起電力と称される．

2 回路表現

▼要点

1 電圧・電流の式と極性

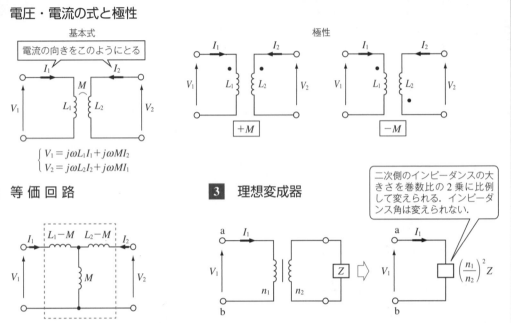

2 等価回路

3 理想変成器

---

1 電圧・電流の式と極性

変成器の基本式は，前節の式 (6) 〜 (8) で示された．これらをまとめて再掲する．

$$\begin{cases} V_1 = j\omega L_1 I_1 \pm j\omega M I_2 \\ V_2 = j\omega L_2 I_2 \pm j\omega M I_1 \quad (L_1, L_2, M > 0) \end{cases} \tag{1}$$

結合係数 $\quad k = \dfrac{M}{\sqrt{L_1 L_2}} \leq 1 \tag{2}$

ここで，M の符号を決めるのは，前節で触れたように，磁束の加減である．これは巻線の巻き方だけでなく，巻き方を変えなくとも電流の方向にも従う（図 1）．磁束が加わり合う接続を**加極性**（**additive polarity**）接続（和動接続ともいう），減らし合う接続を**減極性**（**subtractive polarity**）接続（差動接続ともいう）という．

このことを，いちいち，図 1 を書いて考えたのでは大変である．このため，極性を明示する必要があるときには，図 2 に示すように，極性の記号を "●" で表す．極性の記号 "●" がない回路では，通常，図 2 (a) を想定する．

●印には次の約束がある．
（ⅰ）●印に向けて一次，二次側から電流を流入すると，磁束は加わり合う．
（ⅱ）二次側を開放して，一次側の電圧 V_1 の極性を ●印に向けて加えたとき（このとき，電流 I_1 は●印側から流入），二次側に電圧 $j\omega M I_2 \,[\mathrm{V}]$ が発生し，その極性は●印の方向を向く．

【例題 1】 図 3 (a) 〜 (d) のように接続したとき，それぞれの等価インダクタンスを求めよ．

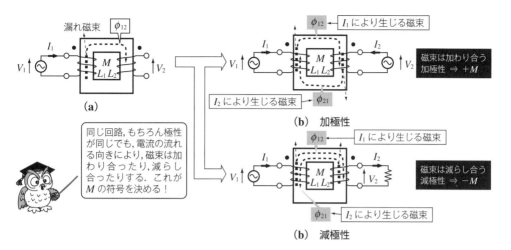

図1 磁束が加わり合う場合，減らし合う場合

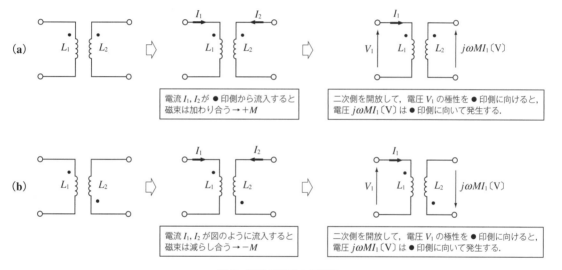

図2 極性の記号●の意味

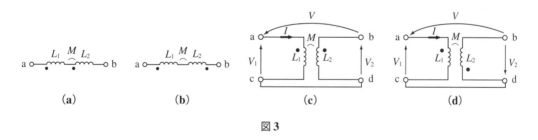

図3

〈解法〉 図3(a)の場合，端子aから端子bの方向に電流Iを流し，L_1, L_2のインダクタの両端に発生する電圧をそれぞれV_1, V_2とすると

$$V_1 = j\omega L_1 I + j\omega MI, \quad V_2 = j\omega L_2 I + j\omega MI$$

これより

$$V = V_1 + V_2 = j\omega(L_1 + L_2 + 2M)I$$

この式から，等価インダクタンスは (L_1+L_2+2M) [H] であることがわかる．かつ，加極性接続である．同様にして

(b) の等価インダクタンス (L_1+L_2-2M) [H]，減極性接続
(c) の等価インダクタンス (L_1+L_2-2M) [H]，減極性接続
(d) の等価インダクタンス (L_1+L_2+2M) [H]，加極性接続

□

2 等価回路

図4(a)に示す変成器と図4(b)に示す回路とでは，端子 1-1′ にかかる電圧 V_1 と流れる電流 I_1，および端子 2-2′ にかかる電圧 V_2 と流れる電流 I_2 はどちらも同じである．すなわち，図4(b)は図4(a)の等価回路である．

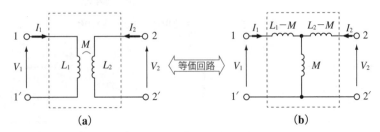

図4 等価回路

この証明は，図4(b)の回路について考えればよい．この回路において M に流れる電流が (I_1+I_2) であるから，次式がいえる．

$$V_1 = j\omega(L_1-M)I_1 + j\omega M(I_1+I_2) = j\omega L_1 I_1 + j\omega M I_2$$
$$V_2 = j\omega(L_2-M)I_2 + j\omega M(I_1+I_2) = j\omega L_2 I_2 + j\omega M I_1$$

これは，図4(a)の回路に対する電圧・電流の関係と同じである．

【例題2】 図5の回路において，二次側のSWが開放のときと閉じたとき，それぞれの場合の V_2 を求めよ．ここに，結合係数 $k=0.8$ である．ただし，解法は，式(1)のような回路方程式を立てて解く場合と，等価回路を用いて解く場合の両方を示せ．

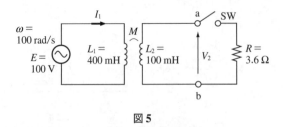

図5

〈解法〉 SWが開放時のとき $(I_2=0)$，一次側電流を求めると

$$E = j\omega L_1 I_1 \quad \therefore \quad I_1 = \frac{E}{j\omega L_1} = \frac{100}{j40} = -j2.5 \text{ A}$$

$M = k\sqrt{L_1 L_2} = 160$ mH, $\omega M = 16\,\Omega$, また二次側電流 $I_2=0$ であるから，二次側電圧は

$$V_2 = j\omega M I_1 = j16(-j2.5) = 40 \text{ V}$$

となる．このように，二次側電流が流れていなくとも，誘導起電力が生じているので二

次側には電圧が発生する．

次にSWを閉じたときを考える．一次側，二次側の回路方程式を立てると（I_2の符号に注意）

$$\begin{cases} E = j\omega L_1 I_1 - j\omega M I_2 \\ 0 = -(R + j\omega L_2)I_2 + j\omega M I_1 \end{cases}$$

この連立方程式に各値を代入して解くと（係数は複素数であるが，実数と同様にして解く）

$$I_2 = \frac{200}{18 + j18}$$

を得る．これより，$V_2 = RI_2 = 20 - j20 = 20\sqrt{2} \angle (-45°)$ [V] を得る．この結果を見ると，V_2 の方向は E を基準ベクトルとすると 45°遅れである．また，SW が開放のときと値が異なる．これは，二次側に電流が流れたためである．

次に等価回路を用いると，図6のようになる．

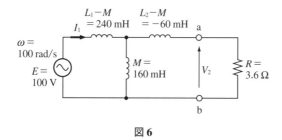

図6

この図を見ると，$L_2 - M = -60$ mH という物理的には考えにくい（実際の回路で実現はできない）マイナスの値が出現するが，気にせずに解いてかまわない．等価回路は，外側の端子に現れる物理量のつじつまが合えばいいのであって，内部の状態について言及したものではない．計算過程は省略するが，答えは，当然，上記と同じになる．

□

【例題3】 図7(a)に示す回路の等価回路を回路図として示せ．

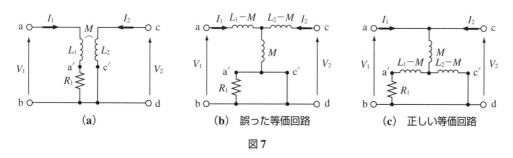

図7

〈解法〉 図4をそのまま適用すると，図7(b)のような回路図を得る．この回路では，$c'd$ 間が短絡であるから，抵抗 R_1 が意味をなさなくなり，これは明らかに，もとの回路と異なる．図4のT型を上下逆さまにして考えると，図7(c)に示すような正しい等価回路を得る．

□

この例に示すように，変成器の等価回路の形はT型であるため，上下の配置の仕方で，正しい等価回路を得られたり得られなかったりする．T型等価回路は，図4の例において

て，本来，1′-2′（または1-2）が等電位であることが要求されている．図7(a)の端子b, dはこの要求を満たしていない．また，図7(a)の端子a, cが等電位かどうかを検証しなければ，安易に等価回路を用いることは望ましくないが，電気回路論で考えるとき，暗黙のうちに，いずれかが等電位であることを黙認している．また，T型を上向きに考えるのか下向きに考えるのか，という煩雑さを避けるため，図8に示すような，上下の枝の両方にインダクタが存在する等価回路も考案されている．

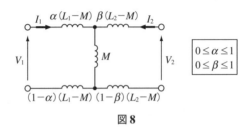

図8

この回路も図4と等価であり，また，αとβの値に自由度がある．通常は，回路を簡単にしたいため$\alpha=1$，$\beta=1$（または$\alpha=0$，$\beta=0$）とおく．

【例題4】 図9(a), (b)に示すような極性を持つ回路に，一次側に図のように電圧V_1を加え，電流I_1を流したとき，二次側の電流I_2はどの方向に流れるか．さらに，極性についても考察せよ．

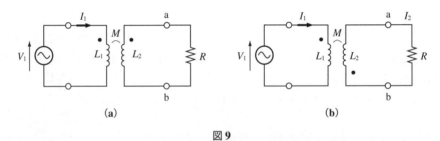

図9

〈解法〉 極性を見て，図9(a)では，二次巻線に生じる誘導起電力の向きが上向きであるから，二次側電流I_2端子a→抵抗R→端子bの方向に流れる．図9(b)では，この逆であるから，端子b→抵抗R→端子aの方向にI_2が流れる．

磁束について，●印に関する約束（i），（ii）（本節第1項）より，図9(a)の場合，磁束は減らし合う，すなわち減極性を示す．図9(b)の場合は，加極性を示す．

□

日本で用いられる変圧器の標準の巻き方は図9(a)に示すとおりである．したがって，回路の二次側に負荷を接続して使用するのがほとんどであるから，減極性として用いることが多い．そのため，図9(a)のように極性が同じ向きのものを減極性結合回路，図9(b)のように逆向きのものを加極性結合回路と称することがある．

この例題に示すように，極性の向きが定まっていても，電流の流れる方向により，加極性になるか減極性になるかが変わる．これに関連して，表1に，一次側回路の電圧，電流の向きを一定にし，極性および二次側電流I_2の方向を変えたときの等価回路と回路方程式を示す．この表において，I_2の方向がインダクタに流入する場合（表1(a), (b)），加極性ならば$+M$，減極性なら$-M$であり，これまでの説明のとおりである．一方，I_2の方向が逆向きのとき（表1(c), (d)），加極性ならば必ずMの符号はプラス，減極性ならばマイナスとはいえない．一見，これまでの説明と異なるように見えるが，これは，I_2の方向とV_2の方向により回路方程式の符号が逆になったように見えるためである．例えば，表1(d)の場合，V_2の方向を下向きに正にとれば，これまでの説明と合致する．

表1

	極性とI_2の方向	等価回路	極性 回路方程式
I_2が流入方向	(a)	(回路図: L_1-M, M, L_2-M)	加極性 $V_1 = j\omega L_1 I_1 + j\omega M I_2$ $V_2 = j\omega L_2 I_2 + j\omega M I_1$
	(b)	(回路図: L_1+M, $-M$, L_2+M)	減極性 $V_1 = j\omega L_1 I_1 - j\omega M I_2$ $V_2 = j\omega L_2 I_2 - j\omega M I_1$
I_2が流出方向	(c)	(回路図: L_1-M, M, L_2-M)	減極性 $V_1 = j\omega L_1 I_1 - j\omega M I_2$ $V_2 = -j\omega L_2 I_2 + j\omega M I_1$
	(d)	(回路図: L_1+M, $-M$, L_2+M)	加極性 $V_1 = j\omega L_1 I_1 + j\omega M I_2$ $V_2 = -j\omega L_2 I_2 - j\omega M I_1$

このように，極性と電流の向き，および電圧の方向の取り方により，回路方程式や等価回路が異なることを覚えるのは煩雑である．通常は，極性の配置を統一して表1の(a)と(c)を考える．これらの等価回路は同じである．また，回路方程式は(a)の場合を基準とする．すなわち，電流I_2の符号を，インダクタに流入ならば+，流出ならば-と定める．こうすれば，ほかの回路方程式が得られる．

3 理想変成器

次の二つの性質を持つ変成器を考える．
(ⅰ) 結合係数は1．
(ⅱ) ωL_1が十分大きく，励磁電流が0．すなわち，二次側を開放したときの一次電流が0．

この性質を持つ変成器を**理想変成器**（**ideal transformer**）という．鉄心を有する変成器では，ほぼこの性質を満足する．図10(a)が理想変圧器であるとき，この等価回路を図10(c)に示す．ここで注意されたいことは，図10(c)は一次側から見た回路図であり，二次側の電圧・電流を直接には表現していないことである．

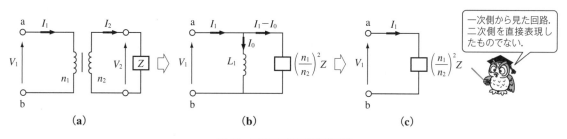

図10　理想変成器の等価回路

図10(c)に示す等価回路の求め方を説明する.図10(a)の回路(減極性結合と仮定)は次式で表現される.

$$\begin{cases} V_1 = j\omega L_1 I_1 - j\omega M I_2 \\ 0 = j\omega L_2 I_2 - j\omega M I_1 + Z I_2 \end{cases} \tag{3}$$

これよりI_1を求めると

$$I_1 = \frac{V_1}{j\omega L_1 + \omega^2 M^2/(j\omega L_2 + Z)} \tag{4}$$

これより,一次側から見たインピーダンスZ_1を求めると

$$Z_1 = \frac{V_1}{I_1} = j\omega L_1 + \frac{\omega^2 M^2}{j\omega L_2 + Z} \tag{5}$$

理想変圧器の性質(i)は$M^2 = L_1 L_2$を意味するから,これを上式に代入して整理すると

$$Z_1 = j\omega L_1 + \frac{\omega^2 L_1 L_2}{j\omega L_2 + Z} = \frac{-\omega^2 L_1 L_2 + j\omega L_1 Z + \omega^2 L_1 L_2}{j\omega L_2 + Z} = \frac{j\omega L_1 Z}{j\omega L_2 + Z} \tag{6}$$

このアドミタンスを求めると

$$Y_1 = \frac{1}{Z_1} = \frac{j\omega L_2 + Z}{j\omega L_1 Z} = \frac{1}{(L_1/L_2)Z} + \frac{1}{j\omega L_1} \tag{7}$$

ここで,インダクタンスL_1, L_2は,それぞれの巻数の2乗に比例することが知られている(詳細は電気磁気学関連の本を参照).これを$L_1 = K n_1^2, L_2 = K n_2^2$($K$はある定数)とおき,式(7)に代入すると

$$Y_1 = \frac{1}{(n_1/n_2)^2 Z} + \frac{1}{j\omega L_1} \quad \text{または} \quad Z_1 = \left\{ \frac{1}{(n_1/n_2)^2 Z} + \frac{1}{j\omega L_1} \right\}^{-1}$$

を得る.これは,図10(b)と同じである.この図において,L_1に流れる電流I_0は,V_1に対応する磁束を発生させるための電流で,**励磁電流**(**exciting current**)と呼ばれる.性質(ii)より,L_1素子には電流が流れないのだから,図10(c)の等価回路を得る.この図に示すとおり,一次側から見たインピーダンスは,二次側負荷のインピーダンスとインダクタの巻数比(n_1/n_2)の2乗の積に比例する.このことより,二次側負荷のインピーダンスの大きさを変えたい場合,負荷そのものを変更することは一般に大変なので,変成器の巻数比を変えればよい.これをインピーダンス変換という.

次に,電圧および電流について考察する.二次側電流は,式(3)より

$$I_2 = \frac{j\omega M}{j\omega L_2 + Z} I_1 \tag{8}$$

理想変圧器の場合,一次側電流は式(4),(6)より

$$I_1 = \frac{j\omega L_2 + Z}{j\omega L_1 Z} V_1 \tag{9}$$

となる.式(8),(9)および$M^2 = L_1 L_2 = K^2 n_1^2 n_2^2$より,二次側電圧は次となる.

$$V_2 = Z I_2 = Z \frac{j\omega M}{j\omega L_2 + Z} I_1 = Z \frac{j\omega M}{j\omega L_2 + Z} \times \frac{j\omega L_2 + Z}{j\omega L_1 Z} V_1 = \frac{M}{L_1} V_1 = \frac{n_2}{n_1} V_1$$

$$\therefore \quad \frac{V_2}{V_1} = \frac{n_2}{n_1} \tag{10}$$

次に電流について考える.

$$I_2 = \frac{V_2}{Z} = \frac{n_2}{n_1} V_1 \times \frac{1}{(n_2/n_1)^2 Z_1} = \frac{n_1}{n_2} I_1$$

$$\therefore \quad \frac{I_2}{I_1} = \frac{n_1}{n_2} \tag{11}$$

式(10),(11)より,変成器の入力と出力には次の等式が成り立つ.

$$V_1 I_1 = V_2 I_2 \tag{12}$$

これは,理想変成器では,変成器の一次側の電力が二次側にそのまま伝達されることを示している.

【例題5】 図11に示す理想変成器を有する回路において,電源から見たインピーダンスZ_0,電圧V_1, V_2,電流I_1, I_2,そしてR_1およびR_2で消費される電力P_1, P_2を求めよ.

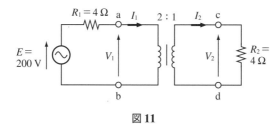

図 **11**

〈解法〉 端子abから見たインピーダンスZ_1は,理想変成器であるから

$$Z_1 = \left(\frac{n_1}{n_2}\right)^2 R_2 = \left(\frac{2}{1}\right)^2 \times 4 = 16\,\Omega$$

これより,$Z_0 = R_1 + Z_1 = 20\,\Omega$ を得る.次に

$$I_1 = \frac{E}{Z_0} = \frac{200}{20} = 10\,\text{A}$$

より $V_1 = Z_1 I_1 = 16 \times 10 = 160\,\text{V}$ を得る.したがって,$V_2 = (n_2/n_1)V_1 = 80\,\text{V}$,$I_2 = (n_1/n_2)I_1 = 20\,\text{A}$ となる.電力は,$P_1 = I_1^2 R_1 = 10^2 \times 4 = 400\,\text{W}$,$P_2 = I_2^2 R_2 = 20^2 \times 4 = 1600\,\text{W}$ となる.

□

演習問題

【1】 相互インダクタンスがMで,自己インダクタンスがL_1, L_2である二つのコイルを図P1(a)〜(d)のように接続した.端子から見た等価インダクタンスをそれぞれの場合について求めよ.

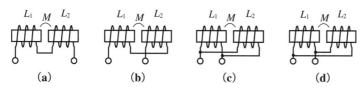

図 **P1**

【2】 図P2(a), (b), (c)の等価回路を図P2(d)で表現したとき, 図P2(d)に示される M の正負を考えよ.

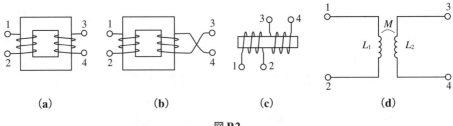

図P2

【3】 ある変成器の一次巻線の自己インダクタンスが 4 mH, 二次巻線の自己インダクタンスが 1 mH であった.（i）相互インダクタンスはいくらか. ただし, 結合係数は 0.8 とする.（ii）一次側に 100 V, $\omega = 100$ rad/s の電圧をかけたとき, 二次側開放時の二次電圧はいくらか.（iii）二次側を開放したとき, 一次側から見たインピーダンスを求めよ.（iv）二次側を短絡したとき, 一次側から見たインピーダンスを求めよ.

【4】 図P3の回路で, 二つの巻線間の結合係数は 0.8 である. 端子 ab 間の合成インピーダンスを求めよ.

【5】 図P4の回路において, $V_1 = 100$ V である. SW が開いているときの I_1 の大きさは, SW が閉じているときの何倍か. ただし, 結合係数は 1 とする.

【6】 図P5の回路において, 端子 ab 間のインピーダンスを SW が開放のときと, 閉じたとき, それぞれについて求めよ. ただし, 結合係数は 0.8 とする.

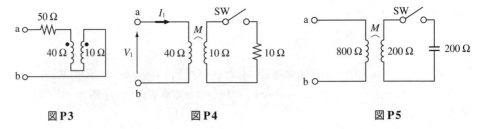

図P3   図P4   図P5

【7】 図P6の回路で, $I_2 = 0$ となる条件を求めよ. また, そのときの巻線の極性を示せ.

【8】 図P7の回路において, 端子 ac 間の等価抵抗 R 〔Ω〕と等価リアクタンス X 〔Ω〕を求めよ.

【9】 図P8に示すブリッジ回路を平衡状態にすることにより, L を求める式を示せ.

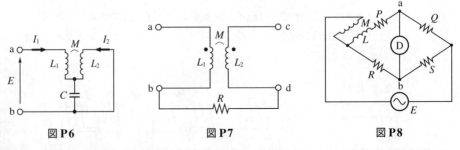

図P6   図P7   図P8

【10】 300 Ωの負荷を 1.2 kΩ に変換するには, 巻数比がいくらの理想変成器を用いればよいか.

7章
交流回路の発展例

1 回路網解析
2 種々の発展した計算例
　演習問題

1 回路網解析

▼要点

1 電圧源と電流源
▶ 等価変換　$I_0 = E_0/Z_0$,　$Y_0 = 1/Z_0$
E_0：電圧源,　Z_0：電圧源の内部インピーダンス
I_0：電流源,　Y_0：電流源の内部アドミタンス

2 交流回路網の解析
▶ 直流回路網の解析方法全てをそのまま適用可能．実数が複素数に拡張されただけ．
例：キルヒホッフの法則，重ね合せの定理，テブナンの定理が交流回路にもそのまま適用できる．

1 電圧源と電流源

電圧源と電流源の性質は，直流電源（1章4節参照）でも述べたように，交流回路においてもそのまま当てはまる（図1）．

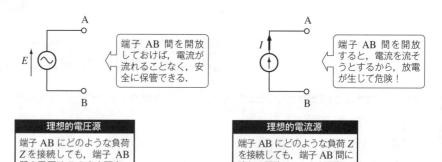

図1　電圧源と電流源

回路解析において，電圧源と電流源を相互に変換できると便利なことが多い．この相互変換を行うには，まず，図2に示すように，ある電源に負荷を接続したらその両端の電圧（降下）がV，負荷に流れる電流はIであった，という観点に立つ．このとき，電圧源には図2のように，内部インピーダンス（直流電源の内部抵抗と同じ意味で，複素数に拡張されたもの）が存在するものとする（存在しないと等価的な変換ができない）．このとき

○電圧源をE_0とする
○電圧源の内部インピーダンスをZ_0とする

のように定めたとき，図2(b)に示す等価電流源のI_0, Y_0をどのように定めれば，図2(a)の電圧源と互いに等価な関係（VとIが同じ，という意味の等価）となるかを考える．この解答は図に示すとおりで，この証明は両回路のVとIが等しいことを示せばよい．すなわち，図2(b)の回路で，電流源から流れ出る電流I_0は，Y_0とZに分流し

$$I = \frac{1/Y_0}{(1/Y_0)+Z} I_0 = \frac{Z_0}{Z_0+Z} I_0 = \frac{E}{Z_0+Z} \quad \text{（図2より）}$$

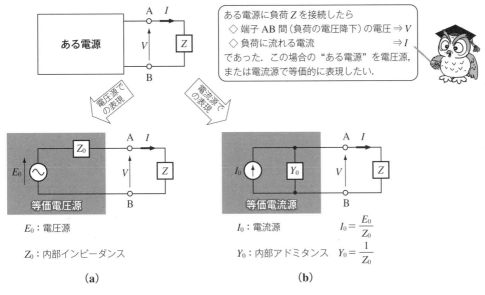

図 2 電圧源と電流源の等価変換

これは，図 2 (a) の I と等しいので，これで証明できた．

【例題 1】 図 3 (a) の回路において，電圧源の開放電圧（端子 ab に何も接続しないときの電圧）V_{ab} が 20 V で，端子 ab を短絡したときに流れる電流が 40 A であった．この電圧源および等価な電流源を求め，1 Ω の負荷抵抗をつけて両者が等価であることを確かめよ．

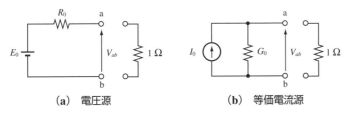

(a) 電圧源　　(b) 等価電流源

図 3

〈解法〉 題意より，図 3 (a) に示す電圧源の回路素子は，$E_0 = 20$ V, $R_0 = 0.5$ Ω である．次に，等価電流源の回路図を図 3 (b) に示す．図 2 の等価変換の説明より

$$I_0 = \frac{E_0}{R_0} = 40 \text{ A}, \quad Y_0 = \frac{1}{R_0} = 2 \text{ S}$$

である．両方の電源の端子 ab に 1 Ω の負荷抵抗を接続したとき，この両端の電圧を求める．

電圧源の場合： $V = \dfrac{1}{R_0 + 1} E_0 = \dfrac{40}{3}$ V

電流源の場合： $V = \dfrac{I_0}{G_0 + 1} E_0 = \dfrac{40}{3}$ V

すなわち，負荷抵抗の両端の電圧は等しいことから，二つの電源は等価であることがわかる．

□

2 交流回路網の解析

交流回路網の解析は，実数を単に複素数に置き換えるだけで 2 章で述べた直流回路網解析の方法をそのまま用いることができる．

2 章の直流回路網解析手法がそのまま交流回路網に適用できることを，次の例を通して示す．

【例題 2】 図 4 に示す回路において，電流 I_Z を求めよ．

〈解法〉 この例に対して，重要な回路網解析方法としてキルヒホッフの法則，重ね合せの定理，テブナンの定理を取り上げ，これらを用いて次の 4 通りの解法を示す．

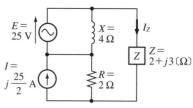

図 4 例題 2

〈解法 1〉 電流源を電圧源に変換した後に，ループ電流法を用いて解く．
〈解法 2〉 電流源を電圧源に変換した後に，テブナンの定理を用いて解く．
〈解法 3〉 重ね合せの定理を用いて解く．
〈解法 4〉 テブナンの定理を用いて解く．

〈解法 1〉 図 4 の回路の電流源と R に注目し，これらを電圧源に変換すると図 5(a) となる．ただし，もとの電流源回路において，R は〔S〕でなく，〔Ω〕で表現されていることに注意されたい．

【電流源→電圧源の変換】

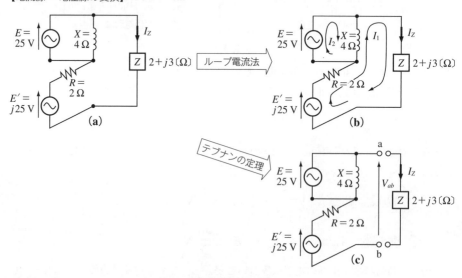

図 5 例題 2 に対する解法 1, 2

電圧に関するキルヒホッフの法則を用いて解くため，ループ電流法を適用する．このた

め,図5(b)のようにループ電流I_1とI_2を設定する.このときの電圧方程式は次となる.

$$E - jX(I_2 - I_1) = 0$$
$$E' - (R + jX + Z)I_1 + jXI_2 = 0$$

この式に,図3に示す値を代入して解くと$I_Z = I_2 = 7 + j$〔A〕を得る.

〈解法2〉 図5(c)のように回路を変形してみて,テブナンの定理を用いて解く場合,内部インピーダンスZ_iは,電圧源を短絡して求めるのであったから,図より直ちに$Z_i = R$であることがわかる.次に,端子ab間の電圧V_{ab}は$V_{ab} = E + E'$である.これらより

$$I_Z = \frac{V_{ab}}{Z_i + Z} = \frac{E + E'}{R + Z} = \frac{25 + j25}{2 + (2 + j3)} = 7 + j \text{〔A〕}$$

よって,同じ結果を得る.

〈解法3〉 図6(b),(c)のように回路を分離する.ただし,電流源を消去するとき開放,電圧源を消去するとき短絡とする.

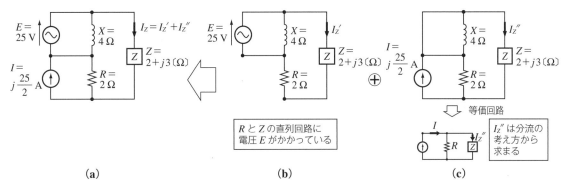

図6 重ね合せの定理を用いた解法

それぞれの回路のZに流れる電流は次となる.

$$I_Z' = \frac{E}{Z + R} = \frac{25}{(2 + j3) + 2} = 4 - j3 \text{〔A〕}$$

$$I_Z'' = \frac{R}{Z + R} \times I = \frac{2}{(2 + j3) + 2} \times \left(j\frac{25}{2}\right) = 3 + j4 \text{〔A〕}$$

したがって,$I_Z = I_Z' + I_Z'' = 7 + j$〔A〕を得る.

〈解法4〉 図7のように回路を負荷Zを切り離してみて,テブナンの定理を用いて解く.内部インピーダンスZ_iは,電圧源を短絡,電流源を開放して考えることにより,$Z_i = R$を得る.次に端子ab間の電圧は

$$V_{ab} = E + E' = 25 + j25 \text{〔V〕}$$

図7 テブナンの定理を用いた解法

である.したがって,テブナンの定理により負荷Zに流れる電流は次のとおりである.

$$I_Z = \frac{V_{ab}}{Z_i + Z} = \frac{25 + j25}{4 + j3} = 7 + j \text{〔A〕}$$

□

この例において,どの解法が最も簡単であるか,ということを気にするのではなく,どの解析方法も交流回路網にそのまま適用できる,ということに留意されたい.また,複数の解法を示したが,一つの問題に複数の考え方を常に当てはめてみよう,という工夫する姿勢を是非持ってもらいたい.

2 種々の発展した計算例

▼要点

1 抵抗回路
▶ 抵抗回路とは交流回路ではあるが見掛けが抵抗と同じ．定抵抗回路は $\omega(f)$ に依存しない抵抗回路．

2 位相，力率，電流の調整
▶ このキーワードは，インピーダンス（アドミタンス）の実部と虚部の関係を見る．例えば，負荷インピーダンスが $Z=R+jX$ のとき，$\cos\theta = \dfrac{R}{\sqrt{R^2+X^2}}$ を用いる．

3 最大電力と整合
▶ 整合とは，負荷インピーダンスを調整して，電源から最大電力を引き出すこと．例えば，電源の内部インピーダンスが $Z_i = R_i + jX_i$ のとき，負荷インピーダンス $Z = R+jX$ を $R=R_i$, $X=X_i$ に選ぶ．

1 抵抗回路

抵抗回路とは，回路に LC 素子を含んでいても，回路のインピーダンスが実部のみで，あたかも抵抗と同じように見える回路をいう．したがって，回路への電圧と電流は同相となり，力率は 1（100 %）となる．この例を次に示す．

【例題 1】 図 1 の回路において，電圧 V と電流 I が同相となる R, r, L, C の関係を求めよ．

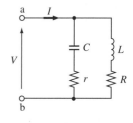

図 1

〈解法〉 電圧 V と電流 I が同相となる，ということは端子 ab 間のインピーダンス（またはアドミタンス）の虚部がゼロ，すなわち，インピーダンスは実部のみで表されることを意味する．解法の方針はインピーダンスまたはアドミタンスの虚部を算出し，これが 0 となるような式を見い出すことである．

図 1 を並列回路とみなして考えるほうが便利であるから，アドミタンス Y を求める．

$$Y = \dfrac{1}{r+\dfrac{1}{j\omega C}} + \dfrac{1}{R+j\omega L} = \dfrac{j\omega C}{1+j\omega Cr} + \dfrac{1}{R+j\omega L}$$

$$= \dfrac{j\omega C(1-j\omega Cr)}{1+(\omega Cr)^2} + \dfrac{R-j\omega L}{R^2+(\omega L)^2}$$

Y の虚部を $\mathrm{Im}[Y]$ で表現すると

$$\mathrm{Im}[Y] = \dfrac{\omega C}{1+(\omega Cr)^2} - \dfrac{\omega L}{R^2+(\omega L)^2}$$

となる．この虚部が 0 になればよいのだから，次の等式が成立すればよい．

$$C\{R^2+(\omega L)^2\} = L\{1+(\omega Cr)^2\} \tag{1}$$

上式を満足するならば，図 1 の回路のアドミタンス Y は

$$Y = \dfrac{(\omega C)^2 r}{1+(\omega Cr)^2} + \dfrac{R}{R^2+(\omega L)^2}$$

である．

この逆数はインピーダンスに相当するが，これは実数であるから見掛け上，抵抗となる．抵抗回路といいながら，その抵抗が L, C, r, ω に依存するのに奇異な感じを受けるかも知れないが，この場合の抵抗とは，式(1)を満足するという条件下で変化するものである．また，虚部がないから電圧 V と電流 I が同相となる．

なお，式(1)の表現で不十分と感じられる場合には，式(1)をさらに変形して

$$\omega^2 CL(L-Cr^2) = L-CR^2$$

または

$$\omega^2 CL = \frac{L-CR^2}{L-Cr^2} \tag{2}$$

と答えてもよい．

□

この例題において，式(1)または式(2)を満足するとき，回路の力率は当然100%である．このように，抵抗回路，V と I が同相，力率100%というのは，同じ状態を指し示すものである．このことをまとめたのが次の図である．

図2　抵抗回路とは

例題1では，見掛け上の抵抗値（＝1/Re[Y]）は角周波数に依存した．そこで，もう少し条件を付加することにより，見掛け上の抵抗が角周波数に依存しないようにすることができ，このときの回路を角周波数（または周波数）によらず**一定の値をとる抵抗回路**という意味で**定抵抗回路**という．このことを述べたのが，例題2である．

【**例題2**】　図3で述べていることを証明せよ．

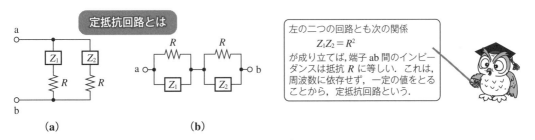

図3　定抵抗回路の説明

〈**解法**〉　図3(a)の回路について証明する．$Z_1 Z_2 = R^2$ という条件の下，この図のインピーダンスは次となる．

$$Z_{ab} = \frac{(Z_1+R)(Z_2+R)}{(Z_1+R)+(Z_2+R)} = \frac{Z_1 Z_2 + (Z_1+Z_2)R + R^2}{Z_1+Z_2+2R} = \frac{R^2 + (Z_1+Z_2)R + R^2}{Z_1+Z_2+2R} = R$$

図3(b)の証明は読者に委ねる．

□

図3の説明に従って例題1を見ると，$r \to R$ と置き換え，$(1/j\omega C) \cdot (j\omega L) = R^2$ の関係が満足されるならば，端子 ab 間のインピーダンスは R となり，明らかにこのインピーダンスは角周波数によらず一定の値をとる，すなわち定抵抗回路である．

2 位相，力率，電流の調整

電圧，電流の位相差を任意にとる例を考える．位相差を $\pm 90°$ にする場合には，実部または虚部を 0 にする，という考え方が自然であろう．これ以外の位相差の値にする場合は，例題4に示す．

【例題3】 図4の回路で，V の角周波数は ω〔rad/s〕とする．このとき，I が V より 90°遅れるための条件を求めよ．

〈解法〉 I が V より 90°遅れるということは，V を基準ベクトル（位相角が 0°）としたとき，I は $-j\{\cdot\}$ の形式で表現できることを意味する（図5 参照）．これを方針として，初めに回路電流 I_0 を求め，次に分流の考え方に基づき I を求める．

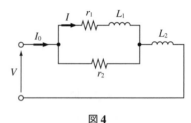

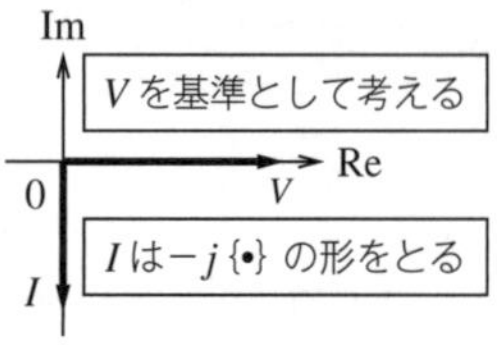

図4

回路のインピーダンスは

$$Z = \frac{r_2(r_1 + j\omega L_1)}{r_2 + r_1 + j\omega L_1} + j\omega L_2$$

であるから，回路電流は次となる．

$$I_0 = \frac{V}{Z} = \frac{(r_1 + r_2 + j\omega L_1)}{(r_1 r_2 - \omega^2 L_1 L_2) + j\{\omega L_1 r_2 + \omega L_2(r_1 + r_2)\}} V$$

図5 I が 90°遅れるとは

これより，I は分流の考え方から

$$I = \frac{r_2}{r_2 + r_1 + j\omega L_1} I_0 = \frac{r_2 V}{(r_1 r_2 - \omega^2 L_1 L_2) + j\{\omega L_1 r_2 + \omega L_2(r_1 + r_2)\}}$$

$$= \frac{r_2 V}{(r_1 r_2 - \omega^2 L_1 L_2)^2 + \{\omega L_1 r_2 + \omega L_2(r_1 + r_2)\}^2}$$

$$\times \{(r_1 r_2 - \omega^2 L_1 L_2) - j(\omega L_1 r_2 + \omega L_2(r_1 + r_2))\}$$

先に述べたように，I の実部を 0 にするには，実部の分子に注目して

$$r_1 r_2 = \omega^2 L_1 L_2 \tag{3}$$

であることが，I が V より 90°遅れるための条件である．

□

【例題4】 図6の回路で，負荷にかかる電圧 V_L の大きさを V に等しくし，かつその位相を 45°進ませるための r_0 と x_0 の値を求めよ．ただし，$x > r$ とする．

〈解法〉 問題が要求している大きさと位相の両条件とは次式と同じである．

$$V_L = V \angle (+45°)$$
$$= V(\cos 45° + j \sin 45°) = \frac{1+j}{\sqrt{2}} V \tag{4}$$

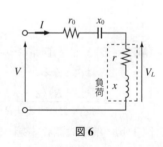

図6

V と V_L の両方に共通して関係する電流 I で表現すると
$$V = \{(r+r_0) + j(x-x_0)\}I \tag{5}$$
$$V_L = (r+jx)I \tag{6}$$
式 (5), (6) を式 (4) に代入すると
$$r+jx = \frac{1+j}{\sqrt{2}}\{(r+r_0) + j(x-x_0)\} \tag{7}$$
上式を満足する r_0, x_0 を見い出せばよい．このため，式 (7) を実部と虚部にまとめなおした次式を考える．
$$\{(\sqrt{2}-1)r - r_0 + x - x_0\} + j\{(\sqrt{2}-1)x + x_0 - r - r_0\} = 0 \tag{8}$$
式 (8) が 0 に等しいということは，その実部と虚部が同時に 0 であることを意味する．すなわち，
$$(\sqrt{2}-1)r - r_0 + x - x_0 = 0$$
$$(\sqrt{2}-1)x + x_0 - r - r_0 = 0$$
上式を整理した次の連立方程式
$$\begin{bmatrix} 1 & 1 \\ 1 & -1 \end{bmatrix} \begin{bmatrix} r_0 \\ x_0 \end{bmatrix} = \begin{bmatrix} (\sqrt{2}-1)r + x \\ (\sqrt{2}-1)x - r \end{bmatrix}$$
を解くと次の解が得られる．
$$r_0 = \left(\frac{\sqrt{2}}{2}-1\right)r + \frac{\sqrt{2}}{2}x, \quad x_0 = \left(1-\frac{\sqrt{2}}{2}\right)x + \frac{\sqrt{2}}{2}r$$

> この問題ができれば，回路解法の素晴らしいセンスが身に付いている！

□

次の例題は回路の力率調整を考えるものである．

【例題 5】 図 7 の回路で，回路の力率を 0.6 にするような X_C 〔Ω〕を求めよ．ただし，進み力率とする．

〈解法〉 解法の方針は，回路インピーダンス Z を求め，これを

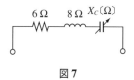

図 7

$$\cos\theta (=0.6) = \frac{\text{Re}[Z]}{|Z|}$$
に代入すれば，解を求める式が得られる．回路のインピーダンスは $Z = 6 + j(8-X_C)$ より
$$\cos\theta = \frac{\text{Re}[Z]}{|Z|} = \frac{6}{\sqrt{6^2+(8-X_C)^2}} = 0.6$$
この式を解くと $X_C = 0, 16\,\Omega$ を得る．進み力率となる解は $X_C = 16$ である．

□

次の例題は，電流の調節の例である．

【例題 6】 図 8 の交流回路で，$\omega L = 1/\omega C$ のとき，負荷電流 I_L は負荷に関係なく一定になることを証明せよ．

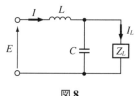

図 8

〈解法〉 $\omega L = 1/\omega C$ より $\omega^2 LC = 1$ であることに留意して，負荷に流れる電流を計算すると次となる．

$$I_L = \frac{\dfrac{1}{j\omega C}}{\dfrac{1}{j\omega C} + Z_L} \times \frac{E}{Z} = \frac{1}{1+j\omega CZ_L} \times \frac{E}{j\omega L + \dfrac{Z_L}{1+j\omega CZ_L}}$$

$$= \frac{1}{1+j\omega CZ_L} \times \frac{E}{\dfrac{j\omega L - \omega^2 LCZ_L + Z_L}{1+j\omega CZ_L}}$$

$$= \frac{E}{j\omega L - \omega^2 LCZ_L + Z_L} = -j\frac{E}{\omega L} \quad (\because \omega^2 LC = 1) \tag{9}$$

この結果より，負荷電流 I_L は負荷 Z_L に関係なく，インダクタンス L に依存することが示された．この結果を用いて，負荷に流れる電流を調節することが可能である．

□

次の例は，変成器を用いた位相に関する例題である．

【例題7】 図9(a) の回路において，$|I_1| = |I_2|$ であり，かつ I_1 と I_2 の位相差が $90°$ となるための相互インダクタンス M の値を求めよ．

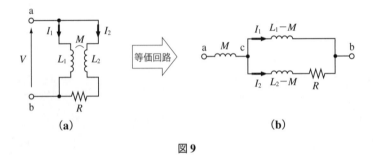

図9

〈解法〉 図9(b) のように変形してみると，$|I_1| = |I_2|$ ということは，節点 bc 間の2本の枝路のインピーダンスの大きさが同じ，を意味する．したがって

$$Z_1 = j\omega(L_1 - M), \quad Z_2 = R + j\omega(L_2 - M) \tag{10}$$

とおいたとき，$|Z_1| = |Z_2|$ より

$$\omega(L_1 - M) = \sqrt{R^2 + \omega^2(L_2 - M)^2} \tag{11}$$

が大きさの条件である．一方，I_1 と I_2 の位相差が $90°$ となるには，対応するインピーダンスのインピーダンス角が $90°$ 異なればいいのだから，式(10) より

$$(\pm j) \times j\omega(L_1 - M) = R + j\omega(L_2 - M) \tag{12}$$

であればよい．式(12) より

$$R = \pm\omega(L_1 - M) \tag{13}$$

$$L_2 - M = 0 \tag{14}$$

式(13) において，$R = -\omega(L_1 - M)$ を解とすると，これは式(11) と矛盾する．なぜならば，$R \geq 0$，$\sqrt{\cdot} \geq 0$ でなければならないためである．したがって

$$R = \omega(L_1 - M) \tag{15}$$

式 (14), (15) より, M に求められる条件は次である.

$$M = L_2 = L_1 - \frac{R}{\omega} \tag{16}$$

すなわち, M は式 (16) に示すように二つの等式を満足しなければならない.

□

3 最大電力と整合

電源からの供給電力の最大問題について考える.

【例題 8】 図 10 のように, 50 Hz, 100 V の交流電圧 V をかけたとき, 抵抗 R がいくつのときに抵抗で消費される電力は最大となるか. ただし, $C = 100\,\mu\mathrm{F}$ とする.

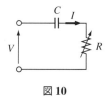

図 10

〈**解法**〉 抵抗に流れる電流の大きさ $|I|$ を求めると, 抵抗で消費する電力 P は $|I|^2 R$ で計算できる. まずは, この値を求めることを考える. 回路のインピーダンスの大きさは

$$|Z| = \sqrt{R^2 + \frac{1}{(\omega C)^2}} = \frac{1}{\omega C}\sqrt{1+(\omega CR)^2}$$

により計算されるから

$$|I|^2 = \frac{|V|^2}{|Z|^2} = \frac{(\omega C)^2}{1+(\omega CR)^2} V^2$$

したがって, 消費電力 P は次式で与えられる.

$$P = |I|^2 R = \frac{(\omega C)^2 R}{1+(\omega CR)^2} V^2 = \frac{(\omega C)^2}{\frac{1}{R}+(\omega C)^2 R} V^2 \tag{17}$$

P が最大になるには, 分子が一定であるから, 分母が最小になるような R を見い出せばよい. すなわち, 分母の極値を見い出すため, 次の微分操作

$$\frac{d}{dR}\left[\frac{1}{R}+(\omega C)^2 R\right] = \frac{-1}{R^2}+(\omega C)^2 = 0$$

より $(\omega CR)^2 = 1$ のとき極値となる. $-\omega CR = 1$ はありえないから, $\omega CR = 1$ が極値解となる. P が凸関数ならば (式 (17) より証明できる), この値を用いて最大値 $P_{\max}$ を式 (17) より計算できる.

$$P_{\max} = \frac{(\omega C)^2 R}{1+(\omega CR)^2} V^2 = \frac{\omega C}{2} V^2$$

$$= \frac{2\pi \times 50 \times 100 \times 10^{-6}}{2} \times 100^2 \approx 157\,\mathrm{W}$$

> 式 (17) の分母を最小にするには, 相加平均, 相乗平均 (0 章 3 節) を用いると, 直ちに
> $1/R = (\omega C)^2 R$
> のときであることがわかる.

□

1章5節で述べた直流電源の最大供給電力は，交流電源の場合でも成立する．このことを説明したのが次の例題である．

【例題9】 図11に示す電源の内部インピーダンスは $R_i + jX_i [\Omega]$ である．このとき，負荷で消費する電力を最大にする負荷インピーダンスの $R [\Omega]$ と $X [\Omega]$ を求め，このときの消費電力 P_{max} を求めよ．

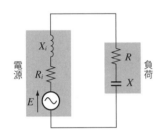 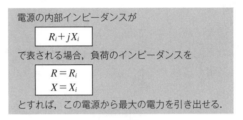 

図11　最大電力供給例題

〈解法〉負荷に流れる電流の大きさ $|I|$ を考えると，電力を消費するのは抵抗のみであるから，$P = |I|^2 R$ を考えればよい．この方針に従い

$$|I| = \left| \frac{E}{(R_i + R) + j(X_i - X)} \right| = \frac{|E|}{\sqrt{(R_i + R)^2 + (X_i - X)^2}}$$

より

$$P = |I|^2 R = \frac{|E|^2 R}{(R_i + R)^2 + (X_i - X)^2}$$

上式の右辺を見ると，変数 X は分母の $(\bullet)^2$ のみに存在し，変数 R は分母分子に存在する．そこで，まず，X を変化させて P を最大にするには，$X = X_i$ とすればよい．このとき，図11の回路図を見ると，X_i と X（L と C）が相殺しており，見掛け上存在しないことになる．このようにリアクタンス分を除いておけば，直流電源の場合と同じように扱うことができる．すなわち，内部抵抗＝外部抵抗（$R_i = R$）のときに消費電力は最大となる．すなわち

$$P_{max} = \frac{|E|^2}{4R}$$

となる．また，このようにすることを**整合をとる**（**matching**）という．

□

この例題では，整合をとるために負荷のインピーダンスを変化させた．しかし，実際には電源および負荷のインピーダンスを変化させることは無理なことが多い．このような場合に負荷に最大電力を供給するにはどのようにしたらよいのか？　このことに対処する一手法を示したのが次の例題である．

【例題 10】 図 12(a) の回路で負荷 R に供給される電力を求めよ．次に，図 12(b) のように理想変成器を用い，R に供給される電力を最大にする巻数比 n を求めよ．ただし，$E = 100$ V, $R_i = 900\,\Omega, R = 100\,\Omega$ とする．

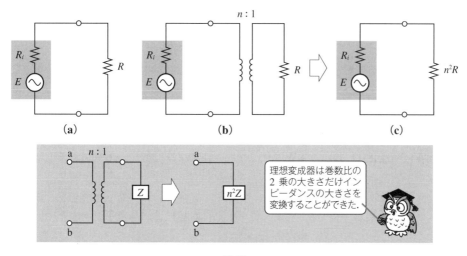

図 12

〈解法〉 図 12(a) の回路において，R での消費電力は
$$P = \left(\frac{E}{R_i + R}\right)^2 R = \left(\frac{100}{900 + 100}\right)^2 \times 100 = 1\ \text{W}$$
次に，理想変成器は 6 章で述べているように，二次側の負荷インピーダンスの大きさを変換できるので，図 12(b) は図 12(c) のように変換して考えることができる．この回路において，消費電力を最大にする条件は，内部抵抗＝外部抵抗　の事実に従い
$$R_i = n^2 R$$
より
$$n = \sqrt{\frac{R_i}{R}} = \sqrt{\frac{900}{100}} = 3$$
このときの最大消費電力は
$$P_{\max} = \frac{E^2}{4R_i} = \frac{100^2}{4 \times 900} \approx 2.78\ \text{W}$$
となる．

□

　整合（マッチング）を用いたものに高周波インピーダンス整合がある．高周波になると伝送路の寄生リアクタンスの影響で電圧・電流の位相がずれ，また伝送路と機器の接合部で反射が生じる．これを避けるため，同軸ケーブルなどではインピーダンス変換器を用いた整合を行う．

演習問題

【1】 図 P1 の回路において，$E=10$ V また $E=2$ V の場合，それぞれにおける電流 I を求めよ．

【2】 図 P2 の回路において，電流源を等価電圧源に変換することにより V を求めよ．

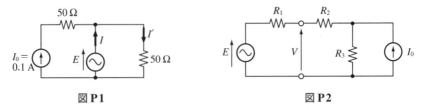

図 P1　　図 P2

【3】 図 P3 の回路において，SW を閉じたときに流れる電流 I と ab 間の電圧 V_{ab} を求めよ．ここに，$E = 100\angle(\pi/6)$ [V] である．

【4】 図 P4 の回路における負荷インピーダンスを $Z=|Z|\angle\theta = R+jX$ と表す．このとき，大きさ $|Z|$ は一定で θ を変えることができるとき，$|V|$ を最小にする R および X を求めよ．また，このときの $|V|$ はいくらか．

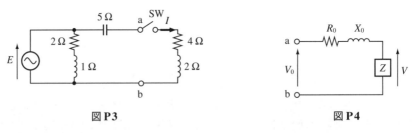

図 P3　　図 P4

【5】 図 P5 の回路において，$|I_1|=|I_2|$ とし，かつ端子 ab 間の力率を 0.8 にするには，R [Ω] および X [Ω] をそれぞれ R_0 [Ω] の何倍にすればよいか．

【6】 図 P6 の回路において，端子 ab 間の力率を 0.8 にする X_C [Ω] を求めよ．

図 P5　　図 P6

【7】 図 P7 の回路において，電流の大きさ $|I|$ を一定に保つとき，抵抗器で消費する電力を最大にする R を求めよ．

【8】 図 P8 の回路において，理想変成器の巻数比をいくらにすれば 300 Ω の抵抗器の両端の電圧 $|V|$ が最大となるか．また，その電圧はいくらか．

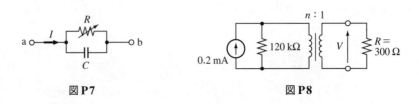

図 P7　　図 P8

【9】 図 P9 の回路の端子 ab 間のインピーダンスが周波数に無関係で一定であるための条件を求めよ.

【10】 図 P10 の回路において，二次側負荷での消費電力が最大となるような条件を考察せよ.

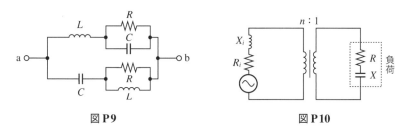

図 P9 図 P10

【11】 図 P11 の回路において，電圧の大きさの比率 $|V_1|/|V_2|$ はいくらか.

【12】 図 P12 の回路において，補償の定理を用いて，bd 間に流れる電流 I_{bd} を求めよ.

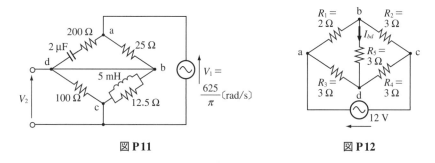

図 P11 図 P12

【13】 図 P13 の回路において，次の設問に答えよ．ただし，これらの設問は互いに関係しないものとする.
（i） 結合係数が 1 の場合，抵抗 R の端子電圧 V_R は抵抗 R に無関係になることを証明せよ.
（ii） R の値に関係なく V_R と E が同相となる条件を求めよ．ただし，$L_1 > L_2$ とする.

【14】 図 P14 の回路において，次の設問に答えよ．ただし，これらの設問は互いに関係しないものとする.
（i） 抵抗 R に流れる電流 I を 0 とするための条件と巻線の極性を示せ.
（ii） E と I を同相にするための条件を示せ.

【15】 図 P15 の回路で，SW を閉じたとき ab 間に流れる電流 I_0 が 0 となる条件を求めよ.

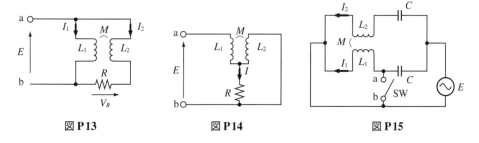

図 P13 図 P14 図 P15

演習問題 193

【16】 図P16の回路で，負荷に電力を供給したとき，負荷の有効電力 P を最大にする R の値を求めよ．

【17】 図P17の回路で，電源の角周波数 ω を変化させたとき，R での有効電力 P が最大となる ω はいくらか．

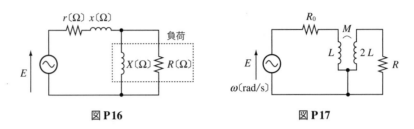

図P16　　　　　図P17

【18】 図P18の回路で，電圧比 V_2/V_1 が周波数に無関係に一定となる条件を求めよ（この回路は，オシロスコープなどに用いられる分圧回路である）．

【19】 図P19の回路において，次の設問に答えよ．
（ⅰ） V_2/E を求めよ．
（ⅱ） V_2 と E の位相が反転（逆相）になる周波数と，そのときの V_2/E を求めよ．

【20】 図P20の回路において，I_1 を基準としたとき，E を極形式で求めよ．

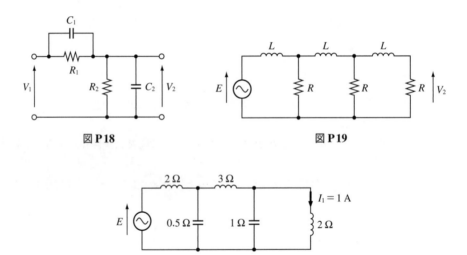

8章 三相交流回路

1 三相交流の発生と表現
2 三相回路の結線と相互関係
3 三 相 電 力
4 不平衡三相回路
  演 習 問 題

1 三相交流の発生と表現

> ▼要点
>
> **1** 三相交流の発生
> 対称三相交流：$2\pi/3$〔rad〕($120°$) の位相差をもつ三つの誘導起電力を一組として扱う．
>
> **2** 対称三相交流の表し方
> 対称三相交流の総和：瞬時値表現 $e_a+e_b+e_c=0$，　複素数表現 $E_a+E_b+E_c=0$
>
> **3** 三相交流は電線を節約できる
> 同じ電力を送るのに，電線の数を 6 本から 3 本に減らすことができる ⇒ ジュール損の低減

1 三相交流の発生

一般家庭内の交流電源は，電源と負荷が 2 本の線で接続されている（図 1 (a)）．これは，**単相交流（single-phase AC）**と呼ばれ，本書において，これまでは単相交流回路を扱ってきた．一方，家の外にある電線を見ると，3 本または 3 の倍数となっている（図 1 (b)）．

(a) 一般家庭の単相コンセント

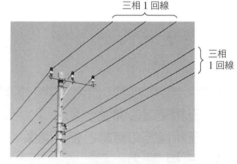
(b) 三相交流の電線

図 1　単相と三相の例

これは**三相交流（three-phase AC）**と呼ばれ，次の利点がある．
（ⅰ）同じ電力を送電するのに，三相を使うほうが単相よりも，送電線のジュール損を低減できる．
（ⅱ）三相電流の三つの波から一つの波の回転磁界を構成でき，その大きさは一定，回転周波数は電源周波数と同じ．これより，三相電動機を接続して直ちに回転させられる．
（ⅲ）任意の二相をつなぎ変えるだけで回転磁界を逆転でき，電動機の回転を逆転できる．

このうち，（ⅰ）を後に説明し，（ⅱ）は Web 資料（0 章），（ⅲ）については他の成書を参照されたい．

ここで，**相（phase）**とはもともと**外に現れた形または状態**を意味する（3 章 2 節 2 項参照）．三相交流または三相回路の**三相**とは，異なる**相**（振幅，周波数，位相）の**三つの電源が存在する回路**を意味する．通常は，位相のみが異なり，振幅と周波数は同じ電源を考える．三相電源が存在する回路では，負荷で発生する電圧や流れる電流も三相である．

196　8 章　三相交流回路

三相交流の発生メカニズムは次のとおりである．図 2 (a) に示すように固定子内部に空間的に $2\pi/3$ 〔rad〕($120°$) ずつずらして 3 組のコイルを配置する．

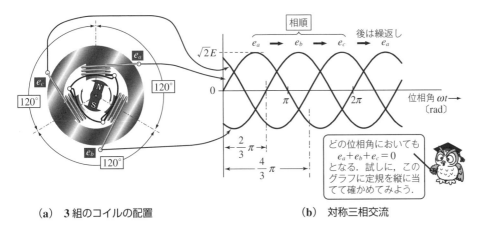

(a) 3組のコイルの配置　　(b) 対称三相交流

図2　三相交流の発生

電磁石を一定の角周波数 ω〔rad/s〕で回転させると，図 2 (b) のように，振幅と周波数が等しく，位相が互いに $2\pi/3$〔rad〕ずつ異なる三つの交流起電力が生じる．位相差が $2\pi/3$〔rad〕ずつ対称にあることから，これを**対称三相交流**という．図 2 (a) に対応する回路記号は図 3 で表され，本書では三つの相を abc 相（a 相，b 相，c 相）と称する．他の分野では UVW 相や RST 相と称することがある．

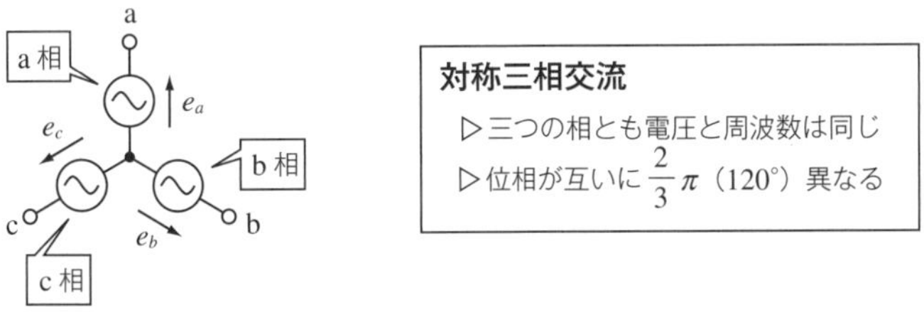

図3　三相電源の回路記号

対称三相交流
▷ 三つの相とも電圧と周波数は同じ
▷ 位相が互いに $\frac{2}{3}\pi$（$120°$）異なる

各相の起電力の瞬時値は，実効値を $|E|$ とおいて次式で表される．

$$\begin{cases} e_a = \sqrt{2}\,|E|\sin(\omega t) & 〔\mathrm{V}〕 \\ e_b = \sqrt{2}\,|E|\sin\left(\omega t - \dfrac{2}{3}\pi\right) & 〔\mathrm{V}〕 \\ e_c = \sqrt{2}\,|E|\sin\left(\omega t - \dfrac{4}{3}\pi\right) & 〔\mathrm{V}〕 \end{cases} \qquad (1)$$

この対称三相交流起電力は，どの時刻においても

$$e_a + e_b + e_c = 0 \qquad (2)$$

が成り立つ（図 2 (b) 参照）．この対称三相交流起電力の和が 0 になるということは大変重要な特性であり，三相回路の取扱いを容易にする．

【**例題 1**】　式 (1) の瞬時値形式を用いて $e_a + e_b + e_c = 0$ となることを三角関数の立場から証明せよ．（証明略）

1　三相交流の発生と表現　　197

2 対称三相交流の表し方

式(1)で表される対称三相交流起電力のベクトル表現を図4に示す．表1は，対称三相交流起電力の各表現を示すものである．

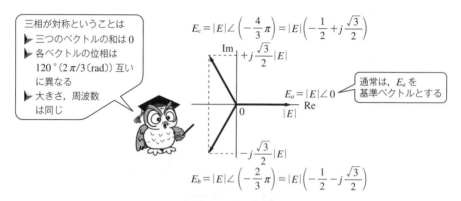

図4 複素平面上での対称三相交流起電力のベクトル図

表1 対称三相交流起電力の各種表現

実　数	複　素　数		
瞬時値形式	極形式	指数関数形式	直交形式
$e_a = \sqrt{2}\,|E|\sin(\omega t)$	$E_a = |E|\angle 0$	$E_a = |E|e^{j0}$	$E_a = |E|$
$e_b = \sqrt{2}\,|E|\sin\left(\omega t - \dfrac{2}{3}\pi\right)$	$E_b = |E|\angle\left(-\dfrac{2}{3}\pi\right)$	$E_b = |E|e^{-j\frac{2}{3}\pi}$	$E_b = |E|\left(-\dfrac{1}{2} - j\dfrac{\sqrt{3}}{2}\right)$
$e_c = \sqrt{2}\,|E|\sin\left(\omega t - \dfrac{4}{3}\pi\right)$	$E_c = |E|\angle\left(-\dfrac{4}{3}\pi\right)$	$E_c = |E|e^{-j\frac{4}{3}\pi}$	$E_c = |E|\left(-\dfrac{1}{2} + j\dfrac{\sqrt{3}}{2}\right)$

図4または表1の直交形式より

$$E_a + E_b + E_c = 0 \tag{3}$$

となることが容易に証明でき，これは式(2)の結果と一致する．

【例題2】 表2の直交形式を用いて式(3)を証明せよ．（証明略）

次に，図2(b)の三相交流波形を見ると，位相角 ωt [rad] の方向に $e_a \to e_b \to e_c \to e_a \to$ ……の順，すなわち，a→b→c→a→……の順に $2\pi/3$ [rad] ずつ各相の位相が遅れる．この位**相**の**順序**のことを三相交流の**相順**（**phase sequence**，相回転とも称する）といい，三相交流を考える場合，常にこの相順を念頭に置く．相順はa相→b相→c相の順で時計回りに見ることとし（図5），大抵の場合，a相を基準とする．

図5 相順 a→b→c

3 三相交流は電線を節約できる

本節 1 項で述べた「(ⅰ) 同じ電力を送電するのに，三相を使うほうが単相よりも，送電線のジュール損を低減できる」を図 6 を用いて説明する．

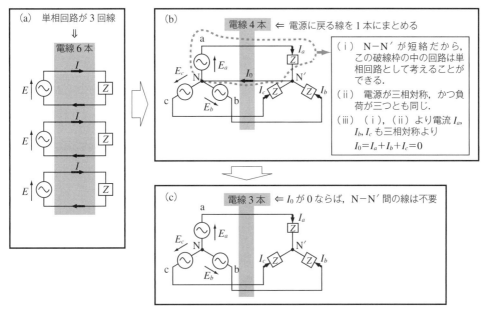

図 6 三相交流回路とその結線の考え方

単相回路の 3 倍の電力供給を行うのに，図 6(a) の単相回路 3 回線を考える．次に，図 6(b) に示すように，この 3 回線を一つに結合する．この図において，N−N′ は短絡であるから，単に単相回路が三つ結合とみなすことができる．したがって，電源が三相対称かつ負荷が同じであるから，図 6(b) の説明のとおり

$$I_0 = I_a + I_b + I_c = 0 \tag{4}$$

がいえる．このことは，N−N′ 間に線があっても電流が流れないのだから，この線を除去しよう，という考え方から対称三相回路は 3 本の電線のみとすれば，図 6(a) よりも電線の数を半減できる．電線は必ず抵抗を有するから，電線の数が少なければジュール損を低減できる．以上が，同じ電力を供給するのに，図 6(c) の対称三相回路のほうが単相回路より有利であることの説明である．

 Tea break

電灯，蓄音機で有名なエジソンは交流嫌いであった．このため，1800 年代半ばまで送電は直流と交流のどちらがよいかの論争があった．また，テスラ（この名は磁束密度の単位にもなる）の発案に基づく二相交流発電は 1893 年ナイアガラ瀑布発電会社において始まった．この直流か交流か，また二相か三相かに決着をつけたのがドリボ・ドブロウォリスキー（ドイツ）であった．1889 年に回転磁界の三相交流発電機を考案し，1891 年のフランクフルト博覧会で世界初の三相交流送電実験を行い，距離 120 km，送電電圧 15 000 V を達成した．これは，当時，直流送電や二相交流で達成しえなかった性能であったため，これ以降，先発の二相交流を押し退けて三相交流送電が主流となった．

2 三相回路の結線と相互関係

> ▼ 要点
>
> **1 三相回路の結線と用語**
>
> 接続方式：Y結線，Δ結線
>
> Y結線の電圧と電流：線間電圧の大きさ＝$\sqrt{3}$×相電圧の大きさ，線間電圧は相電圧より$\pi/6$〔rad〕進む．
> 　　　　　　　　　相電流＝線電流
>
> Δ結線の電圧と電流：線電流の大きさ＝$\sqrt{3}$×相電流の大きさ，線電流は相電流より$\pi/6$〔rad〕遅れる．
> 　　　　　　　　　相電圧＝線間電圧
>
> **2 平衡三相回路の電圧・電流の計算**
>
> 計算のポイント：Y−YまたはΔ−Δに変換してから計算する ⇒ 電源を変換，負荷を変換（Y−Δ変換）
> 三相回路のベクトル図を描けることが重要

1 三相回路の結線と用語

ここでは，三相回路に関する結線方式，接続方式など，それらにかかわる用語について説明する．

▶ **結線方式；Y結線，Δ結線**　電源，負荷ともに結線方式は図1に示す**Y結線**（**wye connection**）と**Δ結線**（**delta connection**）が代表的（結線の名称は2章3節参照）で，表1に両結線の各種電圧と電流の名称を示す．

> ほかにV結線（V connection）があり，電力分野でよく用いられるが，本書では触れない．

> 電気・電力の分野では，スター結線と称するのが一般的であるが，本書では2章との整合をとるため，Y結線と称する．

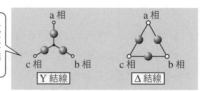

図1　結線方式，● は電源または負荷

表1　各接続における電圧・電流の名称

	Y結線 (wye or star connection)	Δ結線 (delta connection)
電源		
負荷		

> ▷ これらは，相に現れるものであるから，接頭語に相が付く．
> ▷ 起電力を電圧の一部として考えることがあるから，相起電力を相電圧と称することもある．

中性点（neutral point）：N
相起電力（phase e.m.f.）：$E_a, E_b, E_c, E_{ab}, E_{bc}, E_{ca}$
相電圧（phase voltage）：$V_a, V_b, V_c, V_{ab}, V_{bc}, V_{ca}$
相電流（phase current）：$I_a, I_b, I_c, I_{ab}, I_{bc}, I_{ca}$
I_{ab}, I_{bc}, I_{ca} を環状電流（circulating current）ともいう

▶ **電源と負荷の接続方式**　図2に示すように，電源と負荷を接続した回路を考える．この接続形態は4通り（Y−Y，Y−Δ，Δ−Δ，Δ−Y）あるが，その接続形態にかかわらず，線と線の間の電圧を**線間電圧**（line to line voltage），線に流れる電流を**線電流**（**line current**）と称する．また，電源が対称三相交流電源で，平衡負荷（各相の負荷が同じ）と接続した回路を**平衡三相回路**という．

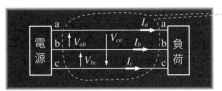

電源と負荷とを接続する線に現れる電圧と電流の名称
・線間電圧（line to line voltage, 線と線の間の電圧）: V_{ab}, V_{bc}, V_{ca}
・線電流（line current, 線に流れる電流）: I_a, I_b, I_c

電源が対称三相交流電源で，負荷が平衡負荷の場合，これらを接続した回路を **平衡三相回路** という．

図2　線間電圧と線電流

▶ **Y結線の電圧と電流**　図3(a)に示す，相電圧 E_a, E_b と線間電圧 V_{ab} の関係を求める．

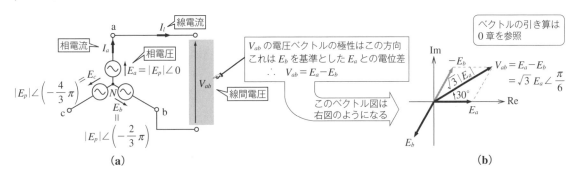

(a)　(b)

図3　相電圧と線間電圧の関係

相電圧の大きさを $|E_p|$ とすると，次を得る．

$$V_{ab} = E_a - E_b = |E_p| - |E_p|\left(-\frac{1}{2} - j\frac{\sqrt{3}}{2}\right) = |E_p|\left(\frac{3}{2} + j\frac{\sqrt{3}}{2}\right)$$

$$= \sqrt{3}\,|E_p|\left(\frac{\sqrt{3}}{2} + j\frac{1}{2}\right) = \sqrt{3}\,|E_p|\angle\frac{\pi}{6} = \sqrt{3}\,E_a\angle\frac{\pi}{6} \tag{1}$$

この結果は，V_{ab} が $E_a(=|E_p|\angle 0)$ に対して位相が $\pi/6$ [rad] 進み，大きさが $\sqrt{3}$ 倍になることを意味する．この関係をベクトルで表現したのが図3(b)である．ほかの相電圧，線間電圧でも類似した次の関係を得る．

$$V_{bc} = E_b - E_c = \sqrt{3}\,|E_p|\angle\left(-\frac{2}{3}\pi + \frac{\pi}{6}\right)$$

$$= \sqrt{3}\,|E_p|\angle\left(-\frac{\pi}{2}\right) = \sqrt{3}\,E_b\angle\frac{\pi}{6}$$

（E_b に対して位相が $\pi/6$ [rad] 進み，大きさは $\sqrt{3}$ 倍）　(2)

$$V_{ca} = E_c - E_a = \sqrt{3}\,|E_p|\angle\left(-\frac{4}{3}\pi + \frac{\pi}{6}\right)$$

$$= \sqrt{3}\,|E_p|\angle\left(-\frac{7}{6}\pi\right) = \sqrt{3}\,E_c\angle\frac{\pi}{6}$$

（E_c に対して位相が $\pi/6$ [rad] 進み，大きさは $\sqrt{3}$ 倍）　(3)

Y結線の電流の関係は，図3(a)を見るとわかるように，相電流はそのまま線電流となる．以上をまとめると次のようになる．

> **Y結線では**
> ▷ 相電圧 E_p，線間電圧 V_{l-l} とすると
>   線間電圧の大きさ $|V_{l-l}| = \sqrt{3} \times$ 相電圧の大きさ $|E_p|$
>   線間電圧の位相は，相電圧より $\pi/6$ (rad) (30°) 進む $\Rightarrow V_{l-l} = \sqrt{3} E_p \angle \dfrac{\pi}{6}$
> ▷ 相電流 I_p，線電流 I_l は同じ，すなわち
> $I_p = I_l$
> ▷ 式(1)〜(3)を用いて，電源の Y−Δ 変換ができる

各自で考えてみよう．

【例題1】 図3(a)において，$V_{bc} = 120 \angle (-100°)$ 〔V〕のとき，E_b を求めよ．

〈解法〉 図3(b)のベクトル図に V_{bc} を描くとよくわかる．E_b は V_{bc} より位相が30°遅れ，大きさは $1/\sqrt{3}$ 倍であるから，$E_b = 120/\sqrt{3} \angle (-130°)$ 〔V〕

□

▶ **Δ結線の電圧と電流**　Δ結線の場合，図4(a)より，相電圧 V_{ab} と線間電圧 V_{l-l} は同一であることがわかる．次に，線電流と相電流の関係を見てみると，図4(a)の説明のように節点aで，電流の分岐がある．ここで，相電流の大きさを $|I_p|$，I_{ab} を基準ベクトル（$= |I_p| \angle 0$）にとると，次を得る．

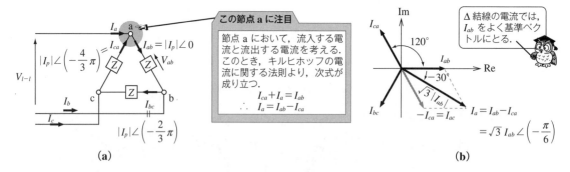

図4　線電流と相電流の関係

$$I_a = I_{ab} - I_{ca} = |I_p| - |I_p| \left(-\dfrac{1}{2} + j\dfrac{\sqrt{3}}{2} \right)$$

$$= \sqrt{3} |I_p| \left(\dfrac{\sqrt{3}}{2} - j\dfrac{1}{2} \right) = \sqrt{3} |I_p| \angle \left(-\dfrac{\pi}{6} \right) = \sqrt{3} I_{ab} \angle \left(-\dfrac{\pi}{6} \right) \quad (4)$$

この結果は，I_a が I_{ab} に対して位相が $\pi/6$ 〔rad〕遅れ，大きさが $\sqrt{3}$ 倍になることを意味する．この関係をベクトルで表現したのが図4(b)である．ほかの相電流，線電流でも同様な次の関係を得る．

$$I_b = I_{bc} - I_{ab} = \sqrt{3} |I_p| \angle \left(-\dfrac{2}{3}\pi - \dfrac{\pi}{6} \right)$$

$$= \sqrt{3} |I_p| \angle \left(-\dfrac{5}{6}\pi \right) = \sqrt{3} I_{bc} \angle \left(-\dfrac{\pi}{6} \right)$$

（I_{bc} に対して位相が $\pi/6$ 〔rad〕遅れ，大きさは $\sqrt{3}$ 倍）　(5)

$$I_c = I_{ca} - I_{bc} = \sqrt{3}\,|I_p|\angle\left(-\frac{4}{3}\pi - \frac{\pi}{6}\right)$$

$$= \sqrt{3}\,|I_p|\angle\left(-\frac{3}{2}\pi\right) = \sqrt{3}\,I_{ca}\angle\left(-\frac{\pi}{6}\right)$$

(I_{ca} に対して位相が $\pi/6$〔rad〕遅れ，大きさは $\sqrt{3}$ 倍) (6)

以上についてまとめると次のようになる．

Δ結線では

▷ 相電圧 E_p，線間電圧 V_{l-l} は同じ，すなわち
 $E_p = V_{l-l}$
▷ 線電流 I_l，相電流 I_p とすると
 線電流の大きさ $|I_l| = \sqrt{3} \times$ 相電流の大きさ $|I_p|$
 線電流の位相は，相電流より $\pi/6$〔rad〕(30°) 遅れる ⇒ $I_l = \sqrt{3}\,I_p \angle\left(-\dfrac{\pi}{6}\right)$

備考 ◇ **数字の 3 は三相回路のキーナンバー** 三相回路において $\sqrt{3}$ 倍の 3，位相が 30°進み（遅れ）の 3，というように，3 という数字があちこちに出現する．このため，数字の 3 は三相回路のキー（鍵）ナンバーといえる．

2 平衡三相回路の電圧・電流の計算

　平衡三相回路の電源と負荷の接続は 4 通りある．この全てについて，電圧・電流の計算を行う要点は，Y-Y または Δ-Δ のように，接続する結線の形を同一になるよう，何らかの変換を行うことである．この変換は，2 章 3 節で示した直流回路での Y-Δ 変換（または 9 章 1 節の二端子対回路）をそのまま適用できるので，あらためてこの変換を図 5 に示す．

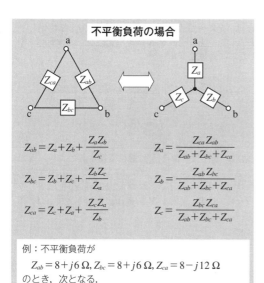
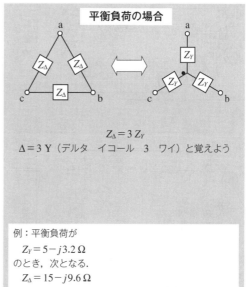

図5　Y-Δ 変換

平衡三相回路において，電源と負荷の4通りの接続のそれぞれの場合に対する電圧・電流の計算する際に注意すべき点を表2に示す．

表2 平衡三相回路の接続方法と計算例

$$\begin{cases} V_a+V_b+V_c=0 \\ I_a+I_b+I_c=0 \\ V_{ab}+V_{bc}+V_{ca}=0 \\ I_{ab}+I_{bc}+I_{ca}=0 \end{cases}$$ ⇒ 足して0になることは，互いに $2\pi/3$ [rad]（120∞）位相が異なることを意味する． ⇒ このことを念頭に置いて下の表を見よう．

接続形態	回路図	備 考
Y-Y接続		中性点 N-N' を線で結べば（短絡），この N-N' が共通な単相回路が三つあるとみなせる．したがって，単相回路の計算手法が適用できる． 例： $E_a=V_a \quad I_a=\dfrac{V_a}{Z}=\dfrac{E_a}{Z}$
Δ-Δ接続		単相回路が三つあるとみなせるので，各相（ab相, bc相, ca相）を独立して単相回路の計算手法が適用できる． 例： $V_{ab}=E_{ab} \quad I_{ab}=\dfrac{V_{ab}}{Z}=\dfrac{E_{ab}}{Z}$ $I_a=\sqrt{3}\,I_{ab}\angle\left(-\dfrac{\pi}{6}\right)$
Y-Δ接続		電源をΔ結線，または負荷をY結線に変換すればよい．ただし，負荷をY結線に変換して計算する際，例えば，相電流 I_{ab} を求めるには，先に線電流 I_a を求め，これから I_{ab} を導出しなければならない．一方，電源をΔ結線に変換しさえすれば，相電流 I_{ab} を直ちに計算できる． 例： $V_{ab}=\sqrt{3}\,E_a\angle\dfrac{\pi}{6} \quad I_{ab}=\dfrac{V_{ab}}{Z}=\dfrac{\sqrt{3}\,E_a\angle\pi/6}{Z}$ $I_a=\sqrt{3}\,I_{ab}\angle\left(-\dfrac{\pi}{6}\right)$
Δ-Y接続		電源をY結線，または負荷をΔ結線に変換すればよい．ただし，負荷をΔ結線に変換して計算する際，例えば，相電流 I_a を求めるには，先に線電流 I_{ab} を求め，これから I_a を導出しなければならない．一方，電源をY結線に変換しさえすれば，相電流 I_a を直ちに計算できる． 例： $V_a=\dfrac{1}{\sqrt{3}}E_{ab}\angle\left(-\dfrac{\pi}{6}\right) \quad I_a=\dfrac{V_a}{Z}=\dfrac{1}{Z}\dfrac{1}{\sqrt{3}}E_{ab}\angle\left(-\dfrac{\pi}{6}\right)$

【例題2】 表2のY-Δ接続において，$V_{ab}=100\angle 15°$ [V]，$I_{ab}=10\angle(-30°)$ [A] のとき，V_{ca}, I_{bc} および E_a, I_c を求めよ．

〈解法〉 この問題を解くポイントは

☞ 三相回路の問題では，必ずベクトル図を併用して考える．
☞ 基準ベクトルをどれにするかを考える．ここでは V_{ab} とする．

手始めとしてていねいに考えてみよう．まず，V_{ab} を基準ベクトルとするため，その位相を $0°$ にする．すなわち，$15°$ 遅らして

$$V_{ab} = 100 \angle 0°$$

とする．このとき，ほかのベクトルも全て $15°$ 遅らせればよいだけである．これより

$$I_{ab} = 10 \angle (-30° - 15°) = 10 \angle (-45°)$$

とすればよい（図 6(a)）．

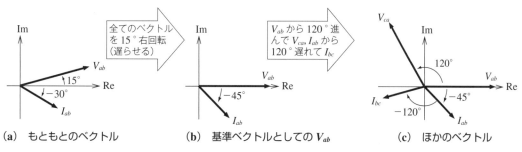

(a) もともとのベクトル　　(b) 基準ベクトルとしての V_{ab}　　(c) ほかのベクトル

図 6　例題 2 のベクトル図を用いた考え方

図 6(c) に示すように，V_{ca} は V_{ab} と，I_{bc} は I_{ab} とそれぞれ $120°$ 位相が異なる．この図のベクトルの位相をもとに戻すため $15°$ 進ませれば，次の解を得る．

$$V_{ca} = 100 \angle (120° + 15°) = 100 \angle 135°$$

$$I_{bc} = 10 \angle (-45° - 120° + 15°) = 10 \angle (-150°)$$

次に，図 7 にあらためて Y 結線の電圧，Δ 結線の電流の関係を示す．

Y 結線の電圧の関係		Δ 結線の電流の関係	
線間電圧 ⇐ 相電圧	相電圧 ⇐ 線間電圧	線電流 ⇐ 相電流	相電流 ⇐ 線電流
$V_{ab} = \sqrt{3}\, E_a \angle 30°$	$E_a = \dfrac{1}{\sqrt{3}} V_{ab} \angle (-30°)$	$I_a = \sqrt{3}\, I_{ab} \angle (-30°)$	$I_{ab} = \dfrac{1}{\sqrt{3}} I_a \angle 30°$
$V_{bc} = \sqrt{3}\, E_b \angle 30°$	$E_b = \dfrac{1}{\sqrt{3}} V_{bc} \angle (-30°)$	$I_b = \sqrt{3}\, I_{bc} \angle (-30°)$	$I_{bc} = \dfrac{1}{\sqrt{3}} I_b \angle 30°$
$V_{ca} = \sqrt{3}\, E_c \angle 30°$	$E_c = \dfrac{1}{\sqrt{3}} V_{ca} \angle (-30°)$	$I_c = \sqrt{3}\, I_{ca} \angle (-30°)$	$I_{ca} = \dfrac{1}{\sqrt{3}} I_c \angle 30°$

図 7　まとめの図；Y 結線，Δ 結線の電圧・電流の関係

この図より，E_a は

$$E_a = \frac{1}{\sqrt{3}} V_{ab} \angle (-30°) = \frac{100}{\sqrt{3}} \angle (15° - 30°) = \frac{100}{\sqrt{3}} \angle (-15°)$$

次に，I_c を求める前に I_a を求めると

$$I_a = \sqrt{3}\, I_{ab} \angle (-30°) = \sqrt{3} \times 10 \angle (-30° - 30°) = 10\sqrt{3} \angle (-60°)$$

I_c は I_a より位相が $120°$ 進んでいるのだから，次の解を得る．

$$I_c = I_a \angle 120° = 10\sqrt{3} \angle (-60° + 120°) = 10\sqrt{3} \angle 60°$$

□

3 三相電力

▼要点

1 平衡三相回路電力の計算法

負荷（Y, Δ）そのものを考える場合　$P = 3 \times |\text{相電圧}| \times |\text{相電流}| \times \cos\theta$　（$\cos\theta$ は負荷の力率）
線間電圧，線電流を計測の場合　$P = \sqrt{3} \times |\text{線間電圧}| \times |\text{線電流}| \times \cos\theta$　（$\cos\theta$ は負荷の力率）

2 複素電力

全有効電力 P，全無効電力 Q の計算を複素電力を用いて行う．
$$P + jQ = \bar{V}_{ac}I_a + \bar{V}_{bc}I_b$$

3 二電力計法

2個の単相電力計で全有効電力 P，全無効電力 Q を計測．注意事項は，電圧の基準相を同じにする．
$$P = P_1 + P_2, \quad Q = \sqrt{3}(P_1 - P_2), \quad P_1, P_2 \text{ は電力計の指示値}$$

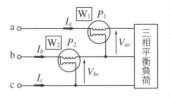

1 平衡三相回路電力の計算法

ここでは，平衡三相回路に限定しての電力計算方法について説明する．平衡三相回路の電力計算方法は大別して，次の二つであろう．

（ⅰ）　1相分の電力を3倍する計算
（ⅱ）　線間電圧，線電流の大きさ，および負荷の力率を用いた計算

この二つの考え方を順に説明する．

▶**1相分の電力を3倍する計算**　図1にあらためて単相電力の計算法の考え方を示す．

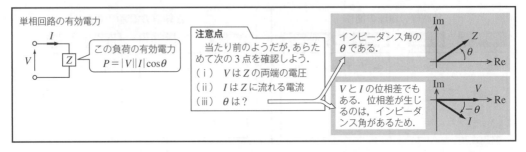

図1　単相電力における角度（インピーダンス角，電圧・電流の位相差）の考え方

この図に示すように，電力は負荷で消費するものであり，その度合い（力率 $\cos\theta$ のこと）は，**負荷のインピーダンス**または**負荷そのものにかかわる電圧と電流の位相差**で決まった．

上記のことは，三相についてもまったく同じことがいえる．すなわち，各相の電力を個別に求め，その合計を計算するという単純な考え方である．平衡三相回路であるならば，1相分の電力を3倍するだけでよい．図2に，各相の電力を個別に求めて全電力を算出する方法を示す．ここに，式(1), (2)（図1の中に記載）に表れる力率角 θ [rad] がどこの位相差（または偏角）を指すか，しっかり把握してほしい．

206　8章　三相交流回路

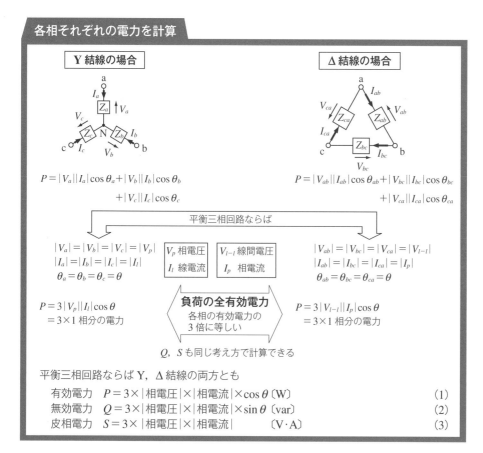

図2 1相分を考えた平衡三相回路の電力の計算法

▶ **線間電圧，線電流の大きさ，および負荷の力率を用いた計算** 　線間電圧の大きさ $|V_{l-l}|$，線電流の大きさ $|I_l|$ および負荷の力率 $\cos\theta$ がわかっている場合，各相を見るのではなく，送電線に現れる電圧と電流に注目して計算する方法がある．この方法に基づいた各種電力の計算式を式(4)〜(6)（図3の中に記載）に示す．

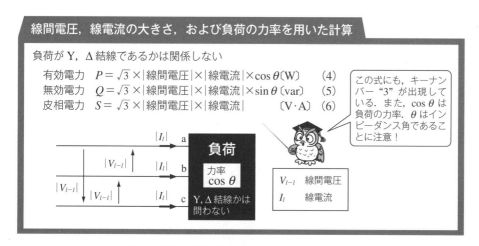

図3 線間で計測する平衡三相回路の電力計算法

3 三相電力　207

これは，一般の電力系統では，線間電圧と線電流の大きさが計測しやすい電気量であることから，有用な式である．

式 (4) は次のようにして証明できる．負荷が Y 結線の場合（図 2 参照），相電圧と線間電圧の大きさに $|V_p| = |V_{l-l}|/\sqrt{3}$ の関係があった．これを式 (1) に代入すると式 (4) を得る．次に Δ 結線の場合，相電流と線電流の大きさの関係が $|I_p| = |I_l|/\sqrt{3}$ であり，これを式 (1) に代入すると式 (4) を得る．式 (5), (6) も同様にして説明できる．

【例題 1】 図 4 (a) ～ (d) は全て平衡三相回路である．このとき，それぞれの有効電力を求めよ．ただし，$|E_a| = |E_{ab}| = 200$ V，$Z = 20 \angle 30°$ 〔Ω〕である．

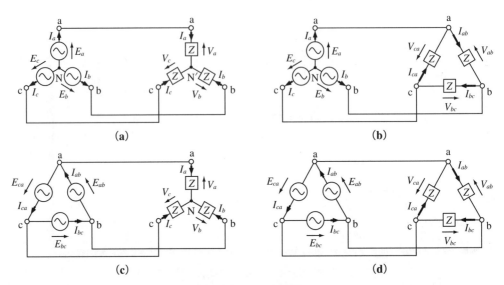

図 4　例題 1 の三相回路

〈解法〉 図 4 の (a) と (d) は同じ結果を得る．すなわち，1 相分の有効電力は

$$P'_{a,d} = |E_a||I_a|\cos\theta = |E_{ab}||I_{ab}|\cos\theta = 200 \times \frac{200}{20} \times \frac{\sqrt{3}}{2} = 1000\sqrt{3} \text{ W}$$

より，全有効電力は次となる．

$$P_{a,d} = 3 P'_{a,d} = 3000\sqrt{3} \text{ W}$$

図 4 (b), (c) の全有効電力 P_b, P_c は，相電圧と線間電圧の大きさの関係，相電流と線電流の大きさの関係に留意して，それぞれ次の計算で求まる．

$$P'_b = 200\sqrt{3} \times \frac{200\sqrt{3}}{20} \times \frac{\sqrt{3}}{2} = 3000\sqrt{3} \text{ W}$$

$$\therefore\ P_b = 3 P'_b = 9000\sqrt{3} \text{ W}$$

$$P'_c = \frac{200}{\sqrt{3}} \times \frac{200/\sqrt{3}}{20} \times \frac{\sqrt{3}}{2} = \frac{1000}{\sqrt{3}} \text{ W}$$

$$\therefore\ P_c = 3 P'_c = 1000\sqrt{3} \text{ W}$$

【例題2】 平衡三相回路において，負荷の全有効電力 3 kW，線間電圧 200 V，線電流 10 A であるとき，負荷の力率を求めよ．

答 $\sqrt{3}/2$ または約 86.6%

【例題3】 図5の平衡三相回路において，$V_{ab} = 220$ V，$I_a = 20\sqrt{3}\angle(-60°)$ [A] のとき，回路全体の有効電力を求めよ．

〈解法〉 線間電圧と線電流が与えられているから
$$P = \sqrt{3} \times 220 \times 20\sqrt{3} \times \cos(-60°)$$

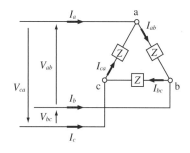

図5 例題3の三相回路

と計算すると，$\theta = -60°$ とおいたことが誤りである．これは，V_{ab} と I_a の位相差であって，有効電力を計算するときの力率角（または Z のインピーダンス角）ではない．この例題は，力率 $\cos\theta$ の力率角 θ（インピーダンス角に相当）を正しく理解できているかどうかを問う例題である．解を得るには，負荷 Z に直接関わる V_{ab} と I_{ab} の位相差が求まればよい．すなわち
$$I_{ab} = \frac{I_a}{\sqrt{3}} \angle 30° = 20 \angle(-30°)$$

より，負荷 Z に関わる電圧と電流の位相差は $\theta = -30°$ である．これより，次の解を得る．
$$P = 3 \times (一相分の電力) = 3 \times 220 \times 20 \times \cos(-30°) = 6600\sqrt{3} \text{ W}$$

または，線間電圧，線電流と負荷の力率を用いても同じ結果を得る．
$$P = \sqrt{3}|V_{l-l}||I_l|\cos\theta = \sqrt{3} \times 220 \times 20\sqrt{3} \times \cos(-30°) = 6600\sqrt{3} \text{ W}$$

□

【例題4】 力率改善キャパシタ

図6(a)に示す平衡三相回路において，負荷インピーダンス $Z = 8 + j6$ [Ω]，線間電圧の角周波数 $\omega = 100$ rad/s である．このとき，力率を100%にする C の値を求めよ．

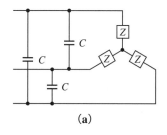 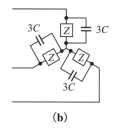 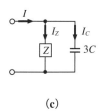

(a) (b) (c)

図6

〈解法〉 図6(a)の線間にあるキャパシタの接続は Δ 結線と同じである．これを Y 結線に変換すると図6(b)になる．このとき，C の値は3倍になることに注意されたい．もし，これが R や L ならば，その値は 1/3 倍になる（なぜかは読者に委ねる）．図6(b)は，図6(c)の回路が3個結合したものと考えられる．そこで，図6(c)に示す回路の力率改善を考えればよい．この類似した問題は，5章1節で扱ったので，ここでは，簡単に解を得るまでの過程を示す．

インピーダンスの値を見ると誘導性負荷であるから，図6(c)に示す遅れ電流 I_Z の虚部を進み電流 I_C の虚部で相殺すればよい．図6(c)の端子電圧を V（これを基準ベクトルとする）とおくと，I_Z は

3 三相電力　209

$$I_Z = \frac{V}{8+j6} = \frac{8-j6}{100}V \quad \therefore \quad \mathrm{Im}\,[I_Z] = \frac{-j6}{100}V$$

$C' = 3C$ とおいて

$$|I_C| = \omega C' V = \frac{6}{100}V \quad \therefore \quad C' = \frac{6}{100\,\omega} = 6 \times 10^{-4}$$

よって，$C = C'/3 = 2 \times 10^{-4}\,\mathrm{F}$ を得る．

□

2 複素電力

単相回路の場合，複素電力により有効電力と無効電力を同時に表現できることが示された（5章1節）．三相回路で平衡の場合，これと同様な計算式があるので，これを説明する．

図7に示す三相回路は平衡であるとする．

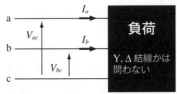

図7 平衡三相回路に対する複素電力

このとき，全有効電力を P，全無効電力を Q とすると，次の関係がある．

$$P + jQ = \bar{V}_{ac} I_a + \bar{V}_{bc} I_b \tag{7}$$

$$P = |V_{ac}||I_a|\cos\theta_1 + |V_{bc}||I_b|\cos\theta_2 \tag{8}$$

$$Q = |V_{ac}||I_a|\sin\theta_1 + |V_{bc}||I_b|\sin\theta_2 \tag{9}$$

ここに，θ_1 は V_{ac} と I_a の位相差，θ_2 は V_{bc} と I_b の位相差である．また，式(7)〜(9)において，c相を基準として電圧を測っていることに注意されたい．

式(7)〜(9)の証明の考え方を示す．各相それぞれの複素電力の実部，虚部は，それぞれの相の有効電力と無効電力を表した．したがって，各相の複素電力の和をとると，その実部は P，虚部は Q に相当する．この考え方に従い，証明を示す．

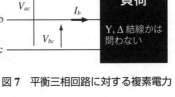

図8 Δ型結線

負荷がΔ型結線（図8）の場合，各相の複素電力の和は

$$\bar{V}_{ab}I_{ab} + \bar{V}_{bc}I_{bc} + \bar{V}_{ca}I_{ca} = P + jQ \tag{10}$$

となる．平衡三相回路であるから

$$V_{ab} + V_{bc} + V_{ca} = 0$$

が成り立つ．これは共役複素数でも成り立つから

$$\bar{V}_{ab} + \bar{V}_{bc} + \bar{V}_{ca} = 0 \quad \therefore \quad \bar{V}_{ab} = -\bar{V}_{bc} - \bar{V}_{ca}$$

これを式(10)に代入して整理すると

$$P + jQ = -(\bar{V}_{bc} + \bar{V}_{ca})I_{ab} + \bar{V}_{bc}I_{bc} + \bar{V}_{ca}I_{ca} = \bar{V}_{ca}(I_{ca} - I_{ab}) + \bar{V}_{bc}(I_{bc} - I_{ab})$$

$$= \bar{V}_{ca}(-I_a) + \bar{V}_{bc}I_b = \bar{V}_{ac}I_a + \bar{V}_{bc}I_b$$

すなわち，式(7)が証明できた．また，これから式(8)，(9)が成り立つこともいえる．

負荷が Y 型結線（図 9）の場合，各相の複素電力の和は
$$\bar{V}_a I_a + \bar{V}_b I_b + \bar{V}_c I_c = P + jQ \qquad (11)$$
となる．平衡三相回路であるから
$$I_a + I_b + I_c = 0 \quad \therefore \quad I_c = -I_a - I_b$$
これを式 (11) に代入して整理すると
$$P + jQ = \bar{V}_a I_a + \bar{V}_b I_b - \bar{V}_c (I_a + I_b)$$
$$= (\bar{V}_a - \bar{V}_c) I_a + (\bar{V}_b - \bar{V}_c) I_b$$
$$= \bar{V}_{ca} I_a + \bar{V}_{bc} I_b$$

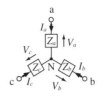

図 9　Y 型結線

すなわち，式 (7) が証明できた．また，これから式 (8), (9) が成り立つこともいえる．

【例題 5】 図 7 において，$V_{ab} = 200$, $V_{bc} = 200\angle(-120°)$, $V_{ca} = 200\angle(-240°)$, $I_a = 10\angle(-90°)$, $I_b = 10\angle 150°$, $I_c = 10\angle 30°$ とする．このとき負荷の全有効電力を P と全無効電力を Q を求めよ．

〈解法〉　各変数を直交形式で表現したベクトル図を図 10 に示す．この図を参考にして，$V_{ac} = -V_{ca} = 100 - j100\sqrt{3}$, $\bar{V}_{ac} = 100 + j100\sqrt{3}$, $\bar{V}_{bc} = -100 + j100\sqrt{3}$, よって
$$P + jQ = \bar{V}_{ac} I_a + \bar{V}_{bc} I_b$$
$$= (100 + j100\sqrt{3})(-j10)$$
$$\quad + (-100 + j100\sqrt{3})(-5\sqrt{3} + j5)$$
$$= 1000\sqrt{3} - j3000$$

これより，$P = 1000\sqrt{3}$ W, $Q = 3000$ var である．　□

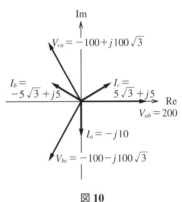

図 10

3　二電力計法

三相回路の有効電力を計測するには，単相用の電力計を各相の負荷に 3 個接続すればよい．しかし，この方法では，電力計が 3 個必要で負荷に直接触れることになる，という理由から好ましくない．これに対し，図 11 のように，電圧の基準相を一つ設け（図 11 では c 相，複素電力の場合も基準相を設けた），これ以外の相に対する電位差と線電流の計測を行うことを考える．

このとき，二つの電力計の指示値 P_1 と P_2 を加算すると，この値は全有効電力となる．

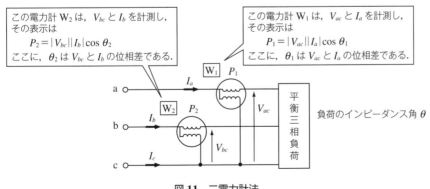

図 11　二電力計法

このように，2個の電力計で計測できることから**二電力計法**（**two-wattmeter method**）と称される．この方法では，電力計の数のみならず，負荷に近接して電力計を設置する必要がないという利点がある．

▶ **P_1+P_2 が全有効電力となることの証明**　　複素電力のところで示した式(8),(9)の値がそれぞれ図11の P_1, P_2 に相当することに気付けば証明は終了である．しかし，三相回路の場合，電力計の異なる接続形態を考えたりするので，ベクトル図からの考察は重要である．このため，式(8),(9)とは別の考え方として，ベクトル図からの証明を示す．

図11には，電力量計 W_1, W_2 それぞれが，どの電圧と電流を計測しているかが示されていた．これに基づき，計測している量をベクトル図で表現したのが図12である．

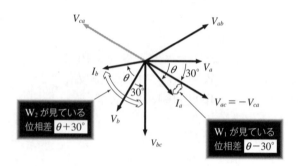

図12　ベクトル図

負荷のインピーダンス角を θ とおき，図12に示す位相差を考慮すれば，各電力計の指示値は次式で表される．

$$P_1 = |V_{ac}||I_a|\cos(\theta-30°) \tag{12}$$
$$P_2 = |V_{bc}||I_b|\cos(\theta+30°) \tag{13}$$

これより，$|V_{ac}|=|V_{bc}|=|V_{l-l}|, |I_a|=|I_b|=|I_l|$ とおき，P_1+P_2 を計算すると

$$\begin{aligned}P_1+P_2 &= |V_{l-l}||I_l|(\cos\theta\cdot\cos 30°+\sin\theta\cdot\sin 30°+\cos\theta\cdot\cos 30°-\sin\theta\cdot\sin 30°)\\ &= |V_{l-l}||I_l|(2\cos\theta\cdot\cos 30°) \\ &= \sqrt{3}|V_{l-l}||I_l|\cos\theta \end{aligned} \tag{14}$$

上式の結果は全電力にほかならない．また，二電力計法で無効電力および力率も測定できる．式(12),(13)の差を計算すると

$$P_1-P_2 = |V_{l-l}||I_l|\sin\theta \tag{15}$$

となる．この値を $\sqrt{3}$ 倍すれば無効電力 Q となる．次に，式(15)を式(14)で割り，簡単な式変形より

$$\theta = \tan^{-1}\left(\sqrt{3}\,\frac{P_1-P_2}{P_1+P_2}\right) \tag{16}$$

を得る．これより，力率 $\cos\theta$ も求められることがわかる．

▶ **電力計指針の逆振れ**　二電力計法において，電力計の指針が逆振れすることがあるので，この説明を行う．

式(12), (13)をグラフ表示したのが図13である．

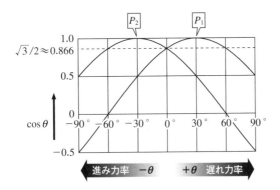

図13　二電力計の指示値のグラフ（$|V_{ab}||I_a|=|V_{bc}||I_b|=1$ とおいた場合）

この図からわかるように，力率角の大きさ$|\theta|$が60°を超えると，P_1 または P_2 のどちらかが負の値となり，電力計の指針は逆振れする．このときは，逆振れした電力計の電圧端子の極性を変え（電流端子だといったん回路を止めなければならない），指針を正に振らせてから，両者の読みの差（和ではない！）をとると全電力になる．

また，図13のグラフにおいて，一方の電力計の指示値が0のとき，負荷の力率は0であるから力率角（またはインピーダンス角）は60°であると直ちにわかる．ただし，進みか遅れかを知るには，ほかの量を見なければならない．

【例題6】　例題5と同じ回路において二電力計法により電力計測を行った．このとき，P_1, P_2 はいくつを指示するか．また，負荷の力率を求めよ．

〈解法〉　図11のように接続されているものとする．このとき，W_1 は V_{ac} と I_a を，W_2 は V_{bc} と I_b を計測しているのだから，それぞれの電圧・電流の位相差は $\theta_1=\pi/6$, $\theta_2=-\pi/2$ である．かつ，線間電圧の大きさは200 V，線電流の大きさは10 Aであるから

$$P_1 = 200\times 10\times \cos\frac{\pi}{6} = 1000\sqrt{3} \text{ W}$$

$$P_2 = 200\times 10\times \cos\left(-\frac{\pi}{2}\right) = 0 \text{ W}$$

この和は，例題5の P と当然同じ値となる．ここで，実際には，W_2 の指示値は0であるから，負荷の力率は $\cos(\pi/6)=\sqrt{3}/2$ であることがわかる．

□

4 不平衡三相回路

> ▼要点
>
> **1 電源対称－不平衡負荷**
> ▶ Y−Y 接続　中性点間に電位差が生じるので，これに注目する．キルヒホッフの法則を適用．
> ▶ Δ−Δ 接続　平衡三相回路と同様に考えられる．キルヒホッフの法則を適用．
> ▶ 不平衡三相回路の電力　各相の電力の総和

1 電源対称－不平衡負荷

電源が非対称，または負荷が不平衡の回路を不平衡三相回路という．ここでは，電源は対称で負荷が不平衡の回路を扱う．

▶ **Y−Y 接続**　図 1 に示す不平衡回路を考える．

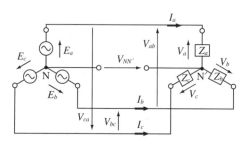

図1　不平衡 Y−Y 接続

不平衡であっても $I_a+I_b+I_c=0$ がいえる．また，対称電源であるから $V_{ab}+V_{bc}+V_{ca}=0$ は成り立つ．図 1 に対してキルヒホッフの法則を適用すると

$$V_{ab}=Z_aI_a-Z_bI_b, \quad V_{bc}=Z_bI_b-Z_cI_c, \quad V_{ca}=Z_cI_c-Z_aI_a$$

これらを連立して解けば，電流そして電圧を求めることができる．さらに，これとは別の求め方を説明する．

不平衡であるから，図 1 に示す中性点 N−N′ 間に電位差が生じる（もし，この 2 点を接続すれば，電流が流れる）．N−N′ 間に電位差を $V_{NN'}$ とおき，各相にキルヒホッフの法則を適用すると

$$\begin{cases} E_a-V_{NN'}=Z_aI_a \\ E_b-V_{NN'}=Z_bI_b \\ E_c-V_{NN'}=Z_cI_c \end{cases} \tag{1}$$

$$I_a+I_b+I_c=0 \tag{2}$$

線間電圧が $V_{ab}=E_a-E_b, V_{bc}=E_b-E_c, V_{ca}=E_c-E_a$ であることを考慮して，式(1)，(2) を電流について解くと，$D=Z_aZ_b+Z_bZ_c+Z_cZ_a$ とおいて

$$\begin{cases} I_a=(Z_cV_{ab}-Z_bV_{ca})/D \\ I_b=(Z_aV_{bc}-Z_cV_{ab})/D \\ I_c=(Z_bV_{ca}-Z_aV_{bc})/D \end{cases} \tag{3}$$

平衡三相回路の場合と異なり，各電流は全ての相の電源電圧とインピーダンスに依存する．

▶ Δ−Δ 接続　図2に示す不平衡回路を考える．

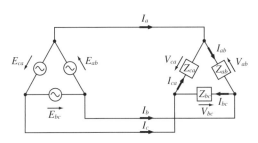

図2　不平衡 Δ−Δ 接続

この場合，平衡三相回路と同様な手順で求められる．各負荷の相電流は

$$I_{ab} = \frac{E_{ab}}{Z_{ab}}, \quad I_{bc} = \frac{E_{bc}}{Z_{bc}}, \quad I_{ca} = \frac{E_{ca}}{Z_{ca}} \tag{4}$$

線電流を求めるため，これらの相電流にキルヒホッフの法則を適用して

$$\begin{cases} I_a = I_{ab} - I_{ca} = \dfrac{E_{ab}}{Z_{ab}} - \dfrac{E_{ca}}{Z_{ca}} \\[6pt] I_b = I_{bc} - I_{ab} = \dfrac{E_{bc}}{Z_{bc}} - \dfrac{E_{ab}}{Z_{ab}} \\[6pt] I_c = I_{ca} - I_{bc} = \dfrac{E_{ca}}{Z_{ca}} - \dfrac{E_{bc}}{Z_{bc}} \end{cases} \tag{5}$$

Y−Y接続の場合と同様に，各電流は全ての相の電源電圧とインピーダンスに依存する．

接続形態がY−Δ，Δ−Y接続のときの解法は，例えば，負荷に対してΔ−Y接続変換（本章2節2項）を行い，電源と同じ結線にすればよい．ただし，この場合の変換も平衡の場合より計算量が多くなる．

▶ 不平衡三相回路の電力　不平衡三相回路の電力は各相の電力の和として求められる．Y型，Δ型どちらの結線においても同様に考えることができる．いま，負荷がどちらの結線においても

　　相電圧：V_{pa}, V_{pb}, V_{pc}

　　相電流：I_{pa}, I_{pb}, I_{pc}

とおく．さらに，各相の電圧と電流の位相差を $\theta_a, \theta_b, \theta_c$ とおくと，各種電力は次式で求められる．

有効電力　$P = |V_{pa}||I_{pa}|\cos\theta_a + |V_{pb}||I_{pb}|\cos\theta_b + |V_{pc}||I_{pc}|\cos\theta_c \,[\mathrm{W}]$　(6)

無効電力　$Q = |V_{pa}||I_{pa}|\sin\theta_a + |V_{pb}||I_{pb}|\sin\theta_b + |V_{pc}||I_{pc}|\sin\theta_c \,[\mathrm{var}]$　(7)

皮相電力　$S = \sqrt{P^2 + Q^2} \,[\mathrm{V \cdot A}]$　(8)

複素電力　$P_c = \overline{V}_{pa} I_{pa} + \overline{V}_{pb} I_{pb} + \overline{V}_{pc} I_{pc} = P + jQ$　(9)

【例題 1】 図3の回路において，線電流と全有効電力を求めよ．

$E_a = 200$ V
$E_b = 200\angle(-120°) = 200\left(-\dfrac{1}{2} - j\dfrac{\sqrt{3}}{2}\right)$ [V]
$E_c = 200\angle(-240°) = 200\left(-\dfrac{1}{2} + j\dfrac{\sqrt{3}}{2}\right)$ [V]

$Z_a = 50\angle(-30°) = 50\left(\dfrac{\sqrt{3}}{2} - j\dfrac{1}{2}\right)$ [Ω]
$Z_b = 50\angle 30° = 50\left(\dfrac{\sqrt{3}}{2} + j\dfrac{1}{2}\right)$ [Ω]
$Z_c = 50\sqrt{3}$ Ω

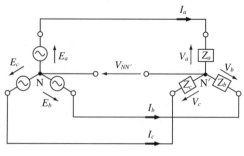

図3

〈解法〉 式(3)を適用する．

$$D = Z_aZ_b + Z_bZ_c + Z_cZ_a = 10^4, \quad V_{ab} = E_a - E_b = 300 + j100\sqrt{3}$$
$$V_{bc} = E_b - E_c = -j200\sqrt{3}, \quad V_{ca} = E_c - E_a = -300 + j100\sqrt{3}$$

であるから，式(3)より

$$I_a = \dfrac{5\sqrt{3}}{2} + j\dfrac{3}{2}\,[\text{A}], \quad I_b = -2\sqrt{3} - j3\,[\text{A}], \quad I_c = -\dfrac{\sqrt{3}}{2} + j\dfrac{3}{2}\,[\text{A}]$$

を得る．次に，

$$V_a = Z_aI_a = 225 - j25\sqrt{3}\,[\text{V}], \quad V_b = Z_bI_b = -75 - j125\sqrt{3}\,[\text{V}]$$
$$V_c = Z_cI_c = -75 + j75\sqrt{3}\,[\text{V}]$$

かつ，$\theta_a = -30°$，$\theta_b = 30°$，$\theta_c = 0°$ であるから，式(6)より

$$P = |V_a||I_a|\cos\theta_a + |V_b||I_b|\cos\theta_b + |V_c||I_c|\cos\theta_c$$
$$= 50\sqrt{21} \times \sqrt{21} \times \dfrac{\sqrt{3}}{2} + 50\sqrt{21} \times \sqrt{21} \times \dfrac{\sqrt{3}}{2} + 150 \times \sqrt{3} \times 1 = 1200\sqrt{3}\text{ W}$$

□

演習問題

【1】 図P1(a)，(b)の平衡三相回路において，線電流の大きさ $|I|$ をそれぞれ求めよ．

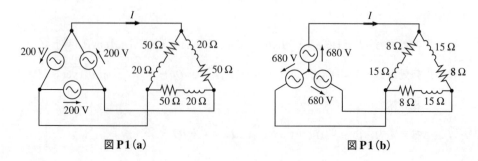

図P1(a)　　　　　　　　　　図P1(b)

【2】 図P2(a),(b)の平衡三相回路において，電流の大きさ$|I|$を求めよ．

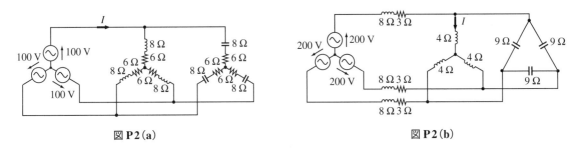

図P2(a)　　　　　　　　　図P2(b)

【3】 図P3の平衡三相回路において，負荷の消費電力は60 kW，線電流の大きさは10 A，線間電圧の大きさは6 kVである．このとき，負荷の$X \, [\Omega]$はいくらか．

【4】 図P4の平衡三相回路において，線間電圧の大きさが200 Vのとき，線電流の大きさと負荷の力率を求めよ．

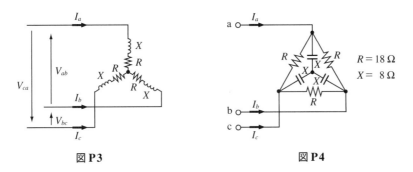

図P3　　　　　　　　　図P4

【5】 図P5の三相回路において，E_aを基準ベクトルとして，I_aとI_{ca}のベクトル図を描け．

【6】 図P6に示す平衡三相回路の有効電力，無効電力を求めよ．

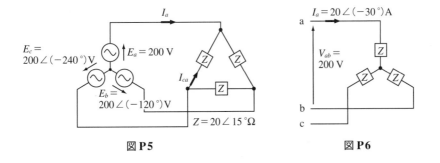

図P5　　　　　　　　　図P6

【7】 図 P7 の平衡三相回路において，線間電圧の大きさ $|V_{l-l}|$ は 100 V，角周波数が $\omega = 500$ rad/s である．このとき，(ⅰ) 線電流の大きさ $|I_l|$ はいくらか，(ⅱ) SW を閉じて，電源から見た負荷の力率を 100% とする C [F] はいくらか，(ⅲ) 力率が 100% のときの線電流の大きさと全消費電力はいくらか．

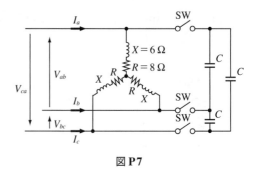

図 P7

【8】 二電力計法により平衡三相回路の電力を測定したとき，一方の電力計が他方の電力計の 2 倍の値を指示した．負荷の力率はいくらか．

【9】 力率が $1/\sqrt{2}$ の平衡三相負荷に 6 kV の電圧を加えたときの皮相電力が 1700 kVA であった．これに平衡三相の抵抗負荷を並列に接続したところ，抵抗負荷の消費電力は 1200 kW であった．このとき，この合成負荷に対する線電流の大きさを求めよ．

【10】 図 P8 のように，2 個の電力計 W_1 (V_{cb} と I_a を計測)，W_2 (V_{ab} と I_c を計測) を誤って接続した．それぞれの指示値が P_1 [W]，P_2 [W] であるとき，電力計の指示はどのような量を示すか．ただし，負荷の力率は $\cos\theta$ とする．

【11】 図 P9 の平衡三相回路において，電力計 W の指示値が P [W] であるとき，負荷の全消費電力を求めよ．

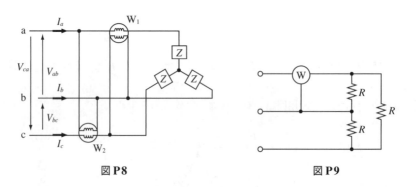

図 P8   図 P9

【12】 図 P10 の Δ 結線と等価な Y 結線のインピーダンスを求めよ．

【13】 図 P11 に示す Y 結線に線間電圧が 110 V の対称三相電圧を加えたとき，負荷の各相に流れる電流を直交形式で表せ．

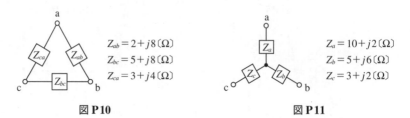

図 P10   図 P11

9章 二端子対回路

1 二端子対パラメータ
2 相互変換と相互接続
　演習問題

1 二端子対パラメータ

▼要点

1 二端子対回路とは

▶ 回路網 N の中身を見ずに，N の外側にある二つの端子対 $(1-1', 2-2')$ に現れる電圧 (V_1, V_2) と電流 (I_1, I_2) の相互関係に注目する．このように，二つの端子対が注目されている回路が二端子対回路である．

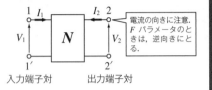

入力端子対　　出力端子対

電流の向きに注意．F パラメータのときは，逆向きにとる．

2 二端子対パラメータ

▶ Z パラメータ　電圧と電流の関係をインピーダンスパラメータ Z_{ij} で表す．

$$\begin{bmatrix} V_1 \\ V_2 \end{bmatrix} = \begin{bmatrix} Z_{11} & Z_{12} \\ Z_{21} & Z_{22} \end{bmatrix} \begin{bmatrix} I_1 \\ I_2 \end{bmatrix}$$

▶ Y パラメータ　電流と電圧の関係をアドミタンスパラメータ Y_{ij} で表す．

$$\begin{bmatrix} I_1 \\ I_2 \end{bmatrix} = \begin{bmatrix} Y_{11} & Y_{12} \\ Y_{21} & Y_{22} \end{bmatrix} \begin{bmatrix} V_1 \\ V_2 \end{bmatrix}$$

▶ F パラメータ　入力端子対（$1-1'$）に現れる｛電圧 V_1, 電流 I_1｝と出力端子対（$2-2'$）に現れる｛電圧 V_2, 電流 I_2｝との関係を F パラメータで表す．ここに，電流 I_2 の向きは，Z, Y パラメータを考えているときと逆向きにとるため，符号"$-$"がつく．

$$\begin{bmatrix} V_1 \\ I_1 \end{bmatrix} = \begin{bmatrix} A & B \\ C & D \end{bmatrix} \begin{bmatrix} V_2 \\ -I_2 \end{bmatrix}$$

1 二端子対回路とは

図1(a), (b) に示す回路は，図1(c) のように**暗箱**（**black box**）で回路網を隠し，箱の外に出ている端子（$1-1', 2-2'$）に注目する．

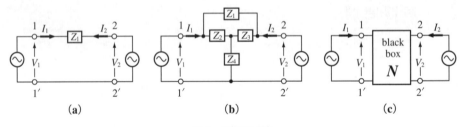

図1　種々の回路

これらの回路を図2のように表現する．ここに，回路の性質は図2に示すとおりとする．

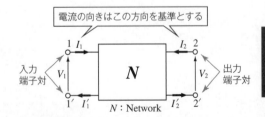

次の条件が成立する二端子対回路を扱う

（ⅰ）回路網が線形で重ね合せの定理が成り立つこと．
（ⅱ）電流に関し，$I_1 = I'_1, I_2 = I'_2$ が成り立つこと．
（ⅲ）回路網は線形受動素子で構成されていること．

図2　二端子対回路

図2の回路は，**入力端子対**（**input terminal pair**），**出力端子対**（**output terminal pair**）からなる二つの端子対が出ているので，これを**二端子対回路**（**two terminal pair network**）あるいは**四端子回路**（**four terminal network**）と呼ぶ．

このように，暗箱をかぶせて中身を見ずに，その外に現れる電圧と電流だけに注目するという考え方は，複雑な電子回路網や伝送回路などの現象解析や回路設計を容易にするための知恵である．

2　二端子対パラメータ

電気・電子回路や電力分野ではさまざまな二端子対パラメータがある．本書では，基本的な Z, Y, F パラメータを説明する．

▶ ***Z* パラメータ**　　図2において，電圧と電流の関係が次式で表されるものとする．

$$\begin{cases} V_1 = Z_{11}I_1 + Z_{12}I_2 \\ V_2 = Z_{21}I_1 + Z_{22}I_2 \end{cases} \tag{1}$$

これを行列表現すると

$$\underbrace{\begin{bmatrix} V_1 \\ V_2 \end{bmatrix}}_{V} = \underbrace{\begin{bmatrix} Z_{11} & Z_{12} \\ Z_{21} & Z_{22} \end{bmatrix}}_{Z} \underbrace{\begin{bmatrix} I_1 \\ I_2 \end{bmatrix}}_{I} \tag{2}$$

上式をベクトルで表現すると $\boldsymbol{V} = \boldsymbol{Z}\boldsymbol{I}$ の形式をとることから，$\boldsymbol{Z}$ の四つの要素 Z_{ij} ($i, j = 1, 2$) を**インピーダンスパラメータ**（**impedance parameters**）あるいは ***Z* パラメータ**（***Z*-parameters**）といい，$\boldsymbol{Z}$ を ***Z* 行列**（***Z*-matrix**）という．

Z パラメータの求め方と，その物理的意味を次に示す．

$$\begin{cases} Z_{11} = \dfrac{V_1}{I_1}\bigg|_{I_2=0} = \text{出力端子開放時の入力インピーダンス} \\[2mm] Z_{12} = \dfrac{V_1}{I_2}\bigg|_{I_1=0} = \text{入力端子開放時の帰還インピーダンス} \\[2mm] Z_{21} = \dfrac{V_2}{I_1}\bigg|_{I_2=0} = \text{出力端子開放時の伝達インピーダンス} \\[2mm] Z_{22} = \dfrac{V_2}{I_2}\bigg|_{I_1=0} = \text{入力端子開放時の出力インピーダンス} \end{cases} \tag{3}$$

上式を見ると，$I_1 = 0$ または $I_2 = 0$ とすることから，入力端子または出力端子のいずれかを開放してパラメータを求めていることがわかるであろう．

ここで，回路網が線形受動素子（*LCR* 素子は含まれる）のみで構成されている場合，2章4節の可逆（相反）定理により

$$Z_{12} = Z_{21} \tag{4}$$

の関係が成り立つ．したがって，独立なパラメータは3個に減る．

式(3)の用語について，"入力"と"出力"はそれぞれ端子 1–1′，端子 2–2′ における電圧，電流の関係を Z パラメータで表現する場合に用いられている．これらと区別するため，Z_{21} で表現されている"伝達"とは，あるシステムに入力を与えると，これが"伝達"されて出力が生じる，という使い方がされ

伝達＝出力/入力

という表現がされる．Z_{21} パラメータの場合，入力が I_1，出力が V_2 に対応する．帰還インピーダンスの場合，別表現として，端子 2–2′ から端子 1–1′ への伝達インピーダンスという本もある．本書では，伝達と区別するため，"帰還"という用語を採用した．

【例題1】 図3に示すT形回路のZパラメータを求めよ．
〈解法〉 Zパラメータの定義式(3)より，次の結果を得る．

$$\begin{cases} Z_{11} = Z_1 + Z_2 \\ Z_{12} = Z_{21} = Z_2 \\ Z_{22} = Z_2 + Z_3 \end{cases}$$

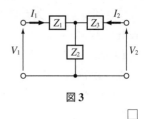

図3

▶ **Yパラメータ** Zパラメータに関する電圧・電流の関係と逆の形式 $\boldsymbol{I} = \boldsymbol{YV}$ で表現したもの，すなわち

$$\underbrace{\begin{bmatrix} I_1 \\ I_2 \end{bmatrix}}_{I} = \underbrace{\begin{bmatrix} Y_{11} & Y_{12} \\ Y_{21} & Y_{22} \end{bmatrix}}_{Y} \underbrace{\begin{bmatrix} V_1 \\ V_2 \end{bmatrix}}_{V} \tag{5}$$

上式において表される $Y_{ij}(i, j = 1, 2)$ を**アドミタンスパラメータ**（**admittance parameters**）または **Yパラメータ**（**Y-parameters**）といい，Y を **Y行列**（**Y-matrix**）という．各パラメータは次のようにして求められる．

$$\begin{cases} Y_{11} = \left.\dfrac{I_1}{V_1}\right|_{V_2=0} = \text{出力端子短絡時の入力アドミタンス} \\ Y_{12} = \left.\dfrac{I_1}{V_2}\right|_{V_1=0} = \text{入力端子短絡時の帰還アドミタンス} \\ Y_{21} = \left.\dfrac{I_2}{V_1}\right|_{V_2=0} = \text{出力端子短絡時の伝達アドミタンス} \\ Y_{22} = \left.\dfrac{I_2}{V_2}\right|_{V_1=0} = \text{入力端子短絡時の出力アドミタンス} \end{cases} \tag{6}$$

上式を見ると，$V_1 = 0$ または $V_2 = 0$ とすることから，入力端子または出力端子のいずれかを短絡してパラメータを求めていることがわかるであろう．

Zパラメータの場合と同様，次が成り立つ．

$$Y_{12} = Y_{21} \tag{7}$$

【例題2】 図4に示すπ形回路のYパラメータを求めよ．
〈解法〉 Yパラメータの定義式(6)より，次の結果を得る．

$$\begin{cases} Y_{11} = Y_1 + Y_2 \\ Y_{12} = Y_{21} = -Y_2 \\ Y_{22} = Y_2 + Y_3 \end{cases}$$

（V_1 または V_2 を0としたとき，I_1 または I_2 が逆向きに流れるため，マイナスの符号がつくことに注意）

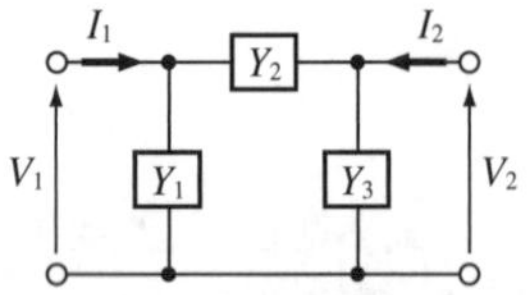

図4

▶ **Fパラメータ** 図2と異なり，I_2 が回路網Nから流れ出すようにして考えたのが図5である．このとき，一方の端子に現れる {電圧・電流} と他方の端子の {電圧・電流} との関係を次のように考える．

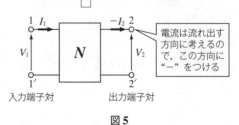

図5

$$\begin{bmatrix} V_1 \\ I_1 \end{bmatrix} = \begin{bmatrix} A & B \\ C & D \end{bmatrix} \begin{bmatrix} V_2 \\ -I_2 \end{bmatrix} = F \begin{bmatrix} V_2 \\ -I_2 \end{bmatrix} \tag{8}$$

ここに，式(8)における $-I_2$ の符号（"−"）は，図2の I_2 と逆向きにとることを意味する．また，A, B, C, D は**基本パラメータ**（**fundamental parameters**），F パラメータ，伝送パラメータあるいは四端子定数などと称され，式(8)の F は F **行列**（F-**matrix**）あるいは縦続行列または伝送行列と称される．

式(8)を見ると，式の左辺が入力，右辺が出力に分離されているので，後に説明する縦続回路の計算に便利である．

F パラメータは次のようにして求められる．

$$\begin{cases} A = \dfrac{V_1}{V_2}\bigg|_{I_2=0} = \text{出力端子開放時の電圧伝送係数} \\ B = \dfrac{V_1}{-I_2}\bigg|_{V_2=0} = \text{出力端子短絡時の伝達インピーダンス} \\ C = \dfrac{I_1}{V_2}\bigg|_{I_2=0} = \text{出力端子開放時の伝達アドミタンス} \\ D = \dfrac{I_1}{-I_2}\bigg|_{V_2=0} = \text{出力端子短絡時の電流伝送係数} \end{cases} \quad (9)$$

可逆回路の場合，次の関係が成り立つ．

$$AD - BC = 1 \qquad (10)$$

【**例題3**】 図6に示す回路の F パラメータを求めよ．ただし，$R_1 = 100\,\Omega$, $R_2 = 100\,\Omega$, $R_3 = 400\,\Omega$ とする．

〈**解法**〉 A を求める．出力端子を開放状態で $V_2 = R_3/(R_1 + R_3) \times V_1 = 400/(100 + 400) \times V_1 = 4V_1/5$ であるから，式(9)より A が求まる．

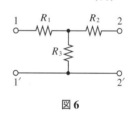

図6

$$A = \frac{V_1}{V_2} = \frac{5}{4} = 1.25$$

B を求めるため，出力端子を短絡する．このとき，回路の合成抵抗は $180\,\Omega$ であるから，R_1 に流れる電流は $I_1 = V_1/180\,[\mathrm{A}]$ である．この結果に分流の考えを適用すると，R_2 に流れる電流は，端子2から2'へ流れる方向のときに符号"−"がつくことに注意して，$-I_2 = V_1/225$ を得る．したがって，式(9)より

$$B = \frac{V_1}{-I_2} = 225\,\Omega$$

C を求める．出力端子を開放状態で $I_1 = V_1/(R_1 + R_3) = V_1/500$ より

$$C = \frac{I_1}{V_2} = \frac{V_1/500}{4V_1/5} = \frac{1}{400} = 2.5 \times 10^{-3}\,\mathrm{S}$$

D を求める．出力端子を短絡したときの I_1 と $-I_2$ は B を求める際に得られているから

$$D = \frac{I_1}{-I_2} = \frac{225}{180} = 1.25$$

□

例題3において，D を求めるのに，$AD - BC = 1$ を用いてもよいが，むしろ，答えを評価するのに用いるほうがよい．

2 相互変換と相互接続

▼要点

1 相互変換
▶ Z, Y, F パラメータの相互変換

$$V = ZI \Leftrightarrow I = YV \Leftrightarrow \begin{bmatrix} V_1 \\ I_1 \end{bmatrix} = \begin{bmatrix} A & B \\ C & D \end{bmatrix} \begin{bmatrix} V_1 \\ -I_2 \end{bmatrix} = F \begin{bmatrix} V_1 \\ -I_2 \end{bmatrix}$$

2 相互接続

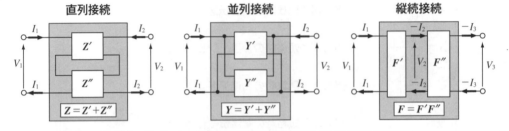

1 相互変換

3種のパラメータ $Z_{ij}, Y_{ij}, \{A, B, C, D\}$ は，いずれも，V_1, I_1, V_2, I_2 の四つのみを用いて表現されているのだから，各パラメータの相互変換は可能である．以下では，この相互変換について説明する．

▶ Z, Y パラメータの相互変換　　Z, Y パラメータの行列表現はそれぞれ次であった．

$$V = ZI \tag{1}$$
$$I = YV \tag{2}$$

これら二つの行列の式を見ると，ベクトル V と I が入れ替わっているだけだから，式 (1) と (2) は，逆行列を求めることにより相互変換できる．すなわち

$$Z = Y^{-1} = \frac{1}{\Delta_Y} \begin{bmatrix} Y_{22} & -Y_{12} \\ -Y_{21} & Y_{11} \end{bmatrix}, \quad \Delta_Y = Y_{11}Y_{22} - Y_{12}Y_{21} \neq 0 \tag{3}$$

$$Y = Z^{-1} = \frac{1}{\Delta_Z} \begin{bmatrix} Z_{22} & -Z_{12} \\ -Z_{21} & Z_{11} \end{bmatrix}, \quad \Delta_Z = Z_{11}Z_{22} - Z_{12}Z_{21} \neq 0 \tag{4}$$

上記により，Z パラメータと Y パラメータの相互変換を行うことができる．

【例題1】　図1に示す Y 結線，Δ 結線のお互いの等価回路を求めよ．

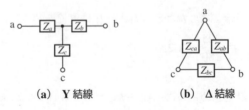

図1

〈解法〉 図1(a), (b)の回路はそれぞれT形, π形回路と同じであるから，前節の例題1, 2の結果を用いることができる．図1(a)をT形回路とみなしたとき，このZパラメータ表現は前節例題1より次のようにおくことができる．

$$\begin{cases} \mathbf{Z}_Y = \begin{bmatrix} Z_a + Z_c & Z_c \\ Z_c & Z_b + Z_c \end{bmatrix} \\ \Delta_Y = Z_a Z_b + Z_b Z_c + Z_c Z_a \end{cases} \tag{5}$$

図1(b)を π形回路とみなし，これをYパラメータ表現すると，前節例題2より次のように表される．ただし，$Y_{ab} = 1/Z_{ab}, Y_{bc} = 1/Z_{bc}, Y_{ca} = 1/Z_{ca}$とおいた．

$$\begin{cases} \mathbf{Y}_\Delta = \begin{bmatrix} Y_{ca} + Y_{ab} & -Y_{ab} \\ -Y_{ab} & Y_{ab} + Y_{bc} \end{bmatrix} \\ \Delta_\Delta = Y_{ab}Y_{bc} + Y_{bc}Y_{ca} + Y_{ca}Y_{ab} \end{cases} \tag{6}$$

式(5), (6)の$\mathbf{Z}_Y, \mathbf{Y}_\Delta$の逆行列をとると，次を得る

$$\mathbf{Y}_Y = \mathbf{Z}_Y^{-1} = \frac{1}{\Delta_Y} \begin{bmatrix} Z_b + Z_c & -Z_c \\ -Z_c & Z_a + Z_c \end{bmatrix} \tag{7}$$

$$\mathbf{Z}_\Delta = \mathbf{Y}_\Delta^{-1} = \frac{1}{\Delta_\Delta} \begin{bmatrix} Y_{ab} + Y_{bc} & Y_{ab} \\ Y_{ab} & Y_{ca} + Y_{ab} \end{bmatrix} \tag{8}$$

式(8)と式(5)を等しいとおくと**Δ→Y 変換**が得られる．例えば，式(5)のZ_cと式(8)の対応する要素を等しいとする．すなわち

$$Z_c = \frac{1}{\Delta_\Delta} Y_{ab} = \frac{Y_{ab}}{Y_{ab}Y_{bc} + Y_{bc}Y_{ca} + Y_{ca}Y_{ab}} \tag{9}$$

上式の分母分子を$Y_{ab}Y_{bc}Y_{ca}$で割ると

$$Z_c = \frac{\dfrac{1}{Y_{bc}Y_{ca}}}{\dfrac{1}{Y_{ca}} + \dfrac{1}{Y_{ab}} + \dfrac{1}{Y_{bc}}} = \frac{Z_{bc}Z_{ca}}{Z_{ab} + Z_{bc} + Z_{ca}} \tag{10}$$

を得る．次に，式(5)と式(8)より

$$Z_a + Z_c = \frac{Y_{ab} + Y_{bc}}{\Delta_\Delta}$$

$$Z_b + Z_c = \frac{Y_{ca} + Y_{ab}}{\Delta_\Delta}$$

上式と式(9)より$Z_a = Y_{bc}/\Delta_\Delta, Z_b = Y_{ca}/\Delta_\Delta$であるから，$Z_a, Z_b$に関する Δ→Y 変換が得られる．

$$Z_a = \frac{Z_{ca}Z_{ab}}{Z_{ab} + Z_{bc} + Z_{ca}} \tag{11}$$

$$Z_b = \frac{Z_{ab}Z_{bc}}{Z_{ab} + Z_{bc} + Z_{ca}} \tag{12}$$

同様に，式(6), (7)を等しくおくと，次の**Y→Δ 変換**が得られる．

$$Y_{ab} = \frac{Z_c}{Z_a Z_b + Z_b Z_c + Z_c Z_a} \quad \therefore \quad Z_{ab} = Z_a + Z_b + \frac{Z_a Z_b}{Z_c} \tag{13}$$

$$Y_{ca} = \frac{Z_b}{Z_a Z_b + Z_b Z_c + Z_c Z_a} \quad \therefore \quad Z_{ca} = Z_c + Z_a + \frac{Z_c Z_a}{Z_b} \tag{14}$$

$$Y_{bc} = \frac{Z_a}{Z_a Z_b + Z_b Z_c + Z_c Z_a} \quad \therefore \quad Z_{bc} = Z_b + Z_c + \frac{Z_b Z_c}{Z_a} \tag{15}$$

もし，各インピーダンスが等しい場合には

$$Z_\Delta = 3 Z_Y \tag{16}$$

□

▶ **F パラメータと Z, Y パラメータの相互変換**　　F パラメータと Z パラメータの相互変換は，次のようにして行う．例えば，F パラメータのうちパラメータ B は次の定義であった（本章 1 節参照）．

$$B = \frac{V_1}{-I_2}\bigg|_{V_2 = 0} \tag{17}$$

この定義において，$V_2 = 0$ とおくことに留意して，$V_1/(-I_2)$ を Z 行列を用いて考えればよい．すなわち

$$\begin{bmatrix} V_1 \\ 0 \end{bmatrix} = \begin{bmatrix} Z_{11} & Z_{12} \\ Z_{21} & Z_{22} \end{bmatrix} \begin{bmatrix} I_1 \\ -I_2 \end{bmatrix} \Rightarrow \begin{bmatrix} I_1 \\ -I_2 \end{bmatrix} = \frac{1}{\Delta_Z} \begin{bmatrix} Z_{22} & -Z_{12} \\ -Z_{21} & Z_{11} \end{bmatrix} \begin{bmatrix} V_1 \\ 0 \end{bmatrix} \tag{18}$$

$$\therefore \quad -I_2 = \frac{-Z_{21}}{\Delta_Z} V_1 \Rightarrow \frac{V_1}{I_2} = \frac{\Delta_Z}{Z_{21}} = B \tag{19}$$

F パラメータと Z パラメータの相互変換も含めて，このような操作を行うことにより得られた相互変換をまとめたものを表 1 に示す．

表1　Z, Y, F パラメータの相互変換

	Z	Y	F
$[Z] =$	$\begin{matrix} Z_{11} & Z_{12} \\ Z_{21} & Z_{22} \end{matrix}$	$\begin{matrix} \dfrac{Y_{22}}{\Delta_Y} & \dfrac{-Y_{12}}{\Delta_Y} \\ \dfrac{-Y_{21}}{\Delta_Y} & \dfrac{Y_{11}}{\Delta_Y} \end{matrix}$	$\begin{matrix} \dfrac{A}{C} & \dfrac{\Delta_F}{C} \\ \dfrac{1}{C} & \dfrac{D}{C} \end{matrix}$
$[Y] =$	$\begin{matrix} \dfrac{Z_{22}}{\Delta_Z} & \dfrac{-Z_{12}}{\Delta_Z} \\ \dfrac{-Z_{21}}{\Delta_Z} & \dfrac{Z_{11}}{\Delta_Z} \end{matrix}$	$\begin{matrix} Y_{11} & Y_{12} \\ Y_{21} & Y_{22} \end{matrix}$	$\begin{matrix} \dfrac{D}{B} & \dfrac{-\Delta_F}{B} \\ \dfrac{-1}{B} & \dfrac{A}{B} \end{matrix}$
$[F] =$	$\begin{matrix} \dfrac{Z_{11}}{Z_{21}} & \dfrac{\Delta_Z}{Z_{21}} \\ \dfrac{1}{Z_{21}} & \dfrac{Z_{22}}{Z_{21}} \end{matrix}$	$\begin{matrix} \dfrac{-Y_{22}}{Y_{21}} & \dfrac{-1}{Y_{21}} \\ \dfrac{-\Delta_Y}{Y_{21}} & \dfrac{-Y_{11}}{Y_{21}} \end{matrix}$	$\begin{matrix} A & B \\ C & D \end{matrix}$

$\Delta_Z = Z_{11} Z_{22} - Z_{12} Z_{21}$　　$\Delta_Y = Y_{11} Y_{22} - Y_{12} Y_{21}$　　$\Delta_F = AD - BC$

【例題2】　表 1 に示す変換を証明せよ．（証明略）

2 相互接続

二端子対パラメータの応用は，複数の二端子対回路を組み合わせ，これを新たな一つの回路網として見たとき，この回路網のパラメータを個々の二端子対パラメータから機械的に求めることにある．ここでは，代表的な例として，直列接続，並列接続，縦続接続の三つについて説明する．

▶ **直列接続** 図2は二つの二端子対回路を下図のように接続したものである．

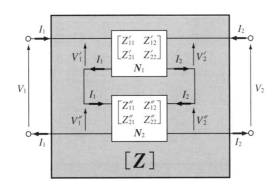

図2 直列接続

つまり，各二端子対回路の入力端子における入力電流を共通に，出力端子における出力電流を共通にしている．このような直列接続の場合，Z パラメータが便利である．この図で N_1, N_2 の Z 行列がそれぞれ次で表されているものとする．

$$\begin{bmatrix} V'_1 \\ V'_2 \end{bmatrix} = \begin{bmatrix} Z'_{11} & Z'_{12} \\ Z'_{21} & Z'_{22} \end{bmatrix} \begin{bmatrix} I'_1 \\ I'_2 \end{bmatrix}$$

$$\begin{bmatrix} V''_1 \\ V''_2 \end{bmatrix} = \begin{bmatrix} Z''_{11} & Z''_{12} \\ Z''_{21} & Z''_{22} \end{bmatrix} \begin{bmatrix} I''_1 \\ I''_2 \end{bmatrix}$$

このとき，$V_1 = V'_1 + V''_1, V_2 = V'_2 + V''_2$ より，次式が成り立つ．

$$\begin{bmatrix} V_1 \\ V_2 \end{bmatrix} = \begin{bmatrix} V'_1 + V''_1 \\ V'_2 + V''_2 \end{bmatrix} = \begin{bmatrix} Z'_{11} + Z''_{11} & Z'_{12} + Z''_{12} \\ Z'_{21} + Z''_{21} & Z'_{22} + Z''_{22} \end{bmatrix} \begin{bmatrix} I_1 \\ I_2 \end{bmatrix} = \begin{bmatrix} Z_{11} & Z_{12} \\ Z_{21} & Z_{22} \end{bmatrix} \begin{bmatrix} I_1 \\ I_2 \end{bmatrix} \quad (20)$$

この結果のように，二端子対回路を Z パラメータで表現した場合，その直列接続の合成 Z 行列は各二端子対回路の Z 行列の和で表される．ただし，図2において，各二端子対回路の入力端子側，出力端子側においてそれぞれ流入・流出電流が等しくなければならない．もし，この電流に関する条件が成り立たない場合には，式(20)が成立しないこともある．

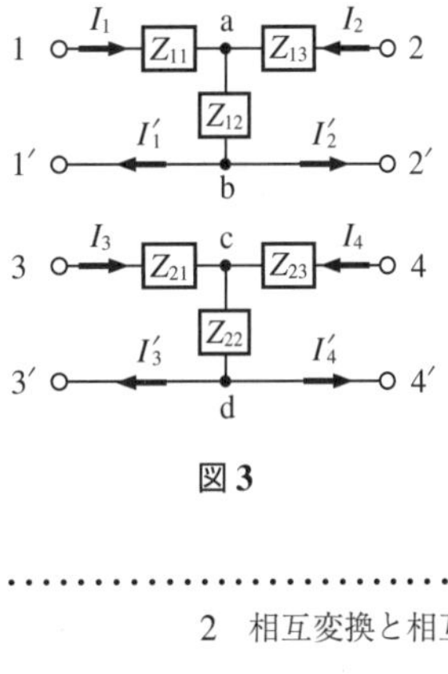

【例題3】 図3の回路が直列接続可能かどうかを確認せよ．

〈解法〉 端子 $1'$-3 と端子 $2'$-4 を接続して直列接続したとする．このとき，Z_{12} に流れる電流を I_0 とおき，I_1 と I'_1 が同じになるかどうか，すなわち端子対条件を満たしているかどうかを確認する．

図3

分流の考え方から

$$I_1 = \frac{Z_{13}}{Z_{11}+Z_{13}} I_0, \quad I_1' = \frac{Z_{23}}{Z_{21}+Z_{23}} I_0$$

したがって，端子対条件 $I_1 = I_1'$ を満足するには

$$\frac{Z_{13}}{Z_{11}+Z_{13}} = \frac{Z_{23}}{Z_{21}+Z_{23}} \tag{21}$$

が成り立てばよい．同様にして，$I_2 = I_2'$ が成り立つ条件を考えればよい．

確かに，式を通した考察は上記のとおりである．しかし，一般に，式(21)の成立は難しい．したがって，図3の回路を直列接続したとしても，その合成インピーダンスは式(20)の表現と異なる．また，実際の電気回路では，図3の端子 $1'-2'$ 間の線はグランド線であり，端子 $3-4$ には，電源または信号が加わるところであるから，この端子にグランド線を本例題のように接続することはない．しかし，回路網計算テクニックとして，回路を分離して計算するなど，重宝される考え方である．

□

▶ **並列接続**　図4は二つの二端子対回路を並列に接続したものである．

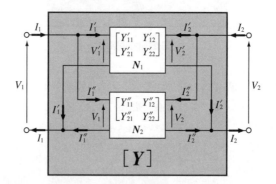

図4　並列接続

つまり，各二端子対回路の入力端子における入力電圧を共通に，出力端子における出力電圧を共通にしている．このような並列接続の場合，Y パラメータが便利である．この図で N_1, N_2 の Y 行列がそれぞれ次で表されているものとする．

$$\begin{bmatrix} I_1' \\ I_2' \end{bmatrix} = \begin{bmatrix} Y_{11}' & Y_{12}' \\ Y_{21}' & Y_{22}' \end{bmatrix} \begin{bmatrix} V_1 \\ V_2 \end{bmatrix}$$

$$\begin{bmatrix} I_1'' \\ I_2'' \end{bmatrix} = \begin{bmatrix} Y_{11}'' & Y_{12}'' \\ Y_{21}'' & Y_{22}'' \end{bmatrix} \begin{bmatrix} V_1 \\ V_2 \end{bmatrix}$$

このとき，$I_1 = I_1' + I_1'', I_2 = I_2' + I_2''$ より，次式が成り立つ．

$$\begin{bmatrix} I_1 \\ I_2 \end{bmatrix} = \begin{bmatrix} I_1' + I_1'' \\ I_2' + I_2'' \end{bmatrix} = \begin{bmatrix} Y_{11}' + Y_{11}'' & Y_{12}' + Y_{12}'' \\ Y_{21}' + Y_{21}'' & Y_{22}' + Y_{22}'' \end{bmatrix} \begin{bmatrix} V_1 \\ V_2 \end{bmatrix} = \begin{bmatrix} Y_{11} & Y_{12} \\ Y_{21} & Y_{22} \end{bmatrix} \begin{bmatrix} V_1 \\ V_2 \end{bmatrix} \tag{22}$$

この結果のように，二端子対回路を Y パラメータで表現した場合，その並列接続の合成 Y 行列は各二端子対回路の Y 行列の和で表される．ただし，図4において，各二端子対回路の入力端子側，出力端子側においてそれぞれ流入・流出電流が等しくなければならない．もし，この電流に関する条件が成り立たない場合には，式(22)が成立しないこともある．

【例題4】 図5の回路が並列接続可能かどうかを確認せよ.

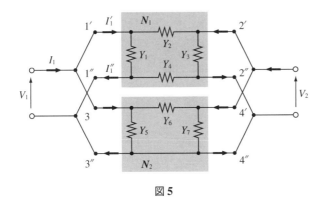

図 5

〈解法〉 この接続では，Y_4 が短絡されるから，I'_1 と I''_1 が異なる．実際，図5の回路図から

$$I'_1 = Y_1 V_1 + Y_2(V_1 - V_2)$$
$$I''_1 = Y_1 V_1$$

となり，端子対条件を満たしていないことがわかる.

□

並列接続は，実際の回路設計でもよく用いられる接続であるから，例題4のことを解決したい．この一つの方法として，図6(a)に示すように1:1の理想変成器を用いればよい．

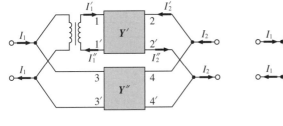   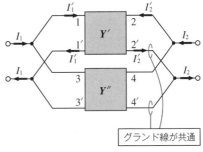

(a) 理想変成器を用いた補償　　　(b) グランド線が共通な並列接続

図 6

この回路では，$I'_1 = I''_1$ となるから $I'_2 = I''_2$ となり，下に位置する回路も端子対条件を満足する．一方，現実の電気・電子回路の設計において，多くの素子は共通のグランド線（ground，共通帰線（common return）とも称する）を持つ三端子回路が多い．この意味することは，図6(b)のように，グランド線が共通であることより，特殊なものを用いることなく，式(22)を満足する．したがって，現実的に並列接続は有用な接続方法である．

▶ **縦続接続**　図7に示すように，一つの二端子対回路の出力を次段の入力に接続することを**縦続接続**（cascade connection）といい，増幅回路などでよく用いられる．

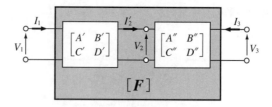

図7 縦続接続

図7において

$$\begin{bmatrix} V_1 \\ I_1 \end{bmatrix} = \begin{bmatrix} A' & B' \\ C' & D' \end{bmatrix} \begin{bmatrix} V_2 \\ I'_2 \end{bmatrix}, \quad \begin{bmatrix} V_2 \\ I'_2 \end{bmatrix} = \begin{bmatrix} A'' & B'' \\ C'' & D'' \end{bmatrix} \begin{bmatrix} V_3 \\ -I_3 \end{bmatrix}$$

の関係があるから

$$\begin{bmatrix} V_1 \\ I_1 \end{bmatrix} = \begin{bmatrix} A' & B' \\ C' & D' \end{bmatrix} \begin{bmatrix} A'' & B'' \\ C'' & D'' \end{bmatrix} \begin{bmatrix} V_3 \\ -I_3 \end{bmatrix} \tag{23}$$

が成り立つ.

この結果のように,縦続接続の合成 F 行列は各 F 行列の積で表される.

【例題5】 図8(a)〜(d)に示す二端子対回路の F パラメータを求めよ.

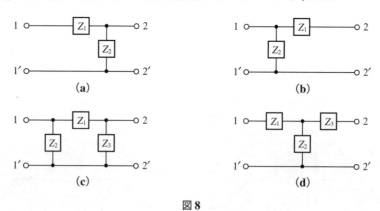

図8

〈解法〉 初めに,図9に示す二つの二端子対回路の F パラメータを求める.この結果は,図9に示すとおりである.

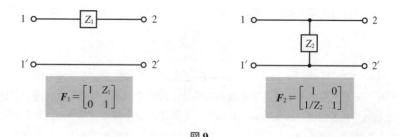

図9

図8を見ると,四つの二端子対回路とも,図9に示す回路を用いた縦続接続であることがわかる.縦続接続は式(23)の形式で計算できるから,図9の結果を用いて,図8(a)〜(d)を計算する.

(a) の場合
$$F_a = F_1 F_2 = \begin{bmatrix} 1 & Z_1 \\ 0 & 1 \end{bmatrix} \begin{bmatrix} 1 & 0 \\ 1/Z_2 & 1 \end{bmatrix} = \begin{bmatrix} 1+Z_1/Z_2 & Z_1 \\ 1/Z_2 & 1 \end{bmatrix}$$

(b) の場合
$$F_b = F_2 F_1 = \begin{bmatrix} 1 & 0 \\ 1/Z_2 & 1 \end{bmatrix} \begin{bmatrix} 1 & Z_1 \\ 0 & 1 \end{bmatrix} = \begin{bmatrix} 1 & Z_1 \\ 1/Z_2 & 1+Z_1/Z_2 \end{bmatrix}$$

(c) の場合
$$F_c = F_b \begin{bmatrix} 1 & 0 \\ 1/Z_3 & 1 \end{bmatrix} = \begin{bmatrix} 1+Z_1/Z_3 & Z_1 \\ (Z_1+Z_2+Z_3)/Z_2 Z_3 & 1+Z_1/Z_2 \end{bmatrix}$$

(d) の場合
$$F_d = F_a \begin{bmatrix} 1 & Z_3 \\ 0 & 1 \end{bmatrix} = \begin{bmatrix} 1+Z_1/Z_2 & (Z_1 Z_2 + Z_2 Z_3 + Z_3 Z_1)/Z_2 \\ 1/Z_2 & 1+Z_3/Z_2 \end{bmatrix}$$

□

　二端子対パラメータの種類には，ここであげたほかに，H パラメータ（hybrid parameters），G パラメータ（H パラメータと逆行列の関係）などがある．これらの利用用途は，トランジスタの特性測定（H パラメータ），通信における送受信機の減衰器（attenuator）の設計，周波数フィルタの設計，電力系統における潮流計算などに応用される．

演習問題

【1】 図 P1 (a), (b) に示す二端子対回路の Z 行列と Y 行列をそれぞれ求めよ．

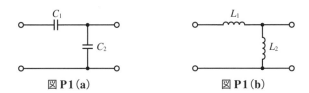

図 P1 (a) 　　　　図 P1 (b)

【2】 図 P2 (a) 〜 (d) に示す二端子対回路の F 行列をそれぞれ求めよ．

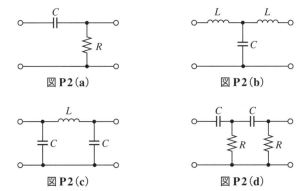

図 P2 (a) 　　　　図 P2 (b)

図 P2 (c) 　　　　図 P2 (d)

【3】 図 P3 (a), (b) に示す二端子対回路の Z 行列をそれぞれ求めよ.

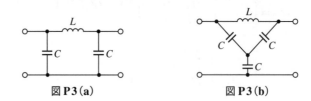

図 P3 (a)　　　図 P3 (b)

【4】 図 P4 に示す回路の F 行列を求めよ.

【5】 図 P5 に示す回路の F 行列を求めよ.

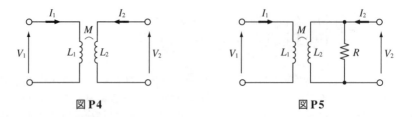

図 P4　　　図 P5

【6】 図 P6 に示す回路において,電流 I_1, I_2 を求めよ.

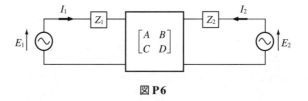

図 P6

10章
非正弦波交流

1 非正弦波交流とその表現
2 過渡現象の基礎
　演習問題

1 非正弦波交流とその表現

▼要点

1 非正弦波交流とは

▶ 波形が正弦波ではない交流のこと．本書では，最大値，周波数，位相の異なる複数の正弦波を合成したものを扱う．この合成波形には周期性がある．

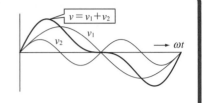

2 非正弦波交流の表現式

▶ 非正弦波交流の一般式

$$v(t) = V_0 + \underbrace{\sqrt{2}|V_1|\sin(\omega t+\theta_1)}_{\text{直流分 \quad 基本波}} + \underbrace{\sqrt{2}|V_2|\sin(2\omega t+\theta_2)}_{\text{第2調波}} + \cdots + \underbrace{\sqrt{2}|V_n|\sin(n\omega t+\theta_n)}_{\text{第}n\text{調波}} + \cdots$$

（第2調波以降の波を高調波という）

▶ 実効値，ひずみ率，電力，皮相電力，力率

実効値 $=\sqrt{V_0^2+|V_1|^2+|V_2|^2+\cdots+|V_n|^2+\cdots}$

ひずみ率 $=\dfrac{\text{高調波分の実効値}}{\text{基本波の実効値}}=\dfrac{\sqrt{|V_2|^2+|V_3|^2+\cdots+|V_n|^2+\cdots}}{|V_1|}$

電力 $P=V_0 I_0+|V_1||I_1|\cos\theta_1+|V_2||I_2|\cos\theta_2+|V_3||I_3|\cos\theta_3+\cdots$ 〔W〕

皮相電力 $|V||I|=\sqrt{V_0^2+|V_1|^2+|V_2|^2+\cdots+|V_n|^2+\cdots}\times\sqrt{I_0^2+|I_1|^2+|I_2|^2+\cdots+|I_n|^2+\cdots}$ 〔V·A〕

力率 $\cos\theta=\dfrac{P}{|V||I|}$

3 スペクトル

▶ スペクトルの表現

$$F(t)=a_0+a_1\cos\omega t+a_2\cos 2\omega t+\cdots+b_1\sin\omega t+b_2\sin 2\omega t+\cdots$$
$$=A_0+A_1\sin(\omega t+\theta_1)+A_2\sin(2\omega t+\theta_2)+\cdots$$

ここに，$A_0=a_0, A_n=\sqrt{a_n^2+b_n^2}$ である．横軸に周波数，縦軸に $A_1, A_2, \cdots$ を示した図をスペクトルという．

1 非正弦波交流とは

非正弦波交流を説明する例として図1を示す．図1の(a), (b), (c)は，式(1)に示す正弦波である v_1, v_2, v_3 を合成したものである．

$$\begin{cases} v_1(t)=10\sin(2\pi\times 10\times t) \\ v_2(t)=5\sin(2\pi\times 20\times t) \\ v_3(t)=2\sin(2\pi\times 30\times t) \end{cases} \tag{1}$$

このように，周波数が異なる複数の正弦波を合成したものは，その波形が正弦波とならないので，これを**非正弦波**（nonsinusoidal wave form）交流または**ひずみ波**（distorted wave）交流と称する．

本書では，含まれる正弦波の周波数が互いに整数比の関係にある場合を扱う．この場合，合成波は周期的に変化する周期関数となる．

2 非正弦波交流の表現式

▶ 非正弦波交流の一般式　　図1の太線で示されるような周期性を持つ非正弦波交流は

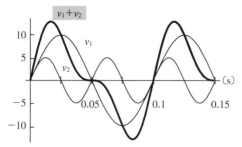

(a) "式(1)の正弦波 v_1" + "2倍の周波数かつ振幅1/2の正弦波 v_2"

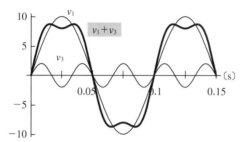

(b) "式(1)の正弦波 v_1" + "3倍の周波数かつ振幅1/5の正弦波 v_3"

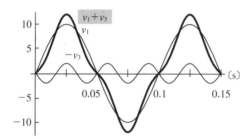

(c) "式(1)の正弦波 v_1" − "3倍の周波数かつ振幅1/5の正弦波 v_3"

図1 非正弦波の例

次式で表現されることが知られている．ただし，次式は電圧を例にとっているが電流も同じように表現される．

$$v(t) = V_0 + \sqrt{2}|V_1|\sin(\omega t + \theta_1) + \sqrt{2}|V_2|\sin(2\omega t + \theta_2) + \cdots$$
$$+ \sqrt{2}|V_n|\sin(n\omega t + \theta_n) + \cdots \quad (2)$$

この式において，最低の周波数 f（$\omega = 2\pi f$ の関係がある）を**基本周波数**（**fundamental frequency**）といい，この周波数を有する項 $\sqrt{2}|V_1|\sin(\omega t + \theta_1)$ を**基本波**（**fundamental harmonic, fundamental wave**）という．周波数が $2f, 3f, \cdots$ に対応する項をそれぞれ第2調波（second harmonic），第3調波（third harmonic），… といい，基本波を除いた第2以上の調波を**高調波**（**higher harmonics**）と総称する．

【例題1】 $v = 100\sqrt{2}\sin(100\pi t + \pi/6)$〔V〕を基本波としたとき，第3調波の周波数を求めよ．

〈解法〉 この周波数は50 Hz であるから，第3調波の周波数は $3 \times 50 = 150$ Hz

□

【例題2】 図2(a) に示す回路において
$$e = 100\sqrt{2}\sin(\omega t) + 50\sqrt{2}\sin(2\omega t) + 20\sqrt{2}\sin(3\omega t)$$
の電圧を加えたときに流れる電流 i を求めよ．ただし，$\omega = 100$ rad/s とする．

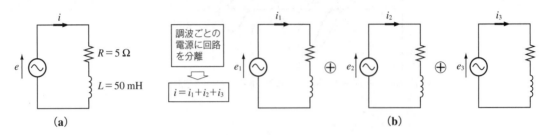

図2

〈解法〉 重ね合せの定理を適用するため，調波ごとの電源に分離して，それに対応する回路での電流を求める（図2(b)）．$e_1 = 100\sqrt{2}\sin(\omega t)$，$e_2 = 50\sqrt{2}\sin(2\omega t)$，$e_3 = 20\sqrt{2}\sin(3\omega t)$ とおく．回路のインピーダンスは $Z = 5 + j\omega 50 \times 10^{-3}$ より，複素数表現で各電流を求めると

$$I_1 = \frac{E_1}{Z} = \frac{100}{5 + j100 \times 50 \times 10^{-3}} = 10 - j10 \text{[A]}, |I_1| = 10\sqrt{2},$$

$$\arg(I_1) = \tan^{-1}\frac{-10}{10} = -45°$$

$$I_2 = \frac{E_2}{Z} = \frac{50}{5 + j200 \times 50 \times 10^{-3}} = 2 - j4 \text{[A]}, |I_2| = 2\sqrt{5},$$

$$\arg(I_2) = \tan^{-1}\frac{-4}{2} \approx -63.4°$$

$$I_3 = \frac{E_3}{Z} = \frac{20}{5 + j300 \times 50 \times 10^{-3}} = \frac{2 - j6}{5} \text{[A]}, |I_3| \approx 1.26,$$

$$\arg(I_3) = \tan^{-1}\frac{-6}{2} \approx -71.6°$$

∴ $i = 20\sin(\omega t - 45°) + 2\sqrt{10}\sin(2\omega t - 63.4°) + 1.26\sqrt{2}\sin(3\omega t - 71.6°)$ [A]
□

▶ **実効値，ひずみ率，電力，皮相電力，力率** 非正弦波交流の実効値，ひずみ率，電力，皮相電力，力率は次で定義される．

実効値 $= \sqrt{V_0^2 + |V_1|^2 + |V_2|^2 + \cdots + |V_n|^2 + \cdots}$ (3)

ひずみ率 $= \dfrac{\text{高調波分の実効値}}{\text{基本波の実効値}} = \dfrac{\sqrt{|V_2|^2 + |V_3|^2 + \cdots + |V_n|^2 + \cdots}}{|V_1|}$ (4)

電力 $P = V_0 I_0 + |V_1||I_1|\cos\theta_1 + |V_2||I_2|\cos\theta_2 + |V_3||I_3|\cos\theta_3 + \cdots$ [W] (5)

皮相電力 $|V||I| = \sqrt{V_0^2 + |V_1|^2 + |V_2|^2 + \cdots + |V_n|^2 + \cdots}$
$\times \sqrt{I_0^2 + |I_1|^2 + |I_2|^2 + \cdots + |I_n|^2 + \cdots}$ [V·A] (6)

力率 $\cos\theta = \dfrac{P}{|V||I|}$ (7)

【例題 3】 次の非正弦波交流電流の実効値とひずみ率を求めよ．
$$i = 200\sin(\omega t) - 50\sin(3\omega t) + 10\sin(5\omega t)$$
〈解法〉 実効値は次式で計算される．
$$\sqrt{\left(\frac{200}{\sqrt{2}}\right)^2 + \left(\frac{50}{\sqrt{2}}\right)^2 + \left(\frac{10}{\sqrt{2}}\right)^2} = 10\sqrt{213} \approx 145.95$$
ひずみ率は次式より求まる．
$$k = \frac{\sqrt{(50/\sqrt{2})^2 + (10/\sqrt{2})^2}}{200/\sqrt{2}} \approx 0.255 = 25.5\%$$

□

【例題 4】 図 3 (a) の回路に次の非正弦波交流電圧
$$e = 100\sqrt{2}\sin(100\pi t) + 20\sqrt{2}\sin(300\pi t)$$
を加えたとき，回路の消費電力と力率を求めよ．

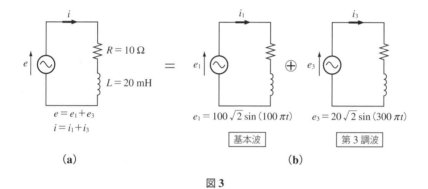

図 3

〈解法〉 複素数表現で考える．基本波および第 3 調波の電圧の複素数表現をそれぞれ $E_1 = 100\angle 0°$ [V], $E_3 = 20\angle 0°$ [V] とおく．それぞれに対応する回路のインピーダンスは
$$Z_1 = 10 + j100\pi \times 20 \times 10^{-3} = 10 + j2\pi \approx 11.81\angle 32.14° \text{ [Ω]}$$
$$Z_3 = 10 + j300\pi \times 20 \times 10^{-3} = 10 + j6\pi \approx 21.34\angle 62.05° \text{ [Ω]}$$
それぞれに対応する電流は
$$I_1 = \frac{E_1}{Z_1} = \frac{100}{11.81\angle 32.14°} \approx 8.47\angle(-32.14°) \text{ [A]}$$
$$I_3 = \frac{E_3}{Z_3} = \frac{20}{21.34\angle 62.05°} \approx 0.937\angle(-62.05°) \text{ [A]}$$
これより
$$P = |E_1||I_1|\cos\theta_1 + |E_3||I_3|\cos\theta_3$$
$$= 100 \times 8.47 \times \cos(32.14°) + 20 \times 0.937 \times \cos(62.05°) \approx 726 \text{ W}$$
別の導出方法として，次のほうが簡単かもしれない．
$$P = R|I|^2 = R(\sqrt{|I_1|^2 + |I_3|^2})^2 = R(|I_1|^2 + |I_3|^2)$$
$$= 10 \times (8.47^2 + 0.937^2) \approx 726 \text{ W}$$

皮相電力は
$$|V| = \sqrt{100^2 + 20^2} \approx 101.98$$
$$|I| = \sqrt{8.47^2 + 0.937^2} \approx 8.52$$
より $|V||I| = 868.87 \,[\mathrm{V\cdot A}]$ である．これより，力率は
$$\cos\theta = \frac{P}{|V||I|} = \frac{726}{868.87} \approx 0.836 = 83.6\,\%$$

□

3 スペクトル

図 4 に示す周期 T の非正弦波 $f(t)$ は，これを直流分と角周波数 $\omega, 2\omega, 3\omega, \cdots$ を持つ三角関数の和で表すことができる．これを式 (8) に示す．

$$f(t) = a_0 + a_1\cos\omega t + a_2\cos 2\omega t + a_3\cos 3\omega t + \cdots$$
$$+ b_1\sin\omega t + b_2\sin 2\omega t + b_3\sin 3\omega t \tag{8}$$

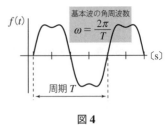

図 4

ここに，各係数は，波形 $f(t)$ の 1 周期分を用いて，次で計算される．

$$\begin{cases} a_0 = \dfrac{1}{T}\displaystyle\int_t^{t+T} f(t)\,dt \\[6pt] a_n = \dfrac{2}{T}\displaystyle\int_t^{t+T} f(t)\cos n\omega t\,dt \\[6pt] b_n = \dfrac{2}{T}\displaystyle\int_t^{t+T} f(t)\sin n\omega t\,dt \end{cases} \tag{9}$$

式 (8) に示す $f(t)$ を**フーリエ級数**（Fourier series），係数 a_0, a_n, b_n を**フーリエ係数**（Fourier coefficients）という．これらの名称は数学や物理の分野のものであり，工学分野では，係数 a_0 を直流分，$a_1\cos\omega t + b_1\sin\omega t$ を基本波，$a_n\cos n\omega t + b_n\sin n\omega t$ ($n \geq 2$) を第 n 調波（第 n 高調波），第 n 調波を総称して高調波と呼ぶ．

式 (8) は次式のように変形できる．

$$f(t) = A_0 + A_1\sin(\omega t + \theta_1) + A_2\sin(2\omega t + \theta_2) + \cdots + A_n\sin(n\omega t + \theta_n) + \cdots$$
$$= A_0 + \sum_{n=1}^{\infty} A_n \sin(n\omega t + \theta_n) \tag{10}$$

ここに，$A_n = \sqrt{a_n^2 + b_n^2}$ であり，この値は時間の原点のとり方によらない．また，この係数を n 番目の周波数に対する**線スペクトル**（line spectrum）と称する．

ここで，例題 2 や例題 4 に現れる e は式 (10) の形式と同じである．

例題 2： $e = 100\sqrt{2}\sin(\omega t) + 50\sqrt{2}\sin(2\omega t) + 20\sqrt{2}\sin(3\omega t)$

例題 4： $e = 100\sqrt{2}\sin(100\pi t) + 20\sqrt{2}\sin(300\pi t)$

すなわち，これらの e の各項の最大値は，スペクトルを表していることになる．

また，表 1 に各種非正弦波交流のフーリエ級数とスペクトルを示す．この表のように，電気工学ではどのような波形でも正弦波の組合せと考え，その周波数に注意を払って解析を行うことが多い．

表1 フーリエ級数とスペクトルの例

非正弦波	フーリエ級数	スペクトル
方形波（矩形波）	$f(t) = \dfrac{4A}{\pi}\left(\sin\omega t + \dfrac{\sin 3\omega t}{3} + \dfrac{\sin 5\omega t}{5} + \cdots\right)$	f に逆比例
三角波	$f(t) = \dfrac{8A}{\pi^2}\left(\sin\omega t - \dfrac{\sin 3\omega t}{3^2} + \dfrac{\sin 5\omega t}{5^2} - \cdots\right)$	f^2 に逆比例
のこぎり波	$f(t) = \dfrac{2A}{\pi}\left(\sin\omega t - \dfrac{\sin 2\omega t}{2} + \dfrac{\sin 3\omega t}{3} - \cdots\right)$	f に逆比例
全波整流波	$f(t) = \dfrac{2A}{\pi}\left(1 - \dfrac{2\cos 2\omega t}{3} - \dfrac{2\cos 4\omega t}{15} - \cdots\right)$	直流分

 Tea break

フーリエ級数の不思議 フーリエ級数は，J. Fourier により 19 世紀前半に提唱され，解析学における偉大な成果の一つである．ここで，方形波はフーリエ級数展開できる．ところで，方形波は連続ではないから微分不可能である．一方，フーリエ級数を構成する正弦・余弦関数は何回でも微分できる．このことは「微分不可能関数＝微分可能関数」を意味する．これはどう説明すればよいか？（ヒント：$\omega \to \infty$ の極限で $\sin\omega t$, $\cos\omega t$ がどうなるかを考えてみよう）

スペクトラム 本章で述べたスペクトルの英訳は Newton により導入された spectrum である．これは，image の意味のラテン語を語源としている．この形容詞は spectral である．一方，この形容詞を持つほかの名詞に specter（幽霊）がある．例えば，spectral analysis というと"幽霊解析"に誤解される可能性があるので，spectrum analysis というほうが無難であろう．スペクトラムという用語には四つの意味がある．一番目は，本章式（10）に現れる A_n のことで，これは波形や信号のエネルギー分布を示す．これをスペクトルというようになったのは，N. Wiener であり，彼の著書 "Fourier Integral"（1933）の中に次の記述がある．「物理的に，これはその部分の振動の全エネルギーである．これはエネルギー分布を決定するものであるから，これをスペクトラムと呼ぶことにする．」これは，スペクトラムという用語がすでに物理学の分野でよく知られていたものであり，この用語を数学分野に導入するための説明である．このほかの意味として，2 番目は Newton の分光分析における波長の違いによる分解，3 番目は対象のいかんによらず複雑なものを単純なものに分解し大きさの順序に並べて表したものの総称，4 番目は線形演算子の固有値の集まり，である．

2 過渡現象の基礎

▼要点

1 過渡現象とは
ある状態から次の新しい定常状態に移行するまでの，電圧や電流などの変化する状態

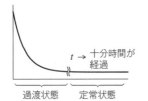
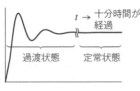
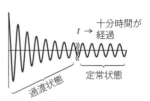

2 RL直列回路とRC直列回路の過渡現象

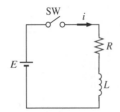

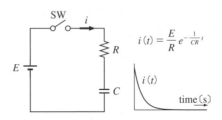

3 積分回路と微分回路

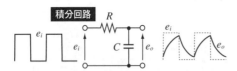
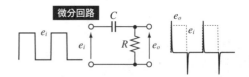

1 過渡現象とは

"過渡"の意味に「変化が起こっている，その途中」(三省堂，新明解国語辞典より)とあるように，**過渡現象**（**transient phenomenon**）とは，ある状態から次の新しい定常状態に移行するまでの，電圧や電流などが変化する過渡状態を示す現象を意味する．この図的な説明は，上の要点欄にある図を参照すれば，その雰囲気は伝わるであろう．式による説明では，例えば，次のような式は交流回路でしばしば現れる．

$$v(t) = (1+e^{-\alpha t})\sin\omega t = \sin\omega t + e^{-\alpha t}\sin\omega t \tag{1}$$

この式を見ると，$t \to \infty$ のとき，項 $e^{-\alpha t}\sin\omega t$ は消失する（**要点 1** の右図）．このように，時間の増大につれて消失する項が過渡現象を示しているともいえる．一方，時間の大小によらず定常的に存在する $\sin\omega t$ を定常項という．

2 RL直列回路とRC直列回路の過渡現象

▶ **RL直列回路** 図1にRL直流回路の過渡現象についての解析手順を示す．これより得られた電流 i の時間波形を図2に示す．図2から，いくつかのことが指摘できる．

図2に示すように，$t=0$ における i の接線の傾き $\tan\theta_0$ は

RL 回路の過渡現象　解析手順

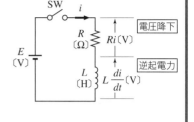

$t=0$ でスイッチ ON, t 秒後の電流を $i(t)$ [A] とする.

1 右図の回路において，キルヒホッフの法則により，電圧に関する回路方程式を立てる．このとき，インダクタンスの両端の電圧には微分演算子が存在するので，回路方程式は次のような微分方程式となる．

$$L\frac{di}{dt} + Ri = E \quad (2)$$

2 微分方程式を解く．
その解は一般解と呼ばれ，一般解は特解と補助解からなる．

$$i = \underbrace{i_s}_{\text{特解}} + \underbrace{i_a}_{\text{補助解}} \quad (3)$$

定常状態を表す解
$\dfrac{di}{dt} = 0$
とおいて，i について解く．
$i_s = \dfrac{E}{R}$ [A]

過渡状態を表す解．この解の形式は一般に
$i_a = Ae^{st}$
となる．微分方程式の右辺 = 0（これを補助方程式という）とおき，
$\dfrac{d}{dt} = s$
とおけば
$Lsi_a + Ri_a = 0 \Rightarrow i_a(Ls+R) = 0 \Rightarrow s = -\dfrac{R}{L}$
$\therefore i_a = Ae^{-\frac{R}{L}t}$

一般解
$i = \dfrac{E}{R} + Ae^{-\frac{R}{L}t}$

3 積分定数 A を決定する．
初期条件を考慮すれば求まる．$t=0$ のとき $i=0$ より　$0 = \dfrac{E}{R} + A$　$\therefore A = -\dfrac{E}{R}$

$$\therefore i = \frac{E}{R}\left(1 - e^{-\frac{R}{L}t}\right) \text{[A]} \quad (4)$$

図1 簡単な直流回路の過渡現象解析手順

$$\tan\theta_0 = \left(\frac{di}{dt}\right)_{t=0} = \left(\frac{E}{R}\frac{R}{L}e^{-\frac{R}{L}t}\right)_{t=0}$$
$$= \frac{E}{L}$$

次に，この接線が定常値 $I = E/R$ [A] と交わるまでの時間を τ [s] とおくと

$$\tau = \frac{E/R}{\tan\theta_0} = \frac{L}{R}$$

となる．ここに，上式の最後の項の単位を見ると

$$\frac{L}{R} \Rightarrow \frac{\text{[H]}}{\text{[Ω]}} = \frac{\text{[V][s]/[A]}}{\text{[Ω]}}$$
$$= \frac{\text{[Ω][s]}}{\text{[Ω]}}$$

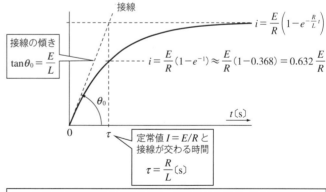

時刻 0 において電流は 0 であるから，電圧 E は全てインダクタの両端にかかる．したがって，電流が図の接線の傾きをもって，流れ始める．しかし，電流が流れようとすると，インダクタはこの電流の変化を妨げようとする．これが，電流変化の連続性を保つ．電流が大きくなるにつれ，抵抗器での電圧降下が大きくなるので，インダクタの両端の電圧は小さくなる．これは，電流の時間変化が小さくなることを意味し，最終的に，インダクタの両端の電圧は 0 となり，電流は一定となる．

図2

となり，確かに τ の単位は時間〔s〕である．この τ は RL 回路の**時定数**（**time constant**）と呼ばれ，過渡現象の持続時間の長さの目安，または $t=0$ における立ち上がりの急しゅんさを表す．この τ を用いて，図1に示す一般解は次式のようにも表現できる．

$$i = \frac{E}{R}\left(1-e^{-\frac{1}{\tau}t}\right) \text{〔A〕} \tag{5}$$

▶ *RC* 直列回路　図3の回路において，スイッチを端子 a に接続したとき，次の回路方程式が成り立つ．

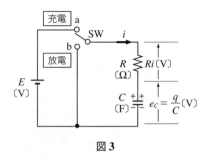

図3

$$Ri + \frac{q}{C} = E \Rightarrow R\frac{dq}{dt} + \frac{q}{C} = E$$

$$\left(\because i = \frac{dq}{dt}\right) \tag{6}$$

この一般解は，$q = q_s + q_a$ である．定常解 q_s は，式(6)において $dq/dt = 0$ とおくことにより $q_s = CE$ を得る．別な導出を物理的観点から考えると，キャパシタは直流を通さないから，図3の回路はいずれ電流は0となる．このとき，キャパシタでは充電が完了されているから，その両端の電圧は E に等しい．すなわち，$q_s = CE$ である．

次に過渡解 q_a を求める．$d/dt = s$ とおくと，補助方程式（式(2)の右辺＝0とする）より

$$Rsq_a + \frac{q_a}{C} = 0 \Rightarrow q_a\left(Rs + \frac{1}{C}\right) = 0$$

$$\therefore s = -\frac{1}{CR}$$

これより，$q = CE + Ae^{-\frac{1}{CR}t}$ を得る．初期条件 $t=0, q=0$ より $A = -CE$．したがって

$$q = CE\left(1-e^{-\frac{1}{CR}t}\right) \tag{7}$$

この場合の時定数は $\tau = CR$〔s〕であり，この単位は

$$CR \Rightarrow \text{〔F〕〔Ω〕} = \frac{\text{〔C〕}}{\text{〔V〕}} \times \frac{\text{〔V〕}}{\text{〔A〕}} = \frac{\text{〔A〕}\cdot\text{〔s〕}}{\text{〔V〕}} \times \frac{\text{〔V〕}}{\text{〔A〕}} = \text{〔s〕}$$

確かに〔s〕に等しいことがわかる．

次に，スイッチを端子 b に倒したときの過渡現象を考える．この場合の回路方程式は

$$R\frac{dq}{dt} + \frac{q}{C} = 0$$

である．初期条件は，$t=0$ のときキャパシタに充電されている状態を考えているから $q = CE$ である．これより，求める解は

$$q = CEe^{-\frac{1}{CR}t}$$

である．放電する電流は

$$i = \frac{dq}{dt} = CE \times \left(-\frac{1}{CR}\right)e^{-\frac{1}{CR}t} = -\frac{E}{R}e^{-\frac{1}{CR}t} = -\frac{E}{R}e^{-\frac{1}{\tau}t}$$

となる．電流が負（−）になっているのは，充電時と逆向きの放電電流が流れるからで

あり，図4に，充電時・放電時の電荷および電流の波形を示す．

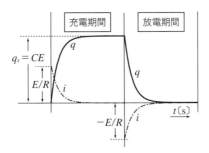

図4 RC 回路の充放電波形

3 積分回路と微分回路

RC 回路を利用したものに積分回路と微分回路があり，これをまとめて説明したのが表1である．この表に示すように，時定数 τ を適当に選ぶことにより，入力電圧の積分または微分値の大きさを調整することができる．積分回路，微分回路の種類は多数あり，一般にはオペアンプとよばれる IC が用いられ，その用途は，TV，ビデオレコーダー，電子回路そしてフィードバック制御の制御器に広く利用されている．

表1 積分回路と微分回路

積分回路	微分回路
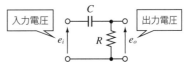 入力電圧 e_i，出力電圧 e_o	入力電圧 e_i，出力電圧 e_o
回路方程式 $$Ri+\frac{1}{C}\int i\,dt = e_i$$ $$i+\frac{1}{CR}\int i\,dt = \frac{e_i}{R}$$	**回路方程式** $$Ri+\frac{1}{C}\int i\,dt = e_i$$ $$CRi+\int i\,dt = Ce_i$$
出力電圧 回路の時定数 $\tau = CR$ が十分大きいとき，回路方程式の第2項を無視できる．したがって $$i \approx \frac{e_i}{R}$$ これより，出力電圧は次のように，入力電圧の積分に比例する． $$e_o = \frac{1}{C}\int i\,dt = \frac{1}{C}\int \frac{e_i}{R}\,dt = \frac{1}{CR}\int e_i\,dt$$ 方形波を入力電圧として与えると，出力電圧は下図のようになる．	**出力電圧** 回路の時定数 $\tau = CR$ が十分小さいとき，回路方程式の第1項を無視できる．したがって $$\int i\,dt \approx Ce_i \Rightarrow i = C\frac{de_i}{dt}$$ これより，出力電圧は次のように，入力電圧の微分に比例する． $$e_o = Ri = CR\frac{de_i}{dt}$$ 方形波を入力電圧として与えると，出力電圧は下図のようになる．
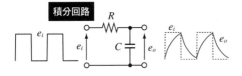	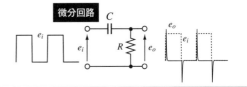

演習問題

【1】 $v = 100\sin\omega t + 30\sin 2\omega t + 20\sin 3\omega t$〔V〕で表される非正弦波電圧の波形のひずみ率を求めよ.

【2】 図P1の直列回路にある誘導リアクタンスは基本周波数 f〔Hz〕に対して 5Ω である. この回路に, $e = 5 + 100\sqrt{2}\sin\omega t + 10\sqrt{2}\sin(3\omega t + \pi/6)$, $(\omega = 2\pi f)$ を加えたとき, 回路に流れる電流の実効値および電力を求めよ.

【3】 図P2の直列回路において, 第7調波に対しては, 回路のインピーダンスを誘導性となるようにしたい. X_L〔Ω〕, X_C〔Ω〕を基本波に対するリアクタンスとすれば, X_L は X_C の何%以上でなければならないか.

図P1　　　　　　　　　　　図P2

【4】 図P3に示す回路の時定数 τ および時刻 $t = \tau$ における抵抗器の両端の電圧を求めよ. また, SWを閉じた後, 何秒後に電流は最終電流の90%に達するか.

【5】 図P4に示す回路において, 電圧10V, 周期10μsの矩形波 v_i を加えたときの v_o の波形の概形を示せ.

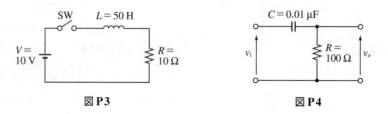

図P3　　　　　　　　　　　図P4

参考文献

[1] 文部省学術用語集電気工学編（増訂2版），コロナ社（1998）
[2] 一般社団法人電気学会，電気工学ハンドブック（第7版），オーム社（2013）
[3] 電子情報通信ハンドブック，電子情報通信学会（1979）
[4] 片岡徳昌，記号・図記号ハンドブック，日本理工出版会（1997）
[5] 機械用語辞典，コロナ社（1996）
[6] 回路理論基礎，電気学会（1990）
[7] 交流理論，電気学会（1997）
[8] 秋月影雄，回路理論の基礎，日新出版（1995）
[9] F.F. Driscoll, Analysis of Electric Circuits, Prentice-Hall（1973）
[10] B. Grob, Basic Electronics, McGraw-Hill（1984）
[11] J. Richard Johnson, Electric Circuits, HAYDEN（1984）
[12] C.A. Desoer and E.S. Kuh, Basic Circuit Theory, McGraw-Hill（C.A. デソー，E.S. クウ著，松本忠訳，電気回路論入門上・下，ブレイン図書出版（1997））
[13] 末武国弘，基礎電気回路1，培風館（1997）
[14] 雨宮好文，基礎電気回路，オーム社（1994）
[15] 永田博義，初めて学ぶ電気回路計算法の完全研究，オーム社（1996）
[16] 早川義晴，松下祐輔，茂木仁博，電気回路(1),(2)，コロナ社（1997）
[17] 山口勝也，井上文弘，佐藤和雅，西田允之，詳解電気回路例題演習(1)〜(3)，コロナ社（1980）
[18] 秋月影雄，宮崎道雄，花崎泉，吉江修，回路理論演習I, II，培風館（1995）
[19] 河村博，新電験三種問題の完全研究（改訂増補版），オーム社（1995）
[20] トランジスタ技術編集部編，わかる電子回路部品完全図鑑，CQ出版社（1998）
[21] 佐藤一郎，図解測定器マニュアル，日本理工出版会（1997）
[22] 西村昭義，電池の本，CQ出版社（1997）
[23] 菊池誠，電気のしくみ小辞典，講談社（1998）
[24] 小出昭一郎，物理学，東京教学社（1993）
[25] 高木仁三朗，新版 単位の小事典，岩波ジュニア新書（1998）
[26] 高田誠二，図解雑学 単位のしくみ，ナツメ社（1999）
[27] 工業技術院計量研究所，国際単位系（SI） グローバル化社会の共通ルール，（財）日本規格協会（2000）
[28] 算数・数学なぜなぜ事典，数学教育協議会・銀林浩編，日本評論社（1994）
[29] 一松信，竹之内脩編，新数学事典，大阪書籍（1991）
[30] 志賀浩二，複素数30講，朝倉書店（1992）
[31] 卯本重郎，現代基礎電気数学（改訂増補版），オーム社（1990）
[32] 中溝高好，信号解析とシステム同定，コロナ社（1992）
[33] 直川一也，科学技術史 電気・電子技術の発展，東京電機大学出版局（1998）
[34] 伊東俊太郎，坂本賢三，山田慶児，村上陽一郎，（縮小版）科学史技術史事典，弘文堂（1994）
[35] リーダーズ英和辞典（第2版），研究社（1999）
[36] 長沼伸一，物理数学の直観的方法，通商産業研究社（1987）
[37] 中村宏，柴田眞喜雄，実務に役立つ電気磁気，オーム社（1996）

［38］　川村雅恭，ラプラス変換と電気回路，昭晃堂（1990）
［39］　T.W. ケルナー著，高橋陽一郎訳，フーリエ解析大全　上・下，朝倉書店（1996）

引用文献

［1］　薊利明，竹田利夫，ハードウェアデザインシリーズ 1　わかる電子部品の基礎と活用法，p.6, CQ 出版社（1998）

索 引

あ 行

アドミタンス　124
アドミタンスパラメータ　222
暗　箱　80, 220

イオン　4
位　相　100, 103
位相角　103
位相差　104
一次電池　55
一次巻線　168
インダクタ　116, 118
インダクタンス　116
インピーダンス　123
インピーダンス角　126
インピーダンスパラメータ　221

枝　70
枝電流法　73
エネルギー　15

オイラーの公式　30
大きさ　28
遅　れ　104
遅れ電流　132
遅れ力率　142, 144
オーム　41
オームの法則　41
温度係数　45

か 行

回転磁界　196
回路素子の良さ　157
回路網　70
ガウス平面　29
可逆定理　90
加極性　170

角周波数　99, 102
角速度　99
角　度　103
重ね合せの定理　78
可動コイル形計器　56
過渡現象　240
カロリー　63
環状電流　200
乾電池　55

起電力　7, 118
基本周波数　235
基本単位　11
基本波　235
基本パラメータ　223
逆起電力　169
キャパシタ　116, 120
キャパシタンス　116
共振回路　152
共振角周波数　152
共振角速度　152
共振曲線の鋭さ　155, 157
共振現象　150, 152
共振周波数　152
共役複素数　32
極　29
極形式　29
虚数単位　28
虚　部　28
キルヒホッフの法則　70

組立単位　11

計量法　11
結合係数　169
減極性　170

合成抵抗　46

高調波　235
交流　98
交流ブリッジ回路　160
誤差　19
弧度法　23
コンダクタンス　41

さ行

サイクル　101
最大・最小　27
最大消費電力　64
最大値　105
最大電力　189
サセプタンス　124
三角関数　23
三相交流　196

仕事　15
仕事率　16
指示計器　54
指数法則　26
実効　106
実効値　105
実効電力　140
実部　28
時定数　242
ジーメンス　41
周期　101
縦続接続　229
周波数　101
出力　221
出力端子対　221
ジュールの法則　62
瞬時電力　106
消費電力　140
振幅　100, 105

スカラー　28
進み　104
進み電流　131
進み力率　142, 144
スペクトラム　239
スペクトル　238

正弦波　99
整合　190
積分演算子　169
積分回路　243
絶縁体　7
絶対誤差　19
絶対値　28
節点　70
節点方程式法　74
セル　7
線間電圧　201
線スペクトル　238
線電流　201

相　196
相起電力　200
相互インダクタンス　166, 169
相順　198
相対誤差　19
相電圧　200
相電流　200
相反定理　90

た行

対称三相交流　197
単位円　30
単位系　10
単相交流　196

力　15
中性点　200
直流計器　56
直列回路　47
直列共振　152
直列接続　125, 227
直交形式　29

抵抗　8, 41, 116
抵抗回路　184
抵抗器　40, 116, 121
抵抗率　44
定抵抗回路　185
デシベル　148
テブナンの定理　80

電圧	6
電圧計	56
電圧源	61, 180
電圧降下	42
電位	6
電荷	5
電気回路	8
電気的な仕事	6
電源	8
電源の内部抵抗	59
伝達	221
電池	7
電流	5
電流計	58
電流源	61, 180
電力	63
電力量	64, 146
度	23
等価回路	84, 172
同相	104, 184
導体	7
導電率	44
独立閉回路	73

な行

内部抵抗	54
二次電池	55
二次巻線	168
二端子対回路	221
二電力計法	212
入力	221
入力端子対	221
ノルトンの定理	91

は行

倍率器	57
倍率器の倍率	57
バッテリー	7
発電機	7
半導体	7
ピーク値	105
ピークピーク値	105
ひずみ波交流	234
ひずみ率	236
非正弦波交流	234
皮相電力	138, 141, 207
微分演算子	169
微分回路	243
比率	21
ファラデーの法則	118
フィルタ	154
フェーザ	31, 108
負荷	8
複素電力	138, 142, 210
複素平面	29
不平衡三相回路	214
フーリエ級数	238
フーリエ係数	238
フレミングの右手の法則	99
分圧	50
分流	52
分流器	58
閉回路	70
平均値	105
平衡三相回路	201
平衡条件	160
並列回路	48
並列共振	156
並列接続	126, 228
ベクトル	28, 29
ベクトル図	128
ベクトルの大きさ	108
ベクトルの偏角	108
変圧器	166
偏角	28, 103, 111
変成器	166
ホイートストンブリッジ	88
補償定理	93

ま行

右ねじの法則	118

ミルマンの定理　91

無効電力　138, 140, 141, 207
無効電力量　146
無効率　139, 144
無理数　21

漏れ磁束　168

や 行

有効数字　19
有効電力　138, 140, 207
誘導起電力　7, 118, 169
誘導性負荷　142
誘導性リアクタンス　119
有理化　32
有理数　21

容量性負荷　142
容量性リアクタンス　120
四端子回路　221

ら 行

ラジアン　23

リアクタンス　124
力　率　138, 143
力率角　139
理想計器　54
理想電源　54

理想変成器　175

ループ電流法　74

励磁電流　176
連立一次方程式　26

わ 行

和分の積　127

アルファベット

arg　111

F 行列　223
F パラメータ　223

IEC　41

JIS　11

MKSA系　11

SI単位　10

Y 行列　222
Y 結線　84, 200
Y パラメータ　222

Z 行列　221
Z パラメータ　221

〈著者略歴〉
橋本洋志（はしもと ひろし）
1988年　早稲田大学大学院理工学研究科
　　　　博士課程単位取得退学
現　在　産業技術大学院大学産業技術研究科
　　　　教授（工学博士）

- 本書の内容に関する質問は，オーム社ホームページの「サポート」から，「お問合せ」の「書籍に関するお問合せ」をご参照いただくか，または書状にてオーム社編集局宛にお願いします．お受けできる質問は本書で紹介した内容に限らせていただきます．なお，電話での質問にはお答えできませんので，あらかじめご了承ください．
- 万一，落丁・乱丁の場合は，送料当社負担でお取替えいたします．当社販売課宛にお送りください．
- 本書の一部の複写複製を希望される場合は，本書扉裏を参照してください．
  JCOPY ＜出版者著作権管理機構 委託出版物＞

電気回路教本（第2版）

2001 年 2 月 25 日　　第 1 版第 1 刷発行
2019 年 11 月 10 日　　第 2 版第 1 刷発行
2025 年 1 月 20 日　　第 2 版第 7 刷発行

著　　者　橋本洋志
発行者　　村上和夫
発行所　　株式会社オーム社
　　　　　郵便番号　101-8460
　　　　　東京都千代田区神田錦町 3-1
　　　　　電話　03(3233)0641（代表）
　　　　　URL　https://www.ohmsha.co.jp/

© 橋本洋志 2019

印刷　中央印刷　製本　協栄製本
ISBN978-4-274-22451-5　Printed in Japan

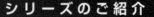

こだわりが沢山ありますよ

僕たちが大活躍！

基本からわかる 講義ノート シリーズのご紹介

4大特長

1. 広く浅く記述するのではなく，必ず知っておかなければならない事項について やさしく丁寧 に， 深く掘り下げて 解説しました

2. 各節冒頭の「キーポイント」に知っておきたい事前知識などを盛り込みました

3. より理解が深まるように， 吹出し や付せんによって補足解説を盛り込みました

4. 理解度チェックが図れるように，章末の練習問題を 難易度3段階式 としました

基本からわかる 電気回路講義ノート
● 西方 正司 監修／岩崎 久雄・鈴木 憲吏・鷹野 一朗・松井 幹彦・宮下 收 共著
● A5判・256頁 ●定価(本体2500円【税別】)

基本からわかる 電磁気学講義ノート
● 松瀬 貢規 監修／市川 紀充・岩崎 久雄・澤野 憲太郎・野村 新一 共著
● A5判・234頁 ●定価(本体2500円【税別】)

基本からわかる パワーエレクトロニクス講義ノート
● 西方 正司 監修／高木 亮・高見 弘・鳥居 粛・枡川 重男 共著
● A5判・200頁 ●定価(本体2500円【税別】)

基本からわかる 信号処理講義ノート
● 渡部 英二 監修／久保田 彰・神野 健哉・陶山 健仁・田口 亮 共著
● A5判・184頁 ●定価(本体2500円【税別】)

基本からわかる システム制御講義ノート
● 橋本 洋志 監修／石井 千春・汐月 哲夫・星野 貴弘 共著
● A5判・248頁 ●定価(本体2500円【税別】)

基本からわかる 電力システム講義ノート
● 新井 純一 監修／新井 純一・伊庭 健二・鈴木 克巳・藤田 吾郎 共著
● A5判・184頁 ●定価(本体2500円【税別】)

基本からわかる 電気機器講義ノート
● 西方 正司 監修／下村 昭二・百目鬼 英雄・星野 勉・森下 明平 共著
● A5判・192頁 ●定価(本体2500円【税別】)

もっと詳しい情報をお届けできます．
◎書店に商品がない場合または直接ご注文の場合も右記宛にご連絡ください．

ホームページ　https://www.ohmsha.co.jp/
TEL/FAX　TEL.03-3233-0643　FAX.03-3233-3440

(定価は変更される場合があります)